Wegmann
Diskurse der Empfindsamkeit

NIKOLAUS WEGMANN

Diskurse der Empfindsamkeit

Zur Geschichte eines Gefühls
in der Literatur des 18. Jahrhunderts

J.B. METZLERSCHE VERLAGSBUCHHANDLUNG
STUTTGART

CIP-Titelaufnahme der Deutschen Bibliothek

Wegmann, Nikolaus:
Diskurse der Empfindsamkeit : zur Geschichte e. Gefühls in d.
Literatur d. 18. Jh. / Nikolaus Wegmann. – Stuttgart : Metzler, 1988
Zugl.: Bielefeld, Univ., Diss., 1984
ISBN 978-3-476-00637-0

ISBN 978-3-476-00637-0
ISBN 978-3-476-03256-0 (eBook)
DOI 10.1007/978-3-476-03256-0

© 1988 Springer-Verlag GmbH Deutschland
Ursprünglich erschienen bei J.B. Metzlersche Verlagsbuchhandlung
und Carl Ernst Poeschel Verlag GmbH in Stuttgart 1988

INHALT

>alles Glück, das dem Menschen gegeben ist<
(J. W. v. Goethe, Werther)

VORBEMERKUNG

Die vorliegende Arbeit wurde im Februar 1984 von der Fakultät für Linguistik und Literaturwissenschaft der Universität Bielefeld als Dissertation angenommen. Sie wurde 1985/86 überarbeitet. Für die Förderung und Betreuung danke ich Wilhelm Voßkamp und Harro Müller sowie Peter Uwe Hohendahl, mit dem ich mein Arbeitsprojekt in Ithaca (1982/83) diskutieren konnte.

1. DIE STRATEGIE DER AUFKLÄRUNG:
ÜBERWINDUNG DER TRADITION DURCH ENTGRENZUNG
SOZIALER KOMMUNIKATION

1.1. Das Programm der Aufklärung

Was Aufklärung sei, ob gescheitert oder geglückt, allererst noch in ihren Forderungen zu befriedigen ist oder doch schon, wenn auch in dialektischer Verkehrung ihrer humanistischen Ideale, sich in unserer seitherigen Geschichte bereits verwirklicht habe – all das waren großenteils schon für die Zeitgenossen strittige Fragen. Aber nicht nur die Fragen, auch die Antworten haben ihre Tradition. Durchgängig hält man sich bei der ganz überwiegenden Zahl der Lösungsversuche an das immer gleiche, fragwürdige Muster, nach dem die Antwort einer zuvor jeweils schon unterstellten Einheitlichkeit der Aufklärung entspricht: eine Epochenbestimmung, die sich vor allem auf das Festschreiben eines unveränderlichen Gehalts, einer durchgängigen Idee versteht.

Unstreitig dagegen, noch vor aller inhaltlichen Festlegung, ist die Wirkungskraft der Aufklärung. Unter ihrem Anspruch, der einer ganzen historischen Epoche den Namen gab, wurde ein Erlebnis- und Kommunikationspotential freigesetzt, das noch unseren gegenwärtigen Erfahrungs- und Deutungshorizont mitträgt. Doch der Aufklärung des 18. Jahrhunderts geht es nicht um Anschlußmöglichkeiten im Vergangenen. Ihr Kalkül schert sich wenig um den berechtigten Gehalt geschichtlicher Überlieferung. Alle Anstrengungen bündeln sich in einer Kritik, die in einer neuen, zum völligen Bruch mit dem Alten stilisierten Radikalität und Universalität den gesamten Bestand des Überlieferten einem in seinem utopischen Optimismus – zunächst noch – grenzenlosen Anspruch unterwerfen will. Alles und jedes, so ihre Anmaßung, sei in »klare« und »deutliche« Begriffe zu fassen und »zureichend« zu begründen. [1] Dies aber ist der Fehdehandschuh für eine Konfrontation, in der das Verbindliche der historischen Tradition auf dem Spiel steht. Denn in der Auseinandersetzung mit einem Gegner, der sich selbst als die von aller Finsternis und Unklarheit befreiende Kraft darstellt, [2] hat ein Anspruch, der sich allein auf das Faktum der Überlieferung stützt, kein Recht: »Die Aufklärer demaskieren, reduzieren, sie entlarven, wobei ihnen entgeht, daß im Vollzug der Entlarvung sich der Eigengehalt des Entlarvten auflöst.« [3]

Eine solche Kritik macht zum Prinzip, was historischer Reflexion widerspricht. Sie zwingt fortgesetzt Nichtvergleichbares in niveaugleiche Beziehungen, macht

»Ungleichnamiges komperabel.«[4] Historisch Gewordenes, in einen antinomischen Begriffsapparat gezwungen, der nicht nach historischem Recht fragt, sondern allein die Überlegenheit der Aufklärung zu bestätigen hat, sieht sich einem immer schon feststehenden Urteil ausgesetzt. Vor einen Anspruch zitiert, der die »ganze Welt zur Bühne polarer Kräfte«[5] erklärt, unterliegt das Überkommene den kompromißlosen Dichotomien aufklärerischer Kritik, von denen die von Vernunft und Un-vernunft nur die bekannteste ist. Unwiderstehlich scheint das taktische (Begriffs-)Dual, liefert es doch zugleich die argumentative Berechtigung des eigenen Erfolgs: solche Antinomien grenzen den Gegner von allem Gemeinsamen aus, reduzieren ihn auf das bloß Un-vernünftige, Un-natürliche, Un-wahre, eben Un-aufgeklärte.

In diesem Prozeß der Aufklärung bleibt als Ergebnis zurück eine fremd gewordene Tradition, die, aus der Kontinuität mit der Gegenwart herausgelöst, zur bloßen Vergangenheit verwandelt worden ist. Dieser Historismus ist das der Aufklärung gemäße historische Denken, das nur »dem gilt, was keine Geltung mehr beansprucht – also nur noch in der Form des Wissens anwesend ist.«[6] Nur unter dieser Prämisse, der eigenen Zeit entrückt und entmachtet von jedem Geltungsanspruch, wird Vergangenes Gegenstand historischer Forschung. Oder in einer Formulierung von Heinz Schlaffer: »Traditionsbruch und historisches Denken sind verschränkte Leistungen der Aufklärung.«[7]

Im Zentrum der aufklärerischen Aktivitäten steht so ein Anspruch, dessen maßlose Selbstgerechtigkeit und uneinholbares Niveau sich als das Paradox einer sich selbst begründen wollenden Kritik darstellt. Denn der Bruch mit der Vergangenheit, dem »Historisch-Zufälligen«[8] als dem schlechthin Unaufgeklärten, motiviert die Forderung, das je Vergangene zu klären und die Zukunft auf die Bahn der Aufklärung zu bringen. Eine solche, wie Uwe Japp am Beispiel Georg Forsters zeigt, ins Paradox laufende Kritik »lehnt das Verbindliche der Kontinuitäten ab, indem sie es begründen will.«[9] Daß aber ein derart dem Paradox zuneigender Widerspruch, der den radikalen Bruch mit der (vergangenen) Geschichte behauptet und zugleich zukünftige Geschichte anleiten will, Stoßkraft und Durchsetzungsvermögen der Aufklärung beeinträchtigt hätte, widerlegt deren Erfolgsgeschichte. Eher spricht sie für das Gegenteil, denn solange die Aufklärung am Widerspruch festhält, den doppelten Anspruch von Negation und Positivität fortschreibt, ist sie produktiv und innovativ, kann sie ihre Geschichte machende Orientierung »nach vorn« durchhalten.[10] Doch wachsende Erfolg aufklärerischer Rede wird ihr selbst zum Problem, schlägt als selbst provozierte Überforderung zurück. Alles und jedes, was bis dahin in der lebensweltlichen Sicherheit unproblematischer Legitimation als ›So-ist-es‹ erfahren werden konnte, gerät jetzt unter den Druck eines hypertrophen Wissensanspruchs, wonach, so jedenfalls Christian Wolff, »alles was seyn kann einen zureichenden Grund [...] haben [muß].«[11] Kontinuität, begründet in bloßer

Gewohnheit und unbefragter Tradition, genügt nicht der Forderung nach aufgeklärter Legitimation. Doch in ihrem Erfolg erhöht die Aufklärung zugleich auch die Anforderungen an sich selbst. Je stärker ihr Anspruch durchschlägt, um so größer der Bedarf nach neuen Antworten, die die Folgen jener genuin aufklärerischen Maxime, nach der die Dinge auch *anders sein können* und jetzt auch anders werden sollen, zu parieren haben: Erfolgreiche Aufklärung macht die soziale Welt für das Problem der Kontingenz allererst anfällig. [12] Alle Fortschritte aufklärerischer Kritik können dieses Dilemma nicht beseitigen, ist doch das Problem einer gerade durch Aufklärung stets weiter vorangetriebenen sozialen Kontingenz gleichsam nur, wie einer *der* Aufklärer des Jahrhunderts erkennt, eine »natürliche Folge der Aufklärung«, [13] denn »je weiter die Grenzen unsrer Kenntnisse hinausgerückt werden [...] desto weiter dehnt sich auch der Kreis des Möglichen vor unserm Augen aus«. [14]

Soll die Negation überlieferter Bedeutungen und Sinngehalte nicht in sozialer Destabilisierung, in bedrohlichen Sinndefiziten enden, muß Aufklärung konstruktiv werden. Ihrer negativen Funktion korrespondiert notwendig eine positive. Oder, wie es Herbert Dieckmann formuliert, nach »der Unterhöhlung der Tradition der Institutionen, der früheren Überzeugungen, Ideen und Gebräuche mußte eine neue Auffassung vom Menschen und von der Welt erarbeitet werden.« [15] Doch zum Erfolg verhilft den geforderten neuen Orientierungen – und das übersieht Dieckmann – erst eine eigene Kommunikationsweise, läßt sich doch die lebensweltliche (Alltags-)Kommunikation, einmal in Frage gestellt, nicht einfach wieder – jetzt nur mit neuen Inhalten aufgeladen – restituieren. Das hieße die Kritik der Aufklärung, das Aufkündigen fragloser Kontinuität, wie sie eine in den Strukturen der Lebenswelt und Alltagskommunikation eingelassene Tradition garantiert hat, zu unterschätzen. Mit der Kritik des lebensweltlichen Verständigungsvorschusses einer funktionierenden Alltagskommunikation, in der »die Grundlagen des Zusammenlebens und die Bedingungen seiner Fortsetzung [...] normalerweise nicht bedacht, Handlung nicht gerechtfertigt, Motive nicht eigens beschafft und vorgezeigt werden (müssen)«, [16] entsteht so ein erhöhter Verständigungsbedarf, der selbst zum drängenden Problem wird – kann doch keine Gesellschaft auf die Etablierung anerkannter Verständigungsniveaus verzichten. Als eine Kommunikationsweise, die genau diesen Anforderungen entspricht, wird im folgenden der Diskurs gesehen. [17] Diskurse wären demnach solche »Funktionseinheiten«, [18] die den Erfolg sozialer Kommunikation gewährleisten und so das Risiko des Nichtverstehens, des Nicht-zustande-Kommens von Handlungssequenzen möglichst gering halten. Sie geben den Subjekten bewußtseinsentlastende Vorgaben, bieten generalisierte Verständigungs- und Orientierungsmuster, die die sprachliche Kommunikation – etwa durch die Konzentration auf bestimmte Geltungsbedingungen – vereinfachen und es den möglichen Kommunikationspartnern so ersparen, sich über alle möglichen Handlungsalternativen (vor-)verständigen zu müssen. Aufklärung ist demnach nicht einfach nur die Konstruktion neuer Orientierungen. Sie ist auch zu beschreiben als beschleunigter Wandel in der Kommunikationsweise. Denn ihr Epoche machender Erfolg, der mehr und mehr jene »Bereiche des Usuellen«[19] oder, wie es Jürgen Habermas sagt, »Zonen des Unproblematischen«[20] auflöst, ist zugleich der zivilisationsgeschichtliche Ort für eine beschleunigte Diskursivierung traditionsgesicherter Lebenswelt. Ob jedoch die produktiven Möglichkeiten, die diese zunehmende Ausdifferenzierung von Kommunikation in hochspezialisierte Diskurse eröffnet – an erster Stelle der Zugewinn an möglichen Themen, die gesteigerte Intensität und vor allem die größere Komplexität – den Verlust an Tradition aufwiegen, ist eine berechtigte, aber gleichwohl auch zu einem großen Teil historische Frage. Ein Zurück zu einer restaurierten Traditionswelt ist ausgeschlossen.

Schon die Geschichte der Aufklärung beweist, wie begrenzt nur solche Formen einer Sonderkommunikation ihre sinnstiftende bzw. generalisierende Funktion erfüllen. Ein Ausgleich für den Verlust traditionaler Handlungsrationalität bleibt stets problematisch, da die diskursiven Orientierungen wieder an eine je individuelle Lebenswelt zurückgebunden werden müssen. Nicht von ungefähr bricht die Spätaufklärung mit diesem überzogenen Utopismus, der die ›Aufklärung‹ der Lebenswelt in der »besten aller Welten« enden sieht. Skepsis und Selbstkritik, die eine den schönen Versprechungen Hohn lachende Welt herausfordert, bestimmten nun zunehmend die aufklärerische Selbsteinschätzung. Und keineswegs ist es Zufall, daß gerade die radikale Spätaufklärung die Metapher vom Zufall für die Beschreibung der jetzt ›aufgeklärten‹ Welt benutzt. Lichtenberg, der hier zunächst das Wort hat, gibt dieser Einsicht in die letztlich kontingenten Grundlagen der Welt noch eine positive Wendung. Zwar scheint auch in seinem Aphorismus Kontingenz als letzter Grund überkommener Wahrheiten durch, aber er akzeptiert den Zufall als einen subjektive Intentionalitäten übertreffenden Sinnproduzenten:

»Was mir an der Art, Geschichte zu behandeln, nicht gefällt, ist, daß man in allen Handlungen Absichten herleitet. Das ist aber wahrlich ganz falsch. Die größten Begebenheiten ereignen sich ohne alle Absicht; der Zufall macht Fehler gut, und erweitert das klügst angelegte Unternehmen. Die großen Begebenheiten in der Welt werden nicht gemacht, sondern finden sich.«[21]

Johann Carl Wezels Metaphern sprechen dagegen eine andere Sprache. Hier ist die Frage nach der Sinnhaftigkeit der Welt schon suspendiert: die Welt ist nur noch ein überkomplexes, der menschlichen Reflexion nicht mehr einholbares »Rädersystem«, eine nicht kalkulierbare Mechanik, angetrieben durch einen ohne jegliche Rückversicherung durch allgemeine Weltbilder gefaßten »Zufall«.[22] Solche Weltsicht desillusioniert alle großräumig konstruierten Positivitäten.

Konsequent daher nur der Wechsel in der Zielsetzung, den er allen Aufklärern empfiehlt. Statt weiterhin die Kontingenz der Welt durch den Entwurf immer neuer Orientierungs- und Handlungsräume für das Fernziel einer besseren Welt doch stets nur unvollkommen zu überdecken, votiert er für die Beschränkung auf individuelle Selbstbehauptungsstrategien. Sie scheinen ihm die einzig angemessene Antwort für das Überleben in einer Welt, der auch die ausgeklügeltste Konstruktion keine Gewißheit und Sicherheit mehr geben kann. [23]

1.2. Sozialgeschichtlicher Wandel in Organisation und Reichweite sozialer Kommunikation

Parallel zum Wandel der Kommunikationsform, der ›Diskursivierung der Welt‹, verändern sich Technik und – vor allem – Organisation sozialer Kommunikation. Auch hier steht der Wandel unter dem gleichnamigen Nenner eines sich von überkommenen Beschränkungen entgrenzenden Kommunikationspotentials. Da das umfangreiche Material weitgehend aufgearbeitet ist und auch gut zugänglich vorliegt, kann sich das folgende Referat mit knapp gehaltenen Verweisen auf die bekannten Fakten beschränken. [24]

Was vor allen Details und Einzeltrends auffällt, ist die sprunghaft wachsende Verschriftlichung der Kommunikation. Erst diese Umstellung aber ermöglicht jene Erweiterung des kommunikativen Felds in »Raum und Zeit«, [25] die es im folgenden als kommunikationstechnische bzw. organisatorische Dimension der Diskursivierungsprozesse zu beschreiben gilt. Schon die erste Durchsicht des Materials bestätigt die Vermutung, nach der die Zeit der Aufklärung auch die Zeit einer sowohl quantitativ als auch qualitativ expandierenden gesellschaftlichen Kommunikation ist. Zum einen verlieren nun bestimmte, noch im 16. und 17. Jahrhundert bestehende Restriktionen an Bedeutung, zum anderen entstehen gänzlich neue Organisationsformen, die die Funktion literarischer Kommunikation intensivieren und ihre Reichweite vergrößern. Anzumerken ist, daß all diese Veränderungen und Entgrenzungen sich nicht als Folge technisch-maschineller Innovation darstellen. Die maschinelle Papiererzeugung sowie die Umstellung auf eiserne Druckpressen setzt erst um 1800 ein. Die Schnellpresse gar ist erst eine Erfindung des 19. Jahrhunderts! [26]

Zu den zentralen Parametern, die über die mögliche Verbreitung aufklärerischer Diskurse entscheiden, zählt als elementare Teilnahmevoraussetzung die Lesefähigkeit. Muß man noch für das gesamte 17. Jahrhundert mit einer sehr geringen Leserzahl rechnen, [27] so wächst das Potential für literarische Kommunikation bis zum Jahre 1770 immerhin auf 15 v.H. der Bevölkerung, um gegen Ende des 18. Jahrhunderts weiter auf 25 v.H. der »mitteleuropäischen« Bevölkerung anzusteigen. [28] Zugleich mit der Verringerung der Analphabetenrate löst die deutsche Sprache das bis dahin führende Latein als erste Sprache ab. Latein oder gar Griechisch verlieren zunehmend ihren Status als Kommunikationsschwelle. [29]

Auch die Entwicklung der Zensur, ein geradezu klassisches Restriktionsmittel gesellschaftlicher Kommunikation, paßt sich in das Bild ein. Zwar kommt es entgegen vielleicht erster Erwartung im ›Zeitalter des Lichts‹ keineswegs zu einer völligen Liberalisierung. [30] Eine genaue Betrachtung zeigt jedoch einige für Variation und Verbreitung aufklärerischer Diskurse günstige Veränderungen – und das trotz der quantitativ eher noch gestiegenen Zahl der Zensurverordnungen und eines gleichfalls zumindest nicht geringer gewordenen organisatorischen Aufwands, den allein schon die Konkurrenz von Kirche und weltlicher Macht provoziert. Doch genau diese wachsende Konkurrenz mit ihren z.T. ungeklärten Zuständigkeiten, ihrer eher spätmittelalterlichen Verhältnissen entsprechenden Organisation und Strategie, verantwortet die augenscheinliche Ineffektivität und Schwerfälligkeit der Zensur. Vielleicht die entscheidende Schwächung der Zensurpraxis aber liegt in der Aufhebung einer der vielen noch aus dem Mittelalter übernommenen Vorschriften: zu Beginn des 18. Jahrhunderts fällt die 1570 verfügte Einschränkung der Druckereistandorte. Fortan genügt schon eine weit weniger streng durchgeführte Aufsichtspflicht, so daß überall dort Verlagshäuser und Druckereien sich etablieren können, »wo Obrigkeitliche Obsicht gehalten wird.« [31] Eingeschränkt und behindert durch mittelalterliche Tradition, verstrickt in unüberschaubare, oft parallel organisierte Kompetenzen, [32] gerät die Praxis der Zensur zunehmend ins Hintertreffen gegenüber einem sich neu formierenden, wesentlich flexibler operierenden Verlagswesen, das nicht selten auch noch von der territorialen Zersplitterung Deutschlands profitiert – das in einem Territorium ausgesprochene Verbot schlägt vielleicht schon im Nachbarstaat als gewinnbringendes Werbemittel zu Buche!

Zusätzliche Schwierigkeiten erwachsen der Kontrolle aus dem Strukturwandel des Buchhandels bzw. der Buchproduktion. War das Verlagswesen bis fast zu Ende des 17. Jahrhunderts ganz überwiegend in den traditionellen Formen des Messeverkehrs und Tauschhandels organisiert, so gewinnen – mit starker Beschleunigung ab ca. Mitte der 60er Jahre – zunehmend Konditionalverkehr und Kommissionshandel, die »organisatorischen Fundamente des literarischen Markts«, [33] an Boden. Auch das eine folgenreiche Freisetzung gesellschaftlicher Kommunikation, denn noch im 17. Jahrhundert limitiert der bargeldlos geführte Buchhandel Ausmaß und Umschlagsgeschwindigkeit von Buchproduktion und Distribution ganz außerordentlich. Begrenzt durch das geringe Kapital, über das die Verlage nur verfügen, und angewiesen auf die wenigen Buchmessen, der nahezu einzigen Distributionsform, blieb der Umschlag literarischer Kommunikation in engen Grenzen. Tiefgreifende Änderungen bringt erst der literarische Markt, sein größerer Kapitaleinsatz und Verwertungsdruck. Seine Innovationen – vor allem die Spezialisierung und Re-Integration von Autor, Verleger, Sortiment und Buchhändler einschließlich eines über den Markt zusammengeschlossenen Publikums [34] sowie nicht zuletzt das gebundene Buch zu festen, meist billigeren Preisen – ermöglicht sowohl die enorme quantitative Expansion der literarischen Kommunikation, als auch kürzere und intensivere Kommunikationswege zwischen Autor und Leser. Aber auch die Verfügungschancen über soziale Kommunikation sind von diesem Wandel betroffen. Denn die Expansion sozialer Kommunikation führt über die Grenzen der feudal-adeligen Oberschicht (einschließlich einer schmalen Funktionselite) hinaus, bricht mit dem dieser hierarchischen Spitze lange vorbehaltenen Monopol auf die volle Teilnahme an sozialer Kommunikation.

In dieser Richtung weitergedacht, fordert ein erweiterter Zugang zur gesellschaftlichen Kommunikation die (stände-)politische Machtverteilung selbst heraus. Man muß nicht erst klassen-›ontologische‹ Begriffe bemühen und ein emanzipatorisches Bürgertum beschwören, das sich mit geschichtsphilosophischer Notwendigkeit auf Kosten der Feudalklasse emanzipiert, um im weitgehenden Verlust des (Kommunikations-)Monopols eine Schwächung traditionaler, stratifikatorisch organisierter Macht- und Gesellschaftsverhältnisse zu erkennen. Dazu reicht die Einsicht, daß deren Stabilität zu einem wesentlichen Teil auf der Exklusivität der Kommunikationschancen basiert. Am Zusammenhang von Kommunikationschancen und Politik ändert auch der Verweis auf die Stabilität der politisch-rechtlichen Grundlagen des Ständestaates nichts. So ist – in der Tat – bis ins frühe 19. Jahrhundert hinein die Situation durch eine »Einfrierung« tradierten ständischen Rechts« [35] gekennzeichnet, bleibt der Adel der »maßgeblich herrschende Stand«, [36] spricht das Allgemeine Preußische Landrecht auch noch 1794 vom Adel »als dem ersten Stande im Staate«. [37] Nun müssen diese wohlbekannten Fakten der eben behaupteten politischen Qualität von Kommunikationschancen nicht widersprechen, entwickelt doch die Aufklärung ihre Alternativen zuerst und vor allem ›neben‹ oder ›vorbei‹ an den ›klassischen‹ politischen (Themen-)Feldern: Da die Macht des absolutistischen Staats das Subjekt als Staatsbürger und Untertan einforderte, entfaltete die Aufklärung ihre Produktivität im weit weniger kontrollierten Bereich des Privaten. [38] Doch die aus der politischen Situation erzwungene Ausrichtung auf den Menschen als Menschen ist kein Ausstieg aus der Politik. Gerade die Konzentration auf das private Subjekt hat der Aufklärung jenen Bewegungsraum gegeben, den sie für den Aufbau von bedeutungsvollen, Erfahrung prägenden Differenzen, wie zwischen Privatem und Politischem, zwischen Natürlichem und Unnatürlichem erfolgreich – und zwar auch im Politischen – zu nutzen wußte. [39]

>Die Literaturgeschichtsschreibung wird wahrhaben
und ihrem Darstellungsprinzip integrieren müssen,
daß Notwendigkeit nur zur Existenz kommen kann als realisiertes Mögliches,
und daß andererseits nichts falscher wäre,
als den im Möglichen operierenden objektiven Zufall
aus dem Bannkreis der noch unentschiedenen Notwendigkeit
ins Reich der puren Beliebigkeit und Willkür zu entlassen.<*

>die suche nach den gründen für alles geschehene
macht die geschichtsschreiber zu fatalisten.<**

2. LITERATURGESCHICHTE UND DIE KONTINGENZ IHRES GEGENSTANDES

Signifikante, das (Selbst-)Verständnis der Epoche prägende Konkretisierungen
dieses (in Raum und Zeit, in sozialer Reichweite, schierer Quantität und
Vielfalt expandierenden) Kommunikationspotentials >Aufklärung< gibt es nur
wenige: die unter den Leitbegriffen Empfindsamkeit und Zärtlichkeit geführte
Rede ist eine davon. Genau dieser außergewöhnliche Erfolg hat jedoch nicht
selten dazu verleitet, die Empfindsamkeit wegen ihrer scheinbar offensichtlichen
Eigenständigkeit, ihrer dem Rationalismus, sprich: der Aufklärung gegenläufi-
gen Gefühls- und Empfindungsthematik aus dem Spektrum des Möglichkeitsre-
pertoires der Aufklärung auszugrenzen. [1]

Doch sowohl Themenstellung wie auch die Art der Themenbehandlung ist
für die Aufklärung bezeichnend und ohne diese mehrfache Affinität zum aufklärerischen Diskurs, so ist zu vermuten, wäre der Erfolg ausgeblieben. Auf einer
noch sehr allgemeinen Ebene läßt sich der Diskurs der Empfindsamkeit als eine
positive Antwort auf die Sinn- und Orientierungsfragen lesen, die sich gleichsam im Rücken jener fortgesetzten >Entzauberung< traditionaler Lebenszu-
sammenhänge notwendig stellen. Auf dieser Folie von Zivilisationsgeschichte

* Erich Köhler, Der literarische Zufall, das Mögliche und die Notwendigkeit, München
1973, S. 121; abgedruckt auch in: V. Žmegač (Hrsg.), Marxistische Literaturkritik,
Frankfurt/M. 1972, S. 289–308.
** Bertolt Brecht, Arbeitsjournal (Eintragung vom 22.7.1938), hrsg. v. W. Hecht, 2 Bde.,
Frankfurt 1974.

und sozialer Kommunikation sollen die in der Empfindsamkeit favorisierten Konzepte von Geselligkeit und Gemeinschaft, von Individuum und Gesellschaft (und ihr gegenseitiges Verhältnis), beschrieben werden als – in der Rhetorik des Diskurses – »natürliche« Orientierungsmuster, die den Verlust überkommener Ordnungs- und Sinnstrukturen auffangen. Mit dieser Aufgabenstellung aber, die sich als erklärungskräftige Lesehilfe erst bestätigen muß, reicht der Diskurs der Empfindsamkeit ins Herz der angeblich so vernunftgläubigen Aufklärung.

Auch die Themenbehandlung ist für die Aufklärung typisch. Fast das gesamte 18. Jahrhundert hält an der begrifflichen Gleichsetzung von Gesellschaft und Gemeinschaft [2] fest, versteht beide als Synonyme für das Soziale. [3] Gesellschaft, Probleme sozialen Wandels aber – und das ist die unmittelbare Folge – thematisiert man nahezu ausschließlich in den Begriffen von Geselligkeit und Gemeinschaft, werden direkt auf die zwischenmenschliche Interaktion abgebildet. Reflexion über die Gesellschaft im Sinne eines sozialwissenschaftlichen, der alltäglichen Erfahrung von Interpersonalität entzogenen Gegenstandes ist unbekannt. Aus dieser erkenntnistheoretischen Prämisse, dem, um mit Michel Foucault zu sprechen, »historischen Apriori« der Aufklärung, resultiert ein Formzwang für die Behandlung von Problemen der Sozialität bzw. Gesellschaft: man behauptet die Existenz anthropologischer Grundfähigkeiten des Menschen, um sie dann, in einem zweiten Schritt, als bindende Regulative zwischenmenschlichen Umgangs aufzubauen. Auch der metaphysische Rationalismus, der angeblich unvereinbare Gegenpol zur Empfindsamkeit, argumentiert nach diesem Schema. So soll nach Christian Wolff soziale Ordnung und Stabilität sich aus der jedem Menschen (über den angeborenen Verstand) gegebenen Vernunft einstellen. Vernunft wird dann – entsprechend der auf Intersubjektivität aufbauenden Ordnungsvorstellung – als systematisches Regelwerk gedacht, dessen (relativ) einfach erlernbare Anwendung den ›wahren‹ Vernunftschluß garantiert. Dank der allgemein gültigen, in Ontologie (in der Figur der prästabilisierten Harmonie) und in mathematisch-deduktiven Prinzipien (z. B. dem Syllogismus) rückgebundenen Regeln kommt menschliches Handeln ›vernunftnotwendig‹ zur sinnvollen Übereinstimmung. Eine derart als Generalisierungsform personalen Handelns konzipierte Vernunft diszipliniert und vereinheitlicht alle Handlungen zum eudämonistischen (Fern-)Ziel, der Beförderung der allgemeinen Glückseligkeit. Was weder einer naturwüchsigen Tradition, noch kosmologischen bzw. theologischen Weltbildern (nicht mehr) gelingt, soll hier ein universell gültiges, formales Instrumentarium erreichen: Der »Vernünftige« weiß sich in der buchstäblich auf die ganze Welt passenden, formalisierten (Deduktions-)Vernunft vor allen Gefahren möglicher Sinndefizite und Kontingenzen sicher. Eine Leistung, die Wolff bekannt war, sieht er doch den großen Nutzen seiner Vernunftregeln gerade darin, »daß sie einen nicht in das Zweifeln verfallen lassen«. [4] Es gibt nichts, so will diese Gesellschaftstheorie glauben machen, das, wenn nur erst einmal in der Maschinerie der Deduktionslogik, nicht als sinnvoll ausgegeben werden könnte: das Problem einer kontingenten Welt scheint gebannt. Wie gesehen, baut der rationalistische Diskurs auf eine nach einfachsten Logikschemata operierende Vernunft. Ohne institutionelle Vermittlung gedacht, repräsentiert sie eine den Subjekten selbst eigene Handlungsrationalität. Im Fall der Empfindsamkeit – und das zeigt schon ein flüchtiger Blick – dominieren dagegen ganz andere, aber gleichwohl anthropologische Basisqualitäten. Anstelle einer in einfachen intellektuellen Grundoperationen wirksamen Vernunft setzt die Empfindsamkeit ein ganz anderes Motiv. Sie hat ihr verbindliches Prinzip in einer moralisch positiven Emotionalität. Das Interesse am Gefühl, an der Empfindung, erscheint aus dieser Perspektive als eine alternative Antwort auf die gleiche Problemstellung: Wie ist eine bindende Einigung über eine sinnvolle, stabile und friedliche Form des Zusammenlebens möglich?

Trotz Isomorphie konkurrieren demnach beide Diskurse – eine aus der Literatur als Konflikt zwischen Vernunft und Gefühl bekannte Situation. Der rationalistischen Variante ist der Ausschluß von Affekt und Sinnlichkeit noch wesentliche (Erfolgs-)Voraussetzung. Emotionalität stört, verfälscht nur die mechanisierte Regel-Vernunft. Die Empfindsamkeit dagegen stimmt augenscheinlich für das Gegenteil, fast schon für die Umkehrung. (Allerdings ist ihr Verhältnis zur Vernunft, wie noch zu zeigen ist, nicht einfach ein negatives.) Entgegen der rationalistischen Forderung, sich von der »schädlichen Herrschaft der Sinnen und Imaginationen zu befreyen«, [5] glauben die Empfindsamen jetzt an die friedfertige Macht einer sanften, »empfindsamen« Sinnlichkeit: ihr soll das Allgemeinwerden eines moralisch einwandfreien Verhaltens gelingen. Empfindsamkeit, so die Definition in einem Lexikon der Zeit, schätzt man jetzt als ein moralisch qualifiziertes Gefühl, als eine »zärtliche Beschaffenheit des Verstandes, des Herzens und der Sinnen, durch welche ein Mensch geschwinde und starke Einsichten von seinen Pflichten bekömmet, und einen würksamen Trieb fühlet, Gutes zu thun.« [6] Oder, pointiert und kurz, Empfindsamkeit sei das »Genie zur Tugend«. [7]

Ob man aber nun Vernunft oder, wie hier, eine genau reglementierte, kognitiv überformte Sinnlichkeit zum Garanten aufgeklärter sozialer Verhältnisse und Umgangsformen wählt, diskutiert das 18. Jahrhundert vor allem auf der Ebene der menschlichen Natur. Je nachdem, wie die anthropologische Definition der Subjekte ausfällt, rechnet man nach dem sozialwissenschaftlichen Paradigma der Zeit, das zwischen Gemeinschaft und Gesellschaft nicht unterscheidet, bruchlos auf die soziale Ebene hoch. Natürliche, essentielle Grundeigenschaften des Menschen gelten zugleich als zentrale Strukturdominanten für Sozialität. Unter dem Zwang dieser epistemologischen Vorgabe sucht die Empfindsamkeit ihre behauptete »Natürlichkeit« zu beweisen. Ist sie tatsächlich ein der Vernunft vergleichbares positives Handlungsregulativ oder verdienen nur bestimmte Formen und Grade der Empfindsamkeit diese Hochschätzung? Ohne Zweifel eine für die Zeitgenossen brisante Frage – dafür spricht schon die heftige Kritik längs der bekannten Linie von Empfindsamkeit versus bloßer Empfindelei, der unnatürlichen und schließlich pathologischen Ausformung. Doch auch die germanistische Forschung fand hier ihre Anschlußstelle. So übernehmen z.B. Leo Balet/E. Gerhard in ihrer zwar schon 1936 erschienenen, aber 1972 und 1979 wieder neu aufgelegten Arbeit nicht nur das konzeptionelle Niveau der zeitgenössischen Diskussion, sondern zugleich auch deren apodiktischen Tonfall: »Die Empfindsamkeit der 2. Hälfte des 18. Jahrhunderts war, wir brauchen es wohl kaum zu sagen (!), keine natürliche Veranlagung der damaligen Generation.« [8] Doch dies ist keine auf die frühe Beschäftigung mit diesem Thema beschränkte Ausnahme. Die gleiche – wenn auch weniger drastisch und riskant formuliert – vordergründige Orientierung am zeitgenössischen Diskussionsstand gilt auch für einen erheblichen Teil der gegenwärtigen Forschungspraxis. Zitiert sei hier nur die umfangreiche Arbeit Wolfgang Doktors, der vom »latent pathologischen« Charakter der Empfindsamkeit spricht. [9] Doktors Arbeit ist typisch für eine Forschung, die sich dem Zwang zur historischen Abstraktion entziehen will. »Die Quellen«, so der Autor, sollen nämlich »in erster Linie für sich selbst sprechen« [10] – ein zweifelhaftes Vertrauen in die Redefreudigkeit historischer Texte!

Aber auch eine sozialgeschichtlich orientierte Literaturgeschichtsschreibung tut sich mit der Entwicklung neuer und höher abstrahierenden Fragestellungen schwer. Hier nur ein Beispiel. In Viktor Žmegačs neuer »Geschichte der deutschen Literatur« heißt es in entwaffnender Offenheit: »Was Empfindsamkeit ist und will, bleibt [...] schwer auszumachen.« [11] Man sieht sehr wohl die Komplexität des Gegenstandes, weiß aber nicht viel mit ihr anzufangen: die Empfindsamkeit erscheint als ein kaum entwirrbares »Syndrom« aus »gesellschaftlichpolitischen, literarischen, philosophischen und religiösen Implikationen«. [12] Dazu gibt man noch eine »stärkere Beeinflussung aus dem Ausland« [13] zu bedenken – und der Gegenstand beginnt sich endgültig in der nicht zuletzt selbstverantworteten Unschärfe zu verlieren. Ob hier der Bezug auf den klassen- bzw. schichtensoziologischen Begriff des Bürgertums weiterhilft und brauchbare Konstruktionsperspektiven erschließt, ist zu bezweifeln. Jedenfalls ist Skepsis dann angebracht, wenn, wie Lothar Pikulik es vorschlägt, es um die Frage gehen soll, ob die Empfindsamkeit »*genuin* bürgerlich [gewesen] war.« [14]

Eine Problemstellung, die, wie der Autor selbst beweist, noch immer aktuell ist. [15] Doch sind Fortschritte in der Argumentation nicht zu übersehen. Vor allem dort, wo mit Rekurs auf die Ergebnisse der Sozialgeschichte das vulgärsoziologische Modell vom »aufsteigenden Bürgertum« kritisiert wird: Die behauptete (Klassen-)Identität scheint eher das Ergebnis zweifelhafter Rückprojektionen, die Vorstellungen aus ganz unterschiedlichen Bereichen – wie geburtsständische Kriterien, ökonomische Lage, typisches Sozialverhalten etc. – zu einer höchst unsicheren Bezugsgröße verbinden. Doch trotz dieser überfälligen Präzisierung in der Diskussion um die »Bürgerlichkeits-These« schillert noch immer – allein schon aus der Kontinuität der Problemstellung? – die Vorstellung von einem substantiellen Zusammenhang zwischen sozialer Klasse und historischer Semantik durch – gleich ob man die These bejaht oder nicht. Auch die neue Arbeit Pikuliks ist davon nicht frei, so z.B. wenn er in entschiedener Absetzung von der weithin anerkannten Lehrmeinung behauptet, daß die Empfindsamkeit für den Bürger des 18. Jahrhunderts »wesensfremd« gewesen sei. [16] Ein Beweis für diese Schwierigkeiten ist auch Gerhard Sauders umfangreiche (und noch nicht abgeschlossene) Arbeit. [17] Zwar hält er es mit der Gegenthese, sieht die Empfindsamkeit im Kontext bürgerlicher Emanzipation bzw. bürgerlicher Ideologie, ohne jedoch aus diesem eindeutigen (schichtensoziologischen) Bezug eine Strategie gewinnen zu können, die das Abstraktionsniveau des Gegenstands entscheidend überbietet.

Hält man sich an das im Gegenstand selbst vorgegebene Abstraktionsniveau, führt dies leicht zu einer ›Nachschrift‹ des Diskurses. Die Darstellung stützt sich auf die vorgeblich selbstevidente Ordnung von Autor, Einfluß, Schule oder Richtung, kommt (dabei) aber meist nicht über das Sichten und Addieren hinaus. [18] Was darüber hinauszielt, verlangt eine ungleich höhere Abstraktionslage, die das beschränkte, zeitbedingte Begriffsniveau überwindet. Doch der Zugewinn an analytischem Auflösevermögen, den eine Abkehr vom Denken des 18. Jahrhunderts verspricht, gibt zugleich auch Folgeprobleme auf. Akzeptiert man eine Fragestellung, die sich nicht an die epistemologischen Grenzen der Aufklärung hält und versucht, mit höher abstrahierenden Theorien ein größeres Auflöse- und Rekombinationsvermögen zu gewinnen, so erhöht dies fast zwangsläufig die Gefahr der ›Theoretisierung‹: die erhöhte Abstraktion geht leicht auf Kosten der Anschaulichkeit. [19]

Die notwendige theoretische Deckung für die hier avisierte Reformulierung traditioneller Fragestellungen soll vor allem eine evolutionstheoretisch motivierte Betrachtungsweise von Gesellschaft geben, wie sie stringent Niklas Luhmann auf den Begriff bringt. In ihr sind Kontingenz und soziale Ordnung nicht mehr einander ausschließende Gegensätze. [20] Entgegen einem auf Letztbegründung ausgelegten Denken, das Selektionsentscheidungen über sozio-kulturelle Orientierungsmuster in normativen Begriffen menschlicher Wesensqualitäten (bzw. in einem dem Menschen angemessenen natürlichen ethos) festhält, hebt die hier vorgetragene Perspektive auf ein Modell sozio-kultureller Evolution ab, dessen Mechanismen weder mit naturnotwendiger Gesetzlichkeit ablaufen noch an irgendwelche Invarianzen gebunden sind. Der so möglich gewordene Abstraktionsgewinn bewährt sich am Naturbegriff, einem, wie bereits erwähnt, zentralen Konzept für die Empfindsamkeit. Ohne sich weiter in substantialistischen Ausdeutungen zu verlieren, kann der Naturbegriff jetzt evolutionstheoretisch formuliert werden als verschlüsselter Stand des in der Gesellschaft entwickelten Möglichkeits- und Selektionsbewußtseins. [21] Nun gebraucht zwar auch das 18. Jahrhundert Natur als Distinktionsbegriff. Natur steht für das, was als je möglich und wünschenswert gilt und zugleich schließt sie all das aus, was bedenklich, unmoralisch, kurzum: unmöglich scheint. Aber die Begründung der Selektion bleibt im streng normativ besetzten Rahmen einer Wesens- bzw. Gattungsanthropologie (nicht selten noch verbunden mit einer ontologisch-metaphysischen oder theologischen Weltsicht). Selektionsentscheidungen als – zumindest auf lange Sicht – abhängig von der evolutionierenden Gesellschaft zu begreifen, ist unbekannt und bei dem Stand der Gesellschaftstheorie auch wohl gar nicht vorstellbar.

Der hier eingeschlagene Weg dagegen versucht, die Rekonstruktion eines sozialen Orientierungs- und (Selbst-)Deutungsmusters als eine Funktionsgeschichte anzugehen, die normative Setzungen und ›ontologische‹ Behauptungen so weit wie möglich ausschließt. Auskunft über die möglichen Gründe für Erfolg und Mißerfolg der Empfindsamkeit soll aus der Vereinbarkeit bzw. Unvereinbarkeit dieses Diskurses mit anderen, vermutlich für die soziale Entwicklung ausschlaggebenderen Geschichten gewonnen werden. Einen naheliegenden Bezug bietet insbesondere der zivilisationsgeschichtliche Trend zu einer stärkeren Subjektivierung und Individualisierung des Subjekts, wie ihn Norbert Elias und Michel Foucault mit übereinstimmender Perspektive für das 18. Jahrhundert rekonstruiert haben, oder, auf einem abstrakteren Niveau, die im letzten Drittel des 18. Jahrhunderts durchgreifende evolutionäre Umstellung der gesellschaftlichen Organisation von stratifikatorischer auf funktionale Differenzierung. [22]

Wie man sieht, kein leichtes Unterfangen, macht doch dieser Plan auch die Außenbeziehungen des Diskurses, seine Verbindungen zu anderen Diskursen wie auch zu nichtdiskursiven Bereichen wie Institutionen, politischen Ereignissen oder etwa ökonomischen Entwicklungen, zum notwendigen Untersuchungsgegenstand. Dazu einige methodische Vorbehalte. Zu analysieren sind diese Verbindungen nicht über kausale Begründungsversuche, die (z.B.) ökonomische oder politische Ereignisse – auch über den Umweg einer entsprechenden Beeinflussung der Autoren – als notwendige Ursachen bzw. feststehenden Ursprung aufdecken wollen. Ein Diskurs ist nämlich nicht, wie Foucault klarstellt, nur die »Oberfläche symbolischer Projektionen von Ereignissen oder anderswo angesiedelter Prozesse«, [23] sondern ein nicht aus Kausalverkettungen ableitbarer »Existenz- und Funktionsbereich einer diskursiven Praxis.« [24] Ein Diskurs zeichnet sich weiter aus durch eine eigene, den Zufall gerade nicht mehr ausschließende Geschichtlichkeit, [25] die »mit einer Menge verschiedener Historizitäten in Beziehung steht«, sich also nur in der Dimension einer »allgemeinen Geschichte« [26] entfaltet. Daraus ergeben sich unmittelbar Konsequen-

zen für die Konstruktion. Zu streichen ist zunächst einmal die Suche nach einem
fundierenden Ursprung, der den Diskurs der Empfindsamkeit als notwendige
Verwirklichung eines vorgängigen Sinns, sei es nun als Intention eines Autors,
einer Klasse oder einer sich im historischen Prozeß ent-wickelnden objektiven
Teleologie, verantworten könnte. Auch sprechen die forschungspraktischen
Konsequenzen eines solchen Ansatzes dagegen. Denn die gewünschten Kausal-
erklärungen, Ableitungen, Ursprungsgeschichten etc. müssen letztlich die historische Theorie (und Praxis) überfordern, bürden ihr doch solche Erklärungs-
ansprüche die »übermäßige Last der historischen Nezessität« [27] auf, die für alles
ihren »zureichenden Grund« haben will. Wer es dennoch versucht, wer den
zahllosen Möglichkeitsbedingungen, die für die Entstehung oder Wiederauf-
nahme einer semantischen Variation gegeben sein müssen, nachgehen will, den
verführt das Eingehen auf die letztlich »unfaßbare Komplexität realer Denkver-
flechtungen« [28] nur allzu leicht zum Leerlauf einer nur noch additiven Darstellung, die alles und jedes, so der selbstgesetzte Zwang, noch irgendwie berück-
sichtigen will. Strategische Zurückhaltung ist daher angebracht – und dies ist
zugleich ein Argument mehr, es mit der von der Evolutionstheorie inspirierten
Annahme zu versuchen, die Niklas Luhmann vorschlägt. Das »im einzelnen
nicht zu verfolgende Gedankenmaterial«, so seine praktische Empfehlung, sei
»wie eine evolutionäre Masse« [29] zu betrachten, die selbsttätig und fortgesetzt
Variationen erzeugt. Mögen die einzelnen Variationen dabei zufällig sein –
keineswegs aber ist es ihr Erfolg oder Mißerfolg. Statt der aufklärerischen
Rationalisierung des Zufalls zu folgen und sich für teleologische oder historisti-
sche Geschichtskonzeptionen zu entscheiden, die den Zufall vollständig beseitigen, ist vielmehr die Einsicht zu beherzigen, daß »gerade das Ausräumen jeder
Zufälligkeit zu hohe Konsistenzansprüche stellt, und zwar gerade deshalb, weil
im Horizont geschichtlicher Einmaligkeit durch die Beseitigung jeden Zufalls die
Zufälligkeit verabsolutiert wird.« [30] Auch die Literaturgeschichte ist hier angesprochen. Meint sie es ernst mit ihrer Absage an Teleologie, Unilinearität
oder blanken Historismus, muß auch sie ihrem Gegenstand einen höheren Grad
an Kontingenz zuerkennen, *ohne* jedoch gleich auf historische Erkenntnisse gänzlich zu verzichten. Erkenntnis gewinnt sie dann aber nicht in der zweifelhaften
Fortschreibung kausaler Begründungsgeschichten, sondern aus dem Wissen, daß
»Kontingentes nicht beliebig kombiniert werden kann.« [31] Der historische Er-
klärungsanspruch ist so verwiesen auf die Ebene der – nicht kausalen, sondern
funktionalen – Relationierung, seien es nun intradiskursive Relationen oder
solche zwischen Diskurs und nicht-diskursiven Bereichen. [32]

Eine solche Funktionsgeschichte der Empfindsamkeit erschöpft sich nicht in
einer nur als Rechtfertigung auftretenden Darstellung, die allein die funktionale
Verwertbarkeit diskursiver Ausdifferenzierungen für den Bestand und die Evolution der Gesellschaft im Auge hat. Die Folge wäre eine Verengung des Blicks,

die hinterrücks das wieder einführt, was es zunächst zu vermeiden galt, nämlich eine als einsinnige Rationalisierung konstruierte Teleologie von Gesellschaft und Geschichte. Weit mehr überzeugt dagegen ein sehr viel anspruchsvolleres Konzept historischer Reflexion, das Geschichte unter der Prämisse der Selektivität von Ereignissen schreibt und das Erinnerung immer auch als das Miteinbeziehen »anderer, nicht aktuell gewordener Möglichkeiten« [33] versteht. Das Erkenntnisinteresse gründet so auf dem Verdacht, daß einer im gesellschaftlichen Maßstab stattfindenden Aktualisierung einer Möglichkeit immer auch der Ausschluß, das Verdrängen anderer Möglichkeiten gegenübersteht. Wie aktuell eine Analyse sein kann, die mit Alternativen rechnet, könnte sich an der gegenwärtigen Reaktualisierung der Empfindsamkeit beweisen, am erneuten Interesse, das man ihr als einem sozialen Orientierungs- und Verhaltensmodell entgegenbringt. [34] Vielleicht kann die Diskursanalyse der Empfindsamkeit im 18. Jahrhundert, der Zeit ihrer historischen Hochkonjunktur, Grenzen und Möglichkeiten aufzeigen, innerhalb derer eine »Neue Empfindsamkeit« für die Suche nach einer politischen und personalen Identität ihre Bedeutung haben könnte. Eine solche Analyse, die sich das Auflöse- und Rekombinationsvermögen des Diskurses konsequent zunutze macht und eine Geschichte der Empfindsamkeit anstrebt, die gerade nicht dem von der Empfindsamkeit selbst suggerierten Glauben an ein natürlich-geselliges, im sympathetischen Umgang sich emanzipierenden Subjekts folgt und die es ablehnt, die der Empfindsamkeit eigenen ursprungs- und identitätslogischen (Geschichts-)Projektionen als konstruktive Vorgaben zu übernehmen, träfe sich in ihrer *kritischen* Intention mit dem in jüngster Zeit wieder aktuell gewordenen Forschungsprogramm einer Genealogie unserer Selbstdeutungs- und Wiedererkennungsmuster, unserer »moralischen Vorurteile«. Ob aber das Ergebnis tatsächlich zu festen Fundamenten führt und die Empfindsamkeit bestätigt als ein sicheres Erbe unserer »seelischen Kultur«, der »Freundschaft, Liebe, Familie [...] ewige Formen [sind]«, [35] ist ungewiß. Eher schon ist an Nietzsche und seine dem Historiker aufgegebene Vorsichtsmaßregel zu erinnern: »Die Form ist flüssig, der ›Sinn‹ ist es aber noch mehr.« [36] Kontinuität, wie sie problemlos nur der Glaube an Ursprungsidentität und Sinnkonstanz stiftet, wäre demnach allenfalls die unwahrscheinliche Ausnahme und nicht eine immer schon gültige, nur noch auszuschreibende Prämisse.

3. ZUR FORMIERUNG DES DISKURSES

Die Analyse der Empfindsamkeit erhebt demnach nicht den Anspruch zu dem, ›was wirklich gewesen ist‹, vorzudringen. Ob es hier tatsächlich um empfindsame Gefühle geht oder nicht – unabhängig vom forschungspraktischen Sinn einer solchen Fragestellung – interessiert sie nicht. Gleichfalls ausgeschlossen sind Spekulationen über die Angemessenheit der jeweils beschriebenen empfindsamen Gefühle und Verhaltensweisen, über ihre Vereinbarkeit mit einer normativ festgesetzten menschlichen Natur. Weiter ist auch nicht beabsichtigt, das Unternehmen in Richtung auf die Rekonstruktion einer ›ursprünglichen Erfahrung‹ voranzutreiben, die, noch vor einer sprachlich-begrifflichen Erfassung, Bedeutung aufnimmt und dann nur noch der sprachlichen Übersetzung bedürfe. Verwehrt ist ihr auch der Rückgriff auf die Fiktion eines ›begründenden Subjekts‹, das in schöpferischer Kraft seine ursprünglichen Intentionen im Medium der Sprache ausdrückt. [1] Ihr Thema ist die Empfindsamkeit als ein soziales Orientierungs- und Wiedererkennungsmuster, das als kultureller Imperativ die (Selbst-)Wahrnehmung des Subjekts und seine Position zur Gesellschaft diszipliniert.

Wie aber ist die Entstehung der Empfindsamkeit als eine Erfahrung typisierende Instanz überhaupt zu denken? Lassen sich mögliche Entstehungsbedingungen angeben? Gibt es signifikante Verlaufspunkte?

Zwei Linien verfolgt die hier vorgeschlagene Strategie. Zum einen richtet sie sich auf den Wandel traditionaler, naturwüchsig und substanzhaft gedachter Formen sozialen Zusammenlebens. Dabei scheint vor allem die Rekonstruktion des ›Ganzen Hauses‹ als dem für das alte Europa grundlegenden sozialen Körper und seine Geschichte bis ins 18. Jahrhundert hinein ein vielversprechendes Ziel, lassen sich doch hier Chancen für eine Einbindung der Empfindsamkeit in nicht-diskursive Strukturen vermuten. Zum anderen gilt ihr Interesse der semantischen Tradition, da nur in ihr das Potential zu neuen, sich unter verändernden gesellschaftlichen Bedingungen bewährenden Erfahrungsmustern und Sozialitätsvorstellungen zu finden ist. Gesucht sind solche Traditionselemente, an denen die Rede über Formen menschlichen Zusammenlebens ansetzen konnte, sich durch den gesellschaftlichen Wandel weiter intensivierte, um schließlich im Zuge der Ausdifferenzierung des Empfindsamkeitsdiskurses sich zu neuen (Generalisierungs-)Mustern zu verfestigen.

Eingerechnet ist dabei die notwendige Unvollständigkeit: Allen diskursiven

Verästelungen und Kreuzungspunkten nachgehen hieße zugleich, sich darin zu verlieren. Wohl aber besteht der Anspruch, einige der gewichtigsten Bedingungen der Möglichkeit für die Formierung der Rede von der Empfindsamkeit zu benennen.

3.1. Vom *»Ganzen Haus«* zur *(Klein-)Familie als Ort gesteigerter Emotionalität*

Angesichts der intensiven und breit gestreuten sozialgeschichtlichen Erforschung der Familie und ihrer Geschichte erübrigt sich eine breite Darstellung, zumal ihre zum Kernsatz vom ›Wandel des Ganzen Hauses zur modernen, privat-intimen Familie‹ destillierten Ergebnisse zum festen Bestand der neueren Literaturgeschichte des 18. Jahrhunderts (seit Habermas »Strukturwandel der Öffentlichkeit«?) zählt. [2] Im Blick zurück fällt auf, daß das traditionale Haus eine ganz andere Form des Zusammenlebens repräsentiert. Ist es heute selbstverständlich, zwischen einem Intimbereich, einer Sphäre intensiver, persönlicher Beziehungen und einem Außen, einer ganz von unpersönlichen Beziehungen und Umgangsformen bestimmten Gesellschaft zu unterscheiden, so zeichnet diese traditionale Form von Sozialität gerade die Nichtexistenz bzw. das Nichtausformulieren dieser Differenz aus. Staat und Haus gelten als »miteinander verbundene Naturkörper« [3], deren Strukturen direkt aufeinander verweisen. Entgegen einer aus heutigen Erfahrungsmustern zu vermutenden »Abwehrlinie des Hauses gegenüber dem Staat« [4] bilden Haus und Politia in ihrer strukturellen Analogie eine einheitliche Ordnung. Denn innerhalb der Politia, der in ihrer Zwecksetzung weiterreichenden Ordnungsform, besteht eine eigentümliche Durchlässigkeit. So ist z.B. die größere Form durch einfache Addition der kleineren Sozialkörper vorstellbar: die Politia denkt man als ein Vielfaches der sozialen Grundeinheit des Ganzen Hauses. Eine Vorstellung, die noch das 18. Jahrhundert kennt: »Es ist demnach das gemeine Wesen eine aus soviel Häusern bestehende Gesellschaft als zur Beförderung der gemeinen Wohlfahrt und Erhaltung der Sicherheit nöthig ist.« [5] Zwischen Gesellschaft und Familiengemeinschaft bleiben entsprechend der fehlenden Distanz auch die jeweiligen Rollendefinitionen und Individualisierungsformen der dem Haus zugehörigen Personen weitgehend im Unpersönlichen. Vom Hausvater bis hinab zum Gesinde definieren vorrangig politisch-rechtliche Termini den jeweiligen Status, einschließlich der diesen zugeordneten Zweckbereiche. Wie man sieht, dominiert das in Politik und Ökonomie, den beiden Wissenschaften vom Sozialen, kodifizierte »herrschaftliche Moment« [6], wo man heute gewohnt ist, vor allem den genuinen

Geltungsbereich nicht-hierarchischer, hoch-personalisierter zwischenmenschlicher Beziehungen zu sehen. Doch diese traditionale Form von Sozialität des Ganzen Hauses besteht als »Gemeinschaft und Gesellschaft in einem«[7], kennt daher den Status einer ›Einzelperson‹ nur im eingeschränkten Sinn. Jede Person ist über unveränderliche, der Natur gemäße Funktionsrollen in das Haus integriert.[8] Und nur diese Zugehörigkeit zur Familie bzw. dem Haus – und darüber vermittelt wieder die Standeszugehörigkeit – sichert die Teilhabe am kosmologischen Ganzen von Mensch, Haus und Staat, macht die Subjekte allererst soziabel: »Individualität in Anspruch nehmen hieße: aus der Ordnung herausfallen. Privatus heißt inordinatus.«[9]

In ihrer quasi natürlichen Geltung erfährt die von der Antike bis ins 18. Jahrhundert reichende Geschichte des Hauses kaum eine innere Entwicklung.[10] Als in sich ruhende, alle Lebensbereiche umfassende Einheit reproduziert es sich über Generationen hinweg als Einzelperson und (ökonomische, politische etc.) soziale Ordnung integrierendes Grundelement einer traditionalen, schichtendifferenzierten Gesellschaft. Deutliche Bewegung bringt erst die unter christlichem Einfluß stattfindende Neubewertung der Ehe. Vor dem Hintergrund einer Gefährdung der Familie – sei es durch Sektiererbewegungen, die die Familie ablehnen oder sei es durch ein mittelalterliches Sexualitätsideal, das den christlichen Vorschriften widerspricht – setzt eine intensive Begriffs- und »Theorie«-Bildung ein, die sich, zusammengefaßt, als Stärkung der personalen Beziehungen, zumindest zwischen den Eheleuten, darstellt. Operatives Element dieser, wenn man so will, ersten Etappe im Prozeß der Gefühlsanreicherung, ist die caritas, die brüderliche Liebe innerhalb der christlichen Kirchengemeinde. Zwar liegt dieses als Pflichtenkanon ausgelegte Liebeskonzept keineswegs auf gleicher Ebene mit dem der Empfindsamkeit oder Romantik. Immerhin aber kommt ihm eine vergleichbare strategische Funktion zu: Liebe als besondere Qualität zwischenmenschlichen Umgangs fordert und verstärkt familiaren Zusammenhalt. Daher läßt sich rückblickend behaupten, daß diese Implementation von Gefühlsqualitäten als bindendes Regulativ interfamiliarer Interaktion den Virus gelegt hat für die spätere, ungleich stärker in diese Richtung gehende Neudefinition.

Die Situation im 18. Jahrhundert zeigt Parallelen. Auch hier das Bild einer erneuten, nur ungleich stärker forcierten Infragestellung traditionaler Vorstellungen über das menschliche Zusammenleben. Vor allem die für das Ganze Haus essentielle Einheit von Wirtschaftsverband und Lebensgemeinschaft einschließlich ihrer politisch-rechtlichen Funktion gerät jetzt zunehmend unter den Druck einer sich beschleunigenden Ausdifferenzierung von gesellschaftlichen Subsystemen. Solche Subsysteme aber folgen zuerst und vor allem ihren je eigenen Funktionsprinzipien, lassen sich nicht mehr umstandslos in ein Zweckganzes integrieren. Dem Ganzen Haus macht diese Konkurrenz von höher spezialisierten, damit auch leistungsfähigeren Teilsystemen die ihm angestammten, durch eine lange Tradition bestätigten Integrationsfunktionen streitig, unterhöhlt seine privilegierte Stellung als ein maßgebendes Modell für eine persönliche und gesellschaftliche Aspekte ›problemlos‹ verbindende Ordnung.

Besonders gravierend ist der sich anbahnende Wandel im Bereich der Wirtschaft. In scharfer Absetzung zu der ganz in das Haus integrierten, auf die ökonomische Reproduktion in (relativer) Autarkie hin organisierten Produktionsweise erstarkt mehr und mehr eine auf Markt und Tausch eingestellte, sich nach eigenen Gesetzen dynamisierende Ökonomie. Leicht ablesbar ist das an der damit einhergehenden Transformation der Ökonomik von einer, wenn nicht *der* traditionalen ›Wissenschaft‹ zur neuen Fachwissenschaft Nationalökonomie oder Volkswirtschaftslehre, die sich nur um die Maximierung des ökonomischen Systems zu kümmern hat. Die alte Ökonomik dagegen, die über Jahrhunderte hinweg dem Haus sein adäquates, in kosmologisch-naturhafter Ordnung aufgehobenes Bild gegeben hatte, verliert an Gültigkeit, gerät in Vergessenheit oder verkümmert zur Lehre vom Haushalt, zur bloßen Haushaltskunde, in der die ehedem konstitutiven Bestimmungen der zwischenmenschlichen Beziehungen und ihre Einbindung in die politische Gesellschaft wegfallen.

Keineswegs aber hat sich nun die neue Familie geradlinig aus dem Ganzen Haus entwickelt: Komplexe Differenzierungs- und Dissoziationsprozesse folgen keiner einspurigen (Kausal-)Logik. Mindestens zwei Lösungen konkurrieren. Vorgeschlagen wird einmal ein Vertragsmodell, das die Familie analog dem Gesellschaftsrecht sehen will: »Die Ehe ist ein Vertrag zwischen Personen beiderlei Geschlechtes, um zusammen in der engsten Verbindung zu leben [...] jeder darf bei seiner Heirat Bedingungen eingehen, welche er will, er darf die Ehe auf so lange als er will schließen und sie mit Einwilligung des andern Teiles auch vor der Zeit aufheben«. [11] Aber der Erfolg des Vertragsmodells blieb begrenzt, auch wenn man im Rückgriff auf die bekannte Strukturanalogie von Gesellschaft und Haus (bzw. Familie) einige Plausibilität behaupten konnte. Weitaus erfolgreicher jedoch, man weiß es, erwies sich die Emotionalisierung der zwischenmenschlichen, insbesondere familiären Beziehungen, ihre Neudefinition als empfindsame Soziabilität, die einem gesteigerten Selbstwert und Selbstgefühl sowie einem intensivierten Umgang mit dem Mitmenschen Raum gibt. Ohne die Empfindsamkeit – und das wird zu zeigen sein – ist die Umstellung bzw. Anpassung traditionaler Sozialitätsformen an die moderne Gesellschaft nicht zu denken. Sie ist es, die die Differenz von Individuum und Gesellschaft zu einer Grunderfahrung vorformulieren wird, die unsere Selbsterfahrung noch immer bestimmt.

3.2. Möglichkeitsreiche Elemente in der überlieferten Semantik

Will man über ein Verständnis hinaus, das diese semantischen Veränderungen nur in Konzepten einer substantialistischen Natur oder teleologischen Emanzipationsphilosophie denkt, so sieht man sich zunächst einmal einem kaum überschaubaren, äußerst heterogenen Material gegenüber. Relevante Quellentexte verlieren sich scheinbar uneinholbar in immer neuen Verweisen. Wo nimmt die Diskussion ihren Ausgang? Was sichert ihre Produktivität? Gesucht werden semantische Traditionselemente, die gleichsam als Kristallisationskerne einen Großteil der sich ab ca. Mitte des 18. Jahrhunderts ausdehnenden Reden über Sozialität, Selbstwert und Selbstgefühl, Empfindung, Empfindsamkeit usw. binden konnten. Klargestellt sei dabei, daß der Nachweis solcher Traditionsbezüge nicht auf eine Neuauflage geistesgeschichtlicher Kontinuitäten zielt. Statt der Behauptung nahtloser Übergänge und Abfolgen zwischen irgendwelchen für das Spätere immer schon notwendigen Vorläufern und einem dann ›endlich‹ erreichten, noch andauernden Zustand, geht es hier um Tradition als produktivem Möglichkeitsraum für die Eigenvariation der Semantik (von Gefühl, Empfindung, Zärtlichkeit etc.). Über Fragen nach deren Konkretisation, nach deren Erfolg im Vergleich zu anderen Möglichkeiten – und daran sei hier noch einmal erinnert – kann nur der Bezug auf die Gesellschaft und ihren strukturellen Wandel entscheiden.

3.2.1. Das Konzept der Selbst-Liebe:
Spielraum für eine positive Formulierung reflexiver Ausdrucksweisen

Noch unterhalb jeder Einteilung des relevanten Materials nach Autoren und Schulen, nach nationalstaatlichen Besonderheiten oder bestimmenden Einflüssen, liegt ein traditionsreiches Formulierungskonzept für die Behandlung von Sozialitätsproblemen. So kannte die alteuropäische Tradition sehr wohl das Problem eines nicht in die Kosmologie von Gott und Welt eingefügten, sich selbst und seine Interessen behauptenden Individuums. Das belegt der zwischen Schuld bzw. Sünde und mehr positiven Bestimmungen oszillierende Begriffskomplex der Selbstliebe. [12] Ursprünglich ausschließlich negativ gefaßt als sündige Selbstbezogenheit, als Folge und Ausdruck der ›verderblichen Wende des Menschen zu sich selbst und von Gott weg‹, [13] zählt die Selbstliebe zum semantischen Grundbestand einer theologisch-kosmologisch geprägten Ordnung. Ein verstärkter Selbstbezug als Motivationsquelle personaler Handlung ist mit ihr unvereinbar, wird als Verstoß gegen die soziale Ordnung und das theologische Gebot bewertet. Ändern kann sich dies erst durch die begriffliche

Verdoppelung in eine jeweils negativ und positiv ausgeführte Form. Erst diese zweiwertige Fassung eröffnet neue Formulierungschancen. Rousseaus Schriften mögen ein Beispiel sein. Seine späte Unterscheidung von amour propre, der überzogenen egoistischen Form reinen Selbstinteresses und amour de soi, eine noch im Einklang mit der wahren Natur des Menschen stehende, jetzt aber verlorene Ausprägung, ist wohl die bekannteste Unterscheidung. [14] Obwohl nun auch in dieser doppelten Form die theologisch und sozialethisch motivierten Vorbehalte nach wie vor anschlußfähig bleiben und auch stets eine allzu ›selbstbewußte‹ Ausformulierung des Konzepts verhindern, bedeutet die Verdoppelung dennoch eine Aufwertung des Selbstbezugs – allein schon durch die mögliche Neutralisierung der negativen Selbstliebe in einer Alternative. [15]

Mit der zögernden Freigabe der Selbstliebe erweitert sich zugleich auch der Formulierungsraum für ein säkulares Glückskonzept, das ungleich stärker als noch die mittelalterliche, chiliastische Vorstellung, auf die Person selbst zugeschnitten ist. Solange die verstärkte Selbstbezogenheit nur negativ zu verstehen war, galt auch das ich-bezogene Streben nach eigenem Glück (beatudine) als verwerflicher Egoismus. Menschliches Glücksverlangen war allein im Rahmen des theologischen Kontexts zu verwirklichen, sei es als selbstlose Liebe (bzw. Erkenntnis) Gottes oder, im überzeitlichen Sinn, als Erlangung der ewigen Glückseligkeit im Jenseits. Eine auch moralisch gerechtfertigte Selbstliebe jedoch sucht ihre Erfüllung in einem ihr entsprechenden *natürlichen* Glücksstreben, das sich zusehends von theologischen Geboten emanzipiert – oder sich in flachen Synthesen mit diesen verbündet – und sich als angenehme, immer jedoch auch moralische Empfindung einstellt:

»*Happiness*, then, in its full extent, is the utmost pleasure we are capable of, and *misery* the utmost pain [...]. Now, because pleasure and pain are produced in us by the operation of certain objects, either on our minds or our bodies [...]; therefore, what has an aptness to produce pleasure in us is that we call *good*, and what is apt to produce pain in us we call *evil*«. [16]

Das Streben nach einem weltlichen, sinnlich und unmittelbar erfahrenen Glück avanciert schließlich zu einem legitimen, dem Menschen schon von Natur aus eigenen Handlungsmotiv, der, wie das 18. Jahrhundert sagt, »Begierde nach Glück«:

»Die Begierde glücklich zu werden, ist unserm Wesen so fest eingepräget, daß man ihr nicht wiederstehen kan: Ja man muß ihr nicht wiederstehen; sondern sie auf alle Weise befördern.« [17]

Wie aber kann man sicher sein, daß dieses Glücksstreben nicht doch wieder in einem ethisch verwerflichen Egoismus endet? Wie verteidigt man einen derart säkularen Selbstbezug? Alle drohenden Konflikte und Entgleisungen verhindert die Annahme einer natürlichen Moral, einer prästabilisierten Harmonie von Glück und Tugend [18], in der die Erfüllung des moralisch Guten zugleich auch das individuelle Glück verspricht:

»Sie [d.i. die Begierde nach Glück, N.W.] ist gleichsam die einzige Feder, die das ganze Menschliche Geschlecht in Bewegung setzet, und einen jeden ins besondere treibet, das Gute zu thun und das Böse zu lassen. Sie ist der sicherste Grund der ganzen Sittenlehre: denn was würden doch wohl für Mittel übrig bleiben, uns zur Tugend zu leiten und von den Lastern abzuhalten; wenn es uns gleichviel wäre, ob wir glücklich oder unglücklich würden?« [19]

Zweifellos bot das alte semantische Konzept der Selbstliebe Möglichkeiten für einen Distanzgewinn zu traditionalen, auf eine kosmologische Ordnung verpflichteten Sozialitätskonzepten. Sie stellt den Freiraum für die Erprobung und Durchsetzung reflexiver Ausdrucksweisen, die das Subjekt aus überkommenen Einbindungen herausheben. Wieweit und mit welchen Folgen für die Sicht von Gesellschaft diese Möglichkeit zu einem stärkeren Selbstbezug genutzt wurde zeigt (auch) die Geschichte der Empfindsamkeit. Daß man jedenfalls gewillt war, diese Chance zu nutzen, sich von der Vereinnahmung durch einen (unpersönlichen) Ordnungskontext frei machen wollte – darüber läßt Michael Schmidt zu Beginn der 70er Jahre des Jahrhunderts keinerlei Zweifel: »Es ist also wahre Größe, wenn es einer dahin gebracht hat, daß er von niemand, absonderlich bey dem Gefühl des eigenen Werthes, als von sich selbst abhangt.« [20]

3.2.2. Die Rhetorik als offenes System zur Erfassung der menschlichen Affektnatur

Zu Recht hat man die Empfindsamkeit schon immer mit einem besonderen Interesse am Gefühl, an Empfindung und Sinnlichkeit assoziiert: »Wer das Wort (Empfindsamkeit, N.W.) hört, weiß sofort, welche Zeit gemeint ist und kennt auch das Merkmal dieser Zeit, nämlich die Übermacht des Gefühls.« [21] Ausmaß und Intensität dieser Zuwendung zur Emotionalität hat schon die Zeitgenossen und ganz besonders die kulturwissenschaftliche und germanistische Forschung zu Erklärungen genötigt. Ob man hier tatsächlich zu befriedigenden Antworten finden kann, ist nicht sicher. Immerhin aber scheint man so naive Erklärungsmuster, wie das vom Pendel, das nach dem ersten Extrem, dem sinnenfeindlichen Rationalismus, jetzt zur anderen Seite, zur gefühlsseligen Empfindsamkeit hin, ausschlägt, verabschiedet zu haben. Nur, ob die Rede von der Entdeckung bzw. Entgrenzung der »wahren« menschlichen Natur oder die Formel, wonach »entwickeltere« gesellschaftliche Verhältnisse auch eine Entsprechung in der menschlichen Psyche haben müssen, viel konkreter ist? Ersetzt man nicht eine Verlegenheitsmetapher durch eine andere? [22]

Über die Ursachen dieser plötzlichen und anscheinend weit verbreiteten Begeisterung über die eigene Affektnatur zu spekulieren, scheint ein zweifelhaftes Unterfangen. Der Diskursanalyse geht es auch gar nicht um die – kaum zu rekonstruierende – Ebene der wirklichen Gefühle und ihrer Realität für die Subjekte selbst. Vorsichtiger in dem, was theorieökonomisch machbar, sucht sie (wieder) nur nach semantischen Überlieferungen, die jenen in der Tat erstaunlichen, im historischen Maßstab schlagartig sich vollziehenden Wandel im Ausdruck persönlicher Gefühle plausibel machen können. Doch wo soll man beginnen? Gibt es überhaupt solche Kontinuitäten? Ist nicht das plötzliche Interesse am Gefühl, an der Empfindsamkeit – zumal nach der zuvor das Feld bestimmenden Vernunftgläubigkeit des Wolffschen Rationalismus – viel eher ein radikaler Neuanfang?

Die Expansion emotionaler Ausdrucksweisen verliert an Unverständlichkeit, wenn man sich an die wohl zuerst von Klaus Dockhorn im Zusammenhang mit dem »Irrationalismus« formulierte Argumentation von der »entbindende(n) Funktion der Rhetorik«[23] erinnert. Und in der Tat spricht viel für die Rhetorik als dem entscheidenden Faktor. So zählen die Affekte und Gemütsbewegungen, ihre Bemessung, Darstellung und Erregung, schon seit jeher zu ihrem konstitutiven Bestand, stellen ihr »ureigenstes Gebiet«[24] dar. In ihrer Eigenschaft als hochentwickelte Redetechnik, die ihre Mittel funktional auf die je intendierte Wirkung als eine Art »Glaubhaftmachung im emotionalen Sinne«[25] ausrichtet, besitzt die Rhetorik eine erstaunliche, bis weit ins 18. Jahrhundert reichende und zu keiner Zeit ernstlich gebrochene Tradition. Das schon in der Antike feindifferenzierte System interessiert durchgängig in seiner spezifischen Wirkungsfunktion, die sich in immer neuen historischen Zeiten und Situationen aktualisieren ließ. Eine Eigenschaft, die die Rhetorik zugleich auch zum unverzichtbaren Bestandteil höherer Erziehung qualifiziert. Nur wer sie beherrscht und an ihrem tradierten (psychologischen) Wissen von der emotionalen Beeinflussung des Menschen teil hat, kann auch mit Erfolg politisch handeln.

Hier interessiert vor allem die produktive Qualität der Rhetorik, die semantische Variation erleichtert und auch immer wieder möglich gemacht hat. Als ein ausgefeiltes, vielstelliges – aber nicht schon gleich vollständiges – System, das, nicht zuletzt durch die ununterbrochene Überlieferung, (relativ) leicht zugänglich gewesen sein mußte, bietet sie ein außergewöhnliches Potential für Anschlußstellen bzw. Übernahme- und Kombinationsmöglichkeiten. Erinnert sei hier nur an die noch Ende des 17. und Anfang des 18. Jahrhunderts prosperierende Rede von der Rhetorik als Instrument der »Privatpolitic« mit der Ausformulierung besonderer Verhaltensweisen für eine erfolgreiche Behauptung in sozialer und wirtschaftlicher Konkurrenz[26] oder an die ohne Rhetorik gar nicht denkbare Barockpoetik.[27]

Auch die Ausformulierung religiöser Erfahrungsmuster kommt ohne rhetorische Konvention nicht aus. Vor allem die auf Augustinus zurückgehende Traditionslinie des Bekehrungserlebnisses, die, wie schon Hans R.G. Günther herausgestellt hat, [28] stärker auf das Subjekt selbst ausgelegte Ausdrucksformen zuläßt, ist hier anzuführen. Denn ihren Höhepunkt hat diese Tradition im Pietismus des 18. Jahrhunderts, der schließlich die Gottesgewißheit allein der inneren Erfahrung, dem unmittelbaren Gefühlserlebnis überantwortet. Ob jedoch dieses systematische Interesse am inneren Gefühl wie auch an einem erweiterten Inventar emotionaler Ausdrucksweisen ausreicht, um die Empfindsamkeit als säkularen Pietismus herzuleiten, ist eine andere Frage. Gegen den Pietismus als Vorläufer, als theologischen ›Ursprung‹ gar, sprechen gleich eine ganze Reihe – daran hat Rolf Grimminger zuletzt noch einmal ausdrücklich erinnert – von gewichtigen Argumenten. [29] Ihr Recht gewinnt die »Pietismus-These« eher in einer abgeschwächten Form, die sowohl den Pietismus als auch die Empfindsamkeit auf ein drittes, eben die Rhetorik, bezieht. Von der Rhetorik als dem Übergreifenden her (und beweist das nicht auch die größere (internationale) Verbreitung der Rhetorik? [30]) ließe sich die Frage nach der jeweiligen Übereinstimmung oder Differenz neu und unbelastet vom Zwang zur Ableitung stellen.

Wo aber liegt nun die Systemstelle, an die möglicherweise die Empfindsamkeit angeknüpft hat? Dazu eine knapp gehaltene Vergewisserung des in der Rhetorik enthaltenen Affektschemas. Zu ihrem Kernbestand zählt schon seit der Antike [31] das »Grunddispositionsschema« [32] von pathos und ethos als den zwei emotionalen Redefunktionen, über die sich die je beabsichtigte Wirkung zu realisieren hat. Beide Pole umgreifen ein Mehrfaches: Sie stehen jeweils für Gegenstand, Schilderungsart und Wirkungsabsicht. Das pathos repräsentiert, besser: typisiert die »heftige« Gefühlslage, bezeichnet die wilden, mitreißenden, erschütternden und schrecklichen Leidenschaften wie Zorn, Haß, Furcht etc. Ihrer Darstellung allein angemessen ist der schwere und bedrängende Stil (cum gravitate), der die Zuhörer mitreißt bzw. sie zur Bewunderung (admirato) der heroischen Bewährung und Standhaftigkeit des Helden führt. Demgegenüber umfaßt das ethos – als struktureller Gegenbegriff zum pathos – die sanfte Affektlage, vertritt die anmutenden und erfreuenden Gefühlsbewegungen, deren angemessener Darstellungsstil auf die Evokation des Anmutenden und Angenehmen abgestellt ist und daher auch im Vergleich zum pathos eine sehr viel subtilere Wirkung beim Publikum hervorruft (iucunditas). [33] In der Geschichte der Rhetorik, noch besonders deutlich in der literarischen Produktion des 17. Jahrhunderts, überwog das Interesse am pathos, als dem Inbegriff der »grandes passions«, der großen Natur, die selbstredend auch ausschließlich bei den historisch bzw. gesellschaftlich herausgehobenen Charakteren und ihren jeweiligen Verstrickungen in »Haupt- und Staatsaktionen« ihre angemessene Darstellung fand. Andererseits aber tradierte die Überlieferung immer beide Elemente des Grundschemas, wurde durchgängig eine antithetische Form psychologischen Wissens gepflegt. Und nur dank dieser doppelten Form, so ist zu vermuten, blieb das rhetorische Affektschema für Variation, für Anknüpfungen und Umgewichtungen offen – so daß schließlich auch der Empfindsamkeitsdiskurs eine seiner Startplausibilitäten von hier aus gewinnen konnte. Wie sehr die Empfindsamkeit – und mit ihr ein großer Teil der literarischen Textproduktion – von diesem rhetorischen Formular bei der Formulierung ihres Konzepts von der menschlichen Affektnatur Gebrauch macht, beweist die noch oder schon wieder im letzten Drittel des Jahrhunderts aufkommende Klage über das jetzt allenthalben »entschlummernde Gefühl vom Großen und Erhabnen.«[34] Eine Kritik, die zugleich auch keinen Zweifel darüber läßt, an welcher Stelle des tradierten Affektschemas der Diskurs der Empfindsamkeit anschließt. Im Bewußtsein des (Be-)Wertungsabstands zum 17. Jahrhundert erinnert man mit sozial-pädagogischen Hintergedanken an die angeblich über dem Erfolg der Empfindsamkeit vergessenen heroischen Tugenden, da nur sie, wie das Beispiel der Griechen und Römer beweist, zur staatlichen und charakterlichen Größe befähigen sollen: »Die meisten Verhältnisse erfordern aber mehr als negative Tugend, sie erfordern Stärke des Geistes, Edelmuth, Tapferkeit, Geduld im Leiden, Standhaftigkeit: Alles Tugenden die ganz außer dem Kreise des Empfindsamen liegen.«[35] Die Empfindsamkeit mit ihrem angeblich nur die »Tändeley und Weichlichkeit«[36] lobenden Tugendkanon sieht sich hier einer Kritik ausgesetzt, die aus der entgegengesetzten Richtung des Affektschemas argumentiert. Statt der »großen« und »heftigen« Leidenschaften geht ihr Interesse – und das ist genau die Aktualisierung des ethos – auf jene Affektlagen und Charakterstrukturen, die am entgegengesetzten Ende der vom pathos ausgehenden Gefühlsskala liegen. Zum Vorbild wird das Werk (und die Person) Christian Fürchtegott Gellerts, das den Wechsel auch auf dem Feld des literarischen Wirkungsparadigmas vollzieht. Konträr zur bisherigen Tradition schätzt man jetzt vor allem die Möglichkeiten des ethos und ganz besonders seine Fähigkeit, auf die »angenehme Art zu rühren.«[37] In der konsequenten Ausformulierung der überlieferten Formel »magnitudo animi« versus »res humanae«[38] (deren Antithetik den Gegensatz von pathos und ethos fortschreibt) finden jetzt Gegenstände und Charaktere aus dem Gewohnt-Vertrauten (erstmals in dieser Intensität und Quantität) den Weg in die Literatur. Allein die Schilderung »gewöhnlich menschlichen Verhaltens in charakteristischen Verhältnissen«[39] bewirkt die »milde« Rührung des Publikums. (Hohe) Standespersonen dagegen scheinen jetzt ungeeignet, da, so ein Topos der Kritik, sie »von unserm gewöhnlichen Umständen allzu entfernt«[40] seien und demnach der intendierten Affektreaktion nur hinderlich sein können. Folgerichtig fordert man die Umbesetzung des Handlungspersonals, denn, so Lessings Argument: »Die Namen von Fürsten und Helden können einem Stücke Pomp und Majestät geben; aber zur Rührung tragen sie nichts bei.«[41] Der Wirkungsintention des ethos funktional ist allein das nur Menschliche: »Man verkennet die Natur, wenn man glaubt, daß sie Titel bedürfe, uns zu bewegen und zu rühren. Die geheiligten Namen des Freundes, des Vaters, des Geliebten, des Gatten, des Sohnes, der Mutter, des Menschen überhaupt: diese sind pathetischer als alles; diese behaupten ihre Rechte immer und ewig.«[42]

Das neue Tugend- und Rührungsideal verlangt nach neuen Gegenständen und Themen für die Bühne. Was ehedem noch dem psychologischen Programm des pathos folgte – die Fürsten und Königshöfe samt ihren heroischen, siegreich allen Anfeindungen trotzenden (Helden-)Charakteren – wird nun ersetzt durch Familie und Freundschaft als bevorzugte Orte reiner Menschlichkeit.[43] Nur hier entfalten sich ungehindert die im ethos-Konzept gebundenen Gefühlsqualitäten. Eine besondere Stellung gebührt dabei der »zärtlich-sanften« Liebe, da sie, befreit von ihrem in der pathos-Tradition obligaten »schrecklichen und traurigen Teil«,[44] die stärkste Wirkung bei der Aktivierung der »Empfindung der Menschlichkeit« erzielt. Nur unscharf von der gleichfalls hochgeschätzten Sympathie als dem sanft-verbindlichen Zugehörigkeitsgefühl zum Mitmenschen abgegrenzt, avanciert dieses Konzept einer sanften und milden Liebe jetzt zur ersten Leidenschaft. Sie ist es, die den Menschen über alle egoistischen Interessen hinweg mit Macht an sein soziales Wesen erinnert: und genau in dieser Eigenschaft rückt die zur zärtlich-sanften Liebe und Sympathie ausgeschriebene ethos-Tradition der Rhetorik ins Zentrum des Empfindsamkeitsdiskurses.

3.2.3. Das Aufkommen empirischer Naturwissenschaften: Plausibilitätsgewinn für die Empfindsamkeit

Jede Liste relevanter Semantikbestände, die die Naturwissenschaften nicht berücksichtigt, wäre mehr als nur unvollständig. Deren steiler Aufstieg im 18. Jahrhundert – und hier muß vor allem das starke Interesse an physiologischen Fragestellungen in den Blick kommen – berührte sicherlich auch die Empfindsamkeit oder, weniger eng formuliert, das Reden über die Affekte, ihre moralische Bewertung wie ihre sozialen Folgen. Dafür spricht schon die weite Verbreitung naturwissenschaftlicher Kenntnisse unter den Aufklärern, was umgekehrt wieder mit der allgemeinen Stellung der Naturwissenschaften im 18. Jahrhundert zu tun hat. Auffallen muß die weitgehend fehlende fachliche Autonomie; noch haben sich die naturwissenschaftlichen Disziplinen, zumal diejenigen, die sich der menschlichen Empfindungen und ihren Wirkungen auf die ›Seele‹ annehmen, nicht uneinholbar vom Wissens- und Kommunikationszusammenhang der Zeit gelöst. In ihrer für die Epoche typischen Einheit von Spekulation, theologischem Schöpfungsglauben, vernunftmetaphysischen Kosmosvorstellungen und experimenteller Methode [45] ist die Naturwissenschaft noch ungleich stärker in der sozialen Kommunikation präsent. Ihre vielleicht schon folgenreichste Wirkung hat die naturwissenschaftliche Reflexion über den Menschen noch vor jeder ›inhaltlichen‹ Entdeckung: Es ist vor allem ihre induktive, auf empirische Erfahrung ausgerichtete Argumentationsweise, die mit der Tradition bricht. In Humes Selbstanzeige zu seiner auch auf dem Kontinent intensiv rezipierten Schrift »Inquiry Concerning Human Understanding« (1748) ist das Wissen um diese erkenntnistheoretische Innovation sehr deutlich. Hume über sich selbst (in der 3. Person): »He proposes to anatomize human nature in a regular manner, and promises to draw no conclusions but where he is authorized by experience. He talks with contempt of hypotheses«. [46]

Gewinnen Induktion und Empirie an Boden, so geschieht dies auf Kosten der traditionellen, auf Mathematik und Psychometrie gestützten Empfindungs- und Seelenlehre. Gegen eine rein spekulative, in Metaphysik fundierte Vernunft, setzt sich jetzt die empirisch überprüfbare Beobachtung als experimentelle Forschungsmethode (zumindest partiell) durch. Vernunft ohne das Korrektiv der Erfahrung gilt zunehmend als inkompetent, kann man mit ihr doch nur, wie Albrecht von Haller argumentiert, allein hypothetische – und das sind für ihn: unbewiesene – Sätze aufstellen. [47] Doch diese »methodische Erweiterung der Erfahrung« [48] beschränkt sich nicht auf die Naturwissenschaften. In einer Vielzahl von Disziplinen beweisen die hier ausformulierten Argumentationsmuster jetzt ihre innovative Wirkung. Allenthalben erscheint ein »Versuch über die Leidenschaften«, eine Schrift über »Erfahrungen und Untersuchungen« oder man gründet gar ein wissenschaftliches »Magazin zur Erfahrungsseelenkunde«, das Selbstbeobachtung und Selbstanalyse in exemplarischen Charakterdarstellungen und Empfindungsberichten dokumentiert. Spürbar wird der Erfolg jener vielfachen Forderung nach einer »analytischen Kenntniß der Leidenschaften« [49] in einem satirisch gefärbten Zwiegespräch über die sich jetzt angeblich überall bemerkbar machende »Verfeinerung der Begriffe«; auch in der Alltagserfahrung beweist sich nun das sprunghaft gestiegene physiologische und psychologische Wissen vom Menschen:

»Und Sie wollten es nicht billigen [...], wenn unsre Philosophen in das Innerste der Natur dringen, jeden Begriff bis in seine Quelle verfolgen, hier die würkenden Kräfte aufsuchen, solche mit Namen bezeichnen und das Unsichtbare der Natur gleichsam zum Anschauen bringen? Sie wollten es nicht gut finden, daß unsre Physiognomisten in unendlichen bisher unbemerkten Zügen die Abdrücke unsers Charakters finden und damit unsre Erkenntnis bereichern [...], und daß endlich unsre Sittenlehrer die unzähligen Wendungen des menschlichen Herzens in Klassen ordnen und die chaotische Masse der dunkeln Begriffe zu lauter deutlichen erheben?« [50]

Doch die Aufwertung der Sinnlichkeit beschränkt sich nicht auf ihre Rehabilitierung als Erkenntnisquelle. Zur auch moralischen Rechtfertigung tragen wesentlich die Erkenntnisse der Physiologie bei, da sie die Plausibilität all jener Moraltheorien stärken, die die Frage nach einem gesellschaftsfähigen Handeln nicht mehr allein als ein Problem der intellektuellen Natur des Menschen sehen. Albrecht von Haller, dem vielleicht einflußreichsten Physiologen, gelingt z.B. mittels konsequenter Anwendung mechanischer, chemischer und elektrischer Reizmethoden der Nachweis der essentiellen physiologischen, auf äußere Reize sensibel ansprechenden Empfindungsnatur. Hallers im 18. Jahrhundert vielgerühmte Fiberntheorie erreicht ein neues Niveau in der physiologischen Erforschung des Menschen, unterscheidet sie doch bereits zwischen der Kontraktibilität der Muskelfaser und der Sensibilität der Nerven [51] und kann so durch ihr experimentell gewonnenes Wissen von der Empfindungsfähigkeit des Menschen überkommene Konzepte, die die Bewegung und Empfindung noch über spekulative Seelenkräfte zu erklären versuchen, widerlegen. Von diesem Erkenntnisgewinn können dann auch all jene sensualistischen bzw. materialistischen Konzepte profitieren, die Ideen und Moralität auf sinnliche Eindrücke zurückführen. Das sensualistische Modell bricht sowohl mit der alten Spekulation über die Existenz von »eingeborenen Ideen« wie mit dem Rationalismus, der das moralische Urteilsvermögen allein auf eine logisch-mathematisch und streng deduktiv verfahrende Vernunft gründet. In ihrer einfachsten Form zieht die sensualistische Moral eine Analogie zwischen den sinnlich angenehmen Empfindungen, die ein Objekt oder ein Sachverhalt in der Wahrnehmung auslöst und der zu beweisenden moralischen Qualität des Wahrnehmungsgegenstands: »Das Vergnügen bey unserm sinnlichen Vorstellungen von jeder Art, giebt uns unsre erste Idee von dem natürlichen Guten oder der Glückseligkeit, und daher werden alle Gegenstände, die geschickt sind, dieses Vergnügen zu erregen, unmittelbar gut genennet.«[52] Aber die Behauptung eines solchen »moral sense«, der moralische Werturteile auf der Basis sinnlicher Wahrnehmung erlaubt und so die rationalistische Ethik, nach der allein eine regelgeleitete Vernunft über Gut und Böse entscheiden soll, auf den Kopf stellt, bedarf doch (wieder) einer spekulativen Voraussetzung: Denn wie könnte man ohne die Annahme einer stets moralisch qualifizierten menschlichen Natur vor der Umkehrung des eben zitierten Satzes sicher sein, wonach auch moralisch zweifelhafte Handlungen angenehme Empfindungen erwecken? Doch die Empfindsamen können sich solche Zweifel nicht erlauben, rechtfertigt doch gerade die jetzt behauptete moralische Qualität der Sinnlichkeit, die Existenz eines »natural and just sense of right and wrong«, [53] ihr besonderes Interesse am Genuß dieser angenehmen Empfindungen. Nur der ständige Verweis auf die moralische (Erkenntnis-) Qualität der Sinnlichkeit, auf eine »natürliche Moral«, so läßt sich unschwer vermuten, gibt dem Sensualismus als einer »sinnlichen« Integrationsform individueller Handlungen die notwendige Legitimation. Hier in der typischen Argumentation Gellert mit seiner pragmatischen Rechtfertigung der empfindsamen Moral. Noch im Argumentationsduktus spürt man die englischen Vorbilder.

›Sollten wir nicht auch für Kräfte und Handlungen [...] ein unterscheidendes Gefühl, nicht auch ein unmittelbares Wohlgefallen an solchen Neigungen und Handlungen in unser Herz eingedrückt erhalten haben, welche die Vernunft zwar rechtfertiget und als billig und gut erweist, aber doch, wenn sie durch nichts unterstützt würde, in tausend Fällen viel zu langsam und für die meisten Menschen viel zu unvernehmlich beweisen würde?‹ [54]

Die Differenz zu allen intellektualistischen Moraltheorien ist beträchtlich. Statt streng reglementierter Vernunftoperationen, die moralische Urteile letztlich aus der intellektuellen Erkenntnis der Welt gewinnen, liegen moralischen Entscheidungen jetzt erstmals auch und vor allem Instinkte und Emotionen zugrunde: »Perceiving or apprehending goodness or badness is not an intellectual process but one which is to be described in terms of the special ›perceptions, sentiments and affectations‹ which belong to the moral sense.« [55]

»Ein ganz neues Muster der Liebe«*

»Alles Vergnügen der Zärtlichkeit
ist gemeinschaftlich.«**

4. DIE AUSDIFFERENZIERUNG DES EMPFINDSAMKEITSDISKURSES UNTER DEM SCHLAGWORT DER ZÄRTLICHKEIT

Die Ausdifferenzierung eines Diskurses ist ein vielschichtiger Prozeß. Zum einen steht er für das Erreichen eines semantischen Integrationsniveaus, das schon bekannte Topoi – hier die ethos-Tradition aus der Rhetorik und das alte Konzept der Selbstliebe – mit aktuellen Entwicklungen und Argumentationsfortschritten verbindet, wie sie z.B. im Bereich der (empirischen) Naturwissenschaften wirksam wurden. Zum anderen hat ein Diskurs erst dann breiten Erfolg, wenn er (auch) in nicht-diskursive Strukturen integriert ist (vgl. Kapitel 5 und 7). Allgemein bezeichnet Ausdifferenzierung jedoch zunächst den Übergang von einem diffusen und uneinheitlichen, noch durch das Ineinander disparater Elemente geprägten Zustand zu einer Einheit größerer Spezifität und Bestimmtheit, die immer auch eine deutliche Abgrenzung zur lebensweltlichen Alltagskommunikation wie auch zu anderen, möglicherweise konkurrierenden Diskursen ermöglicht. [1]

Ein – im Ausblick auf spätere Etappen – bereits erstaunlich hoher Grad an Kohärenz ist schon um die Mitte des Jahrhunderts unter dem Zentralbegriff der »Zärtlichkeit« erreicht. Bis weit in die 60er Jahre hinein dominieren die Schlagworte zärtlich/Zärtlichkeit, ehe empfindsam/Empfindsamkeit die Häufigkeitsliste anführen. [2] Doch auch dann bleibt zärtlich/Zärtlichkeit eines der Schlüsselwörter.

---

* Christian Nicolaus Naumann, Von der Zärtlichkeit, Erfurt 1753, S. 47.
** (anonym), Gedanken von der Zärtlichkeit, in: Der Freund, Bd. 2, 45. Stück, Anspach 1755, S. 695–714, hier: S. 709.

4.1. Der Kontext

Konstitutives Merkmal eines Diskurses ist seine Konzentration, seine Bündelung auf einen bestimmten Kommunikationszusammenhang. Nur in der Begrenzung, in der Festlegung auf ein mehr oder minder deutlich umrissenes Feld gibt es den Erfolg als eine Ordnung, die festlegt, was sagbar ist und was nicht, was sinnvoll und plausibel erscheint und so Handlungssituationen und Sequenzen vorstrukturiert. Dies gilt auch für die Rede von der Zärtlichkeit. Auch sie ist an einen deutlich markierten Kontext gebunden (dem sie, umgekehrt, zugleich auch erst Konturen gibt). Wann und wo, unter welchen Bedingungen ist man nun »zärtlich« oder »empfindsam«? In welchen Situationen orientiert man sich typischerweise nach den Regeln des Diskurses? Schon aus dem bisher Gesagten ist zumindest die generelle Richtung klar geworden. Empfindsam ist man vor allem in einem familiär-vertrauten Privatleben, in verdichteten zwischenmenschlichen Beziehungen. Die hier untersuchten Texte zur Frühphase der Empfindsamkeit bestätigen diese Ausrichtung. Nach Michael Ringeltaube wirkt die Zärtlichkeit bevorzugt in einer »nähern Gesellschaft«, [3] deren Mitglieder in »natürliche(n) und moralische(n) Verbindungen, Umstände(n) und Verhältnisse(n)« [4] miteinander leben und einander so »Mitmensch, Mitbruder und Mitbürger« [5] sind. Zu einer solchen »allgemeinen« und »natürlichen« Form des sozialen Zusammenlebens bedarf es vor allem der persönlichen Nähe, der gegenseitigen Verbundenheit der Einzelpersonen: »Nur drey Arten von Gegenständen sind für unsere Zärtlichkeit gemacht; Personen die das Recht des Bluts mit uns vereiniget; eine Geliebte, und Freunde.« [6] Zärtlich ist man vor allem dann – und das zeigt auch der das Rührstück tragende private Handlungsraum von Familie und Freundeskreis –, wenn man sich auf einer allgemein menschlichen, eben »natürlichen« Umgangsebene begegnet und sich in einer Zone aus Vertrautheit, Intimität und Privatheit austauscht.

Mit der Angabe eines typischen Verwendungskontexts ist zugleich der erste Schritt getan für eine Lesart, die über eine Vereinheitlichung der Begriffe oder eine Präzisierung der ›Theorie‹ (der Empfindsamkeit) hinaus geht. Denn erst in der Rekonstruktion der Zärtlichkeit als einem (relativ) feststehenden diskursiven Ausdruck, der Gestaltung und Durchführung intensivierter zwischenmenschlicher Beziehungen und Umgangsweisen regelt, zeigen sich jene Sinneffekte und Orientierungsleistungen, um die es dieser Arbeit geht.

4.2. Gefühl und Charakter

Um die Rekonstruktion des zärtlichen Interaktionsmodells von umfangreicheren Begriffsdefinitionen und Verweisungszusammenhängen möglichst frei zu halten, werden zunächst zwei Explikationen vorausgestellt. Zum einen bedarf es einer genaueren Bestimmung dessen, was man unter »zärtlichen Gefühlen« oder der »zärtlichen Liebe« verstanden hat, steht doch diese (von kognitiven Auflagen überlagerte) Form von Sinnlichkeit als zentrales Interaktionsregulativ im Kern des zärtlich-empfindsamen Umgangs. Zum anderen ist zu klären, wer überhaupt zur »Zärtlichkeit« fähig und berechtigt ist bzw. welche Qualifikationen die Teilnehmer an einer solchen Kommunikation – soll sie gelingen – erfüllen müssen.

Unverwechselbarkeit gewinnt das zärtliche Gefühl zum anderen auch durch seine Abgrenzung gegen das Konzept der heftigen oder, wie sie einer ihrer berühmten Theoretiker nennt, »leidenschaftlichen Liebe«.[7] Beide Diskurse haben im 18. Jahrhundert Berührungspunkte und Überschneidungen – wie angesichts ihres verwandten Themas auch nicht anders zu erwarten. Doch der jeweilige Verlauf ihrer Geschichten zeigt ein eher wechselhaftes Verhältnis mit starken Parallelen, aber auch klaren Distinktionen. Für Distanz oder Annäherung entscheidend scheint dabei das jeweilige Verhältnis der Diskurse zur (allgemeinen) Moral. Während die Liebe als Leidenschaft, als Passion, im Verlauf des Jahrhunderts zusehends Abstand von moralischen Geboten gewinnt, sich mit Erfolg als eine den gesellschaftlichen Erwartungen gegenüber unverantwortbare »Krankheit« inszeniert, gilt für die Empfindsamkeit eine weniger eindeutige Position. Aber auch für ihren Diskurs ist der Grad der Moralisierung, das Verhältnis von allgemeiner und privater Moral, mitentscheidend.

Das Unkontrollierte – und nicht zu kontrollierende – der passionierten Liebe, ihr Hinwegschießen über alle gesellschaftliche Konvention sowie (natürlich!) ihre erotisch-sexuelle Seite, ihre Neigung zu den »dunkeln Begriffen«, den gefährlichen »Pausen der Vernunft bey der Liebe«, [8] kollidiert scharf mit einer sehr viel gemäßigteren und ›unsinnlicher‹ konzipierten Zärtlichkeit. [9] Sie hält es mehr mit der Vernunft, bescheidet sich mit Mäßigung und (Selbst-) Kontrolle, was schon so weit geht, daß fraglich wird, ob die Zärtlichkeit überhaupt noch einen Affekt benennt: »Die Zärtlichkeit hingegen bedienet sich nie der Phantasie und der Sinne, den Verstand zu verwirren, sondern tritt mit demselben in ein genaues Verbündnis und theilet ihm diese abgezogene Feinheit, dieses gemäßigte Feuer mit, welche ihr eine gewisse Stärke und Richtigkeit zurück geben, die sie mit den grossen Grundsätzen der Ehre, der Redlichkeit und der Tugend erfüllen.« [10] Was man immer wieder herausstreicht, sind »Selbstverleugnung« und »Uneigennützigkeit« dieser »gereinigte(n) und geordnete(n) Liebe«, [11] – (oder eher schon: intellektualisierte Sinnlichkeit) – ihre Moralität und gesellschaftliche Konformität. Als ideale Synthese aus Sinnlichkeit, Vernunft und Moral schließt sie die Risiken einer sexuell-erotischen und leidenschaftlichen Liebe per Definition schon aus. [12] Hier zunächst die rein sinnliche Komponente: »Das Zärtliche überhaupt im eigentlichen Verstande ist alles das, welches man entweder bald, oder auf eine leichte und gelinde Art empfindet.« [13] Dann die Kontrolle durch die Vernunft: »Wenn der Mensch bey seiner sinnlichen Zärtlichkeit die Fertigkeit besitzt, zugleich seine denkende Kraft auf seine sinnliche Empfindungen anzuwenden, so ist er überhaupt *vernunftsinnlichzärtlich.*« [14] Und schließlich und endlich dann die moralische Qualifizierung: »Vereiniget er aber seine sinnliche Empfindungen mit einem moralischen Gefühl, so ist deswegen seine sinnliche Zärtlichkeit auch moralisch.« [15]

Eine zweite Abgrenzungs- und Distinktionslinie verläuft gegenüber der ebenfalls schon traditionsreichen »allgemeinen Menschenliebe« [16] als der schon dem Naturrecht als communis amor, wie auch – in anderer Begründung – in der christlich religiösen Welt als dilectio proximi bekannten, universalen Form der Liebe. »Die Zärtlichkeit ist eine Folge der allgemeinen Menschenliebe; aber sie fängt eigentlich erst da an, wo die allgemeine Menschenliebe aufhört.« [17]

Zärtlichkeit, obschon als zuwendungsvolles Gefühl zum Mitmenschen charakterisiert, distanziert sich dennoch von der allgemeinsten Form, als der am wenigsten intensiven Liebeskonzeption. Sie sei eine »besondere Einschränkung der Menschenliebe«, da sie doch »in ihren Empfindungen viel vollkommener ist als jene allgemeine Neigung zu allen unsern Nebenmenschen.« [18] Zärtlichkeit markiert so die Mitte einer Skala. Einerseits besteht sie auf einem im Vergleich zur universalen Form der Liebe gesteigerten Bezug zum Mitmenschen, begrenzt sich daher auch auf einen enger gefaßten Personenkreis, ohne andererseits bereits nach der strikten Exklusivität und risikobereiten Intensität der leidenschaftlichen und sinnlichen Liebe zu verlangen. Und nur in dieser doppelten Abgrenzung, in einer mittleren Definitionslage, die immer auch Überschneidungen und Anschlüsse zum jeweils Ausgeschlossenen erwarten läßt, ist der für alle Theoretiker der Zärtlichkeit verbindliche Satz, wonach »die erhöhete moralische Liebe der Grundcharakter des zärtlichen Menschen« [19] sei, zu verstehen. In dieser Eigenschaft als ein zuwendungsreiches, sozialisierendes Gefühl bzw. eine erhöhte Sensibilität für den näheren Umgang mit dem Mitmenschen, zählt die Zärtlichkeit dann auch zu den essentiellen Elementen des Diskurses. Ohne diese besondere, zwischen einer ganz allgemeinen und einer hochexklusiven Form der Liebe lokalisierten Gefühlsqualität müßte Kohärenz und Unverwechselbarkeit des Empfindsamkeitsdiskurses fraglich werden.

Zärtlich kann man aber nur sein, wenn man über eine ganz bestimmte charakterliche Disposition verfügt. Nur in den engen Sicherheitsgrenzen eines solchen »natürlichen« Charakters lassen sich die – wenn auch in der Frühphase noch sehr begrenzten – Distanzierungschancen der zärtlichen Rede gegenüber einem ausschließlich der alteuropäischen Tradition oder der feudal-hierarchischen Gesellschaft verpflichteten Verhaltenskodex realisieren. Den natürlichen Charakter beschreiben dann auch (wie schon in der Definition der zärtlichen Liebe) Vernunft- und Gefühlsbegriffe gleichermaßen; auch hier die prästabilisierte Harmonie eines durch und durch positiven, moralischen Charakters. Abweichungen werden nicht geduldet, gelten ohne Entschuldigung als Verfehlungen. So kennt der Zärtliche keine sündigen, »unordentliche[n] Empfindungen«. [20] Davor bewahrt ihn seine besondere »Fertigkeit« in der »Erkenntniß und Empfindung vom sittlich Wahren und Guten.« [21] Alle weiteren Bestimmungen des moralisch-zärtlichen Menschen variieren nur diese ideale, weil widerspruchslose Kombination von Verstand und Herz, als dem für alle selbstbezüglichen Motivierungen ausschlaggebenden Grundverhältnis menschlicher Natur. Das zeigen schon die hier auffallenden Wortschöpfungen wie z. B. »vernunftsinnlich« oder gar »vernunftsinnlichzärtlich«. Die Richtung, in die man mit diesen Wortkombinationen geht, ist offensichtlich. Die Empfindungen des Zärtlichen hat immer schon eine konformistische, allgemeine Erwartungen einhaltende Vernunft geklärt: sie sind »allemal klar, deutlich, natürlich, frey, ordentlich, leicht, lebhaft und sanft.« [22] Positionen der Moral-Sense Theorie(n) akzeptiert man nur insoweit, als gewährleistet bleibt, daß kognitive Regulative das intendierte Ziel eines vollkommen moralischen Subjekts garantieren: »Wenn der Zärtliche eine Fertigkeit in der Empfindung und Erkenntniß des Vorzüglichen, Edlen, Rührenden und Schönen im Sittlichwahren und Guten hat; so muß er sich desselben nothwendig auf eine merkliche Art bewußt seyn. Dieses Bewußtseyn aber muß nothwendig wenigstens ein klares seyn. Denn sonst kann er seine moralischen Empfindungen weder denken, noch ausdrücken. Und wenn er das nicht kann, so hat er auch kein sittliches Gefühl, sondern nur eine dunkle, verwirrte und wahrscheinliche Vorstellung.« [23]

Wie stark ein derart begrenztes Charakterbild schematisiert, führen die »zärtlichen Charaktere« in den Rührstücken von Krüger, Schlegel oder aber Gellert bis schon zum – für den heutigen Leser – Überdruß vor. Sie leben ganz nach dem popular-philosophischen Muster, demonstrieren fortwährend in vorbildlichen Handlungskontexten ihre inneren Tugendqualitäten. Askriptive Personen-Eigenschaften, wie Stand, Reichtum, Schönheit etc. spielen nur eine sehr untergeordnete Rolle. Thema ist allein die eng reglementierte Tugendnatur, die alle (Prüfungs-) Situationen meistert. Eine Verengung, die Konsequenzen für die Form haben muß: »Die vorbildlichen Figuren«, so Peter Uwe Hohendahl, »nähern sich der Allegorie«. [24] Konflikte aber, so die entsprechende Folge, müssen dann nach außen verlegt werden. ›Innere‹ Widersprüche zwischen konkurrierenden Handlungsmotiven scheiden aus, denn ob nun die »Schwedische Gräfin« aus Gellerts gleichnamigen Roman oder »Lottchen« aus den »Zärtlichen Schwestern« – keine Versuchung kann diesen Verkörperungen der ›sanften‹ Tugend-Moral nahekommen.

Das belegt auch die Sprache, in der die Tugendcharaktere sich ihrer selbst, ihren Motivationen und Absichten klar werden. So behauptet etwa »Lottchen«, der zentrale Charakter in Gellerts Rührstück, »die Liebe vernünftig zu fühlen.«[25] Bei Ringeltaubes Liebespaar ist es Emil, der zunächst die – selbstredend – »vernünftige« und »liebreiche« Calliste kennenlernt, dann sein Interesse vernünftig überprüft, um schließlich das Ergebnis seiner Reflexion über die Empfindungen gegenüber der Geliebten als (Vernunft-) Schluß zu formulieren: »Er entschloß sich die Calliste zu lieben [...]. Beyde verbanden sich zur Zärtlichkeit bis in den Tod.«[26] Dem Zärtlichen ist die (sinnliche) Liebe nicht mehr potentielle Gefahr, sondern verheißt ihm, weil immer und jeder Zeit durch eine Schicklichkeit und ›Vernünftigkeit‹ sichernde Reflexion gebremst, die »größte Glückseligkeit des gesellschaftlichen Lebens.«[27]

In der bis zur Stereotype standardisierten Darstellung reflexiver Entscheidungsprozesse fehlen alle Möglichkeiten zur Gestaltung innerer, aus intensiver Introspektion abgeleiteter Konfliktlagen. Selbstreferenz als eine positiv bewertete Handlungsmotivation bleibt noch deutlich in den engen Grenzen einer eher der Form nach angelegten, denn bereits differenziert zu gestaltenden Möglichkeit. Der Rekurs auf das eigene Selbst als Bedingung der Möglichkeit für eine voll individualisierte, psychologisch fein gezeichnete Person ist noch nicht formulierbar. Möglich und erlaubt ist allein eine Handlungsweise, die sich zur idealen Natur des zärtlichen Charakters »affin«[28] verhält, die die im Diskurs gegebene Chance einer stärkeren Binnendifferenzierung der Subjekte nur »umschreibt«, [29] ohne sie jedoch schon voll zur Individualisierung und Subjektivierung zu nutzen. Und selbst wenn der dargestellte Handlungsverlauf seiner inneren Logik nach auf den Ausbruch von Emotionalität hinsteuert, wenn – nach einer späteren Erwartungshaltung – die adäquate Darstellung eines »Psychodramas« gefordert ist, steckt diese Sprache zurück, gelingt ihr keine Unmittelbarkeit und Gefühlsintensität. Wie sehr die Mäßigung einer flachen Individualisierung hier bestimmt, mag ein Beispiel aus der an äußeren Abenteuern, Gefährdungen und Entdeckungen geradezu überladenen »Schwedischen Gräfin« illustrieren. Auch angesichts einer Katastrophe – die Gräfin hat soeben das inzestuöse Liebesverhältnis zwischen den bereits verheirateten Geschwistern Caroline und Karlson entdeckt [30] – gibt die zärtliche Sprache keine Schilderung intensiver Emotionen frei. Auch hier verläßt sie nicht ihre »gelassene Ordnung«: Waren eben noch alle Beteiligte der Ohnmacht nahe, liegt Caroline offensichtlich schon in Verzweiflung auf den Knien, so geht der auf Distanz und Ausgleich bedachte Bericht der Ich-Erzählerin doch sofort wieder zu »gemäßigteren« Verhältnissen über: »Ich will gleich auf den andern Tag kommen. [Denn:, N.W.] Das Gewaltsame unseres Affekts hatte sich gelegt.«[31]

4.3. Zärtlichkeit als Interaktionsparadigma

Doch die »zärtliche« oder »herzrührende« Sprache gibt nicht nur ein Bild des hier gepflegten *sprachlichen* Umgangs. Ihr Reglement scheint zugleich auch verbindlich für den zwischenmenschlichen Umgang. Erst diese besondere Sprache macht die in der Hinwendung zum Mitmenschen sich erfüllende Wesensnatur kommunikabel – und so auch interaktionsfähig. Bei aller kognitiven Rückversicherung setzt ihr Modell zwischenmenschlicher Kommunikation auf eine Verständigung, auf ein gegenseitiges Verstehen, das sich in einer affektiv gefärbten, von den Kommunikationsteilnehmern mit angenehmen Empfindungen verbundenen, intensiven Übereinstimmung realisiert. Die zärtliche Sprache als eine Sprache der »Rührung« zielt ganz auf die Angleichung und Verbindung der »vernunftsinnlichen« Empfindungsnatur der Kommunikationspartner.

Mit dieser grundlegenden Funktionsvorgabe grenzt sich die Empfindsamkeit von anderen, z.B. taktisch-strategisch oder weiter stärker intellektualisierten Verständigungsweisen ab und gewinnt zugleich weitere, interne Bestimmungen, die sie als eine ›zärtliche‹ Kommunikation definieren. Von einer strategischen Sprachverwendung trennt die zärtliche Sprache ihre Moralität. Sie »verabscheuet« »alle ungerechten Mittel, alle List, Versprechung und Schwüre.«[32] Legitim ist ihr allein das Bemühen um einen möglichst vollkommenen – und das heißt immer auch wahren – Ausdruck der moralisch einwandfreien Empfindungen und Gefühle. Im festen Vertrauen auf eine moralisch stets positive, relativ eng begrenzte und nicht zuletzt auch deshalb im Kommunikationsprozeß eindeutig identifizierbare sinnliche Wesensnatur formuliert man hier eine sensualistische Alternative zu allen rein intellektualistischen Konzepten: Die Übereinstimmung in Empfindung und Gefühl und nicht (mehr nur) die Einsicht in allgemeine Vernunftwahrheiten, wie sie eine Deduktionslogik gewährleisten will, soll die Verständigung sichern und zu verbindlichen Formen sozialer Ordnung führen. In der affektiven Rührung als der tragenden Basis dieser Kommunikation wird ein Verstehen zur Regel, das allein den Maximen der Aufrichtigkeit und Tugendmoral folgt. Selbst das Mißverstehen, der Möglichkeit nach in jedem Kommunikationsprozeß angelegt, scheint prinzipiell ausgeschlossen, zumindest jedenfalls dann, wenn sich die Teilnehmer der Kommunikation auf die Schablone des zärtlich-empfindsamen Charakters ausrichten.

Dennoch weiß man von einer Grenze im gegenseitigen Verstehen. Eine völlig verlustfreie Verbalisierung der Empfindungen und Gefühle hält man nicht für möglich, sind sie doch »ihrem Wesen nach in alle Ewigkeit unaussprechlich«.[33] Eine erstaunliche Einschränkung, da man andererseits stets eine »klare« und »deutliche« Ausdrucksweise fordert. Vieles spricht dafür, daß der hier theoretisch mit der Natur der Empfindung (bzw. dem Unvermögen der Sprache) begründete Unsagbarkeitstopos eine definitive Grenze markiert gegenüber allen Versuchen, die individuelle, persönliche Emotionalität bis ins kleinste hinein bemessen und festlegen wollen. In der behaupteten Unmöglichkeit, Empfindungen und Emotionen voll und ganz, ohne Rest, in der (verbalen) Sprache realisieren zu können, reklamiert man einen – auch utopisch formulierbaren – Freiraum für die Steigerung des Gefühls, für eine Intensität und Vollkommenheit des gegenseitigen Verstehens über die in Sprache fixierten Grenzen und Möglichkeiten hinaus. [34]

Aus dem Wissen um die Unzulänglichkeit der Sprache interessiert man sich andererseits besonders für die nichtverbalen Verständigungsmittel. Gerade die wirkungsvollsten »rührenden verständlichen Zeichen«, [35] so der sich aufdrängende Schluß aus einer in der Moralischen Wochenschrift »Der Gesellige« veröffentlichten Liste, kommen aus diesem Bereich der (nicht-verbalen) »natürlich[en] Geschicklichkeit[en]«. [36] Was heute selbstverständlich, schon banal erscheint, hatte hier noch den Reiz des Neuen, war noch im Detail erwähnenswert. Da ist die Rede von »freundschaftlichen Küssen«, die das »Herz bis auf den Grund [...] rühren«, [37] von »freundlichen Minen«, einem »holden Lächeln« und »sanften Händedrücken« oder einem »liebkosenden Streicheln der Hände und der Wangen.« [38] Als besonders wirkungsvoll gilt auch eine »freundliche und angenehme Stimme«, wie überhaupt die Musik, als das unüberbietbare Paradigma einer nicht-verbalen und gerade deshalb besonders kommunikationsintensiven Sprache, zu den größten Leistungen fähig ist. Noch die »vollkommensten Empfindungen« vermag sie trotz deren »Unaussprechlichkeit auf die eigentlichste Art« [39] auszudrücken.

Der neue Detailreichtum ist beträchtlich und zugleich eindeutig konzentriert auf die Verständigung von Person zu Person. Daß man sich dieser Beschränkung auf die private, rein menschliche Kommunikation bewußt ist, beweist nicht zuletzt die explizite Abgrenzung zur repräsentativen Hofsprache. Ausdrücklich betont man die Differenz zum »Weltton« einer höfisch-aristokratischen Gesellschaftsspitze und zieht ihren »wohlausgesonnenen« Redeformen die größere Unmittelbarkeit der zärtlich-rührenden Sprache vor.

Auch das Raffinement –. zumindest als theoretische Forderung – ist bereits bekannt. Zusätzlich zu den schon erwähnten Grundelementen einer zärtlichen Sprache sowie den kaum einer weiteren Verfeinerung zugänglichen rein spontanen Zeichen, setzt man besonders auf die gemütaktivierende Wirkung des sprachlich-lautlichen Ausdrucks. Modulation der Stimme wie nuancierter Einsatz interessieren besonders. Geradezu »unglaublich« sei, so der Theaterkritiker Lessing, die affektive Wirkung etwa des »beständig abwechselnden Mouvement der Stimme«, [40] wie es jetzt überhaupt gelte, den natürlichen Distinktionsreichtum, die »unendliche Verschiedenheit« sprachlicher Laute voll zur jeweils intendierten Rührung des Publikums zu nutzen. [41]

Ob allerdings diese Verfeinerung des sprachlichen Ausdrucks bis ins kleinste Detail hinein repräsentativ sein kann, sei dahingestellt. Das trifft eher schon zu auf die Ausführungen Gellerts über den Brief. Zwar votiert er gegen die enge Konvention und für das »eigene Naturelle«, doch gilt diese Freigabe individuell-persönlicher Ausdrucksweisen nur bis zu einer immer wieder erneuerten Grenze, die letztlich eine spontane, unmittelbare und direkte Schreibweise verbietet.

Angemessen hält man allein eine »gewisse liebenswürdige Nachlässigkeit«, [42] die auch nur zu einer allgemeinen, nicht sehr tief gehenden »Artigkeit in dem Umgange«, [43] so Naumanns Urteil, führen soll; man bejaht die affektiv codierte Kommunikationsweise der zärtlichen Sprache, hält sie aber zugleich auf dem Niveau einer nur sehr verhalten gesteigerten Individualität bzw. einer dieser entsprechenden Geselligkeit. [44]

Nun kann dieses Ergebnis sicherlich nicht überraschen. Zu oft schon hat eine teleologische Sicht auf diese »Herausbildung« einer der Gegenwart vertrauten Individualität und Subjektivität ähnlich lautende Befunde festgestellt. Ja mit einigem Recht kann man in dieser teleologischen Individualisierungsthese – die in den gemeinhin der frühen Empfindsamkeit zugeschlagenen Texten um 1750 ein zwar notwendiges, immer aber unvollkommenes und gerade deshalb zu kritisierendes Vorstadium zur endgültig erst zur Sturm- und Drang-Zeit voll realisierten Individualität lokalisiert – einen der fest etablierten Standards der germanistischen Forschung zum 18. Jahrhundert sehen. [45] Was hier jedoch interessiert, ist nicht so sehr eine erneute Bestätigung als die Frage, wieweit eine solche Beschreibung der vernunftzärtlichen Sprache als ein Phänomen des Mangels den Intentionen und Formulierungszwängen des Empfindsamkeitsdiskurses gerecht wird. [46]

Zärtliche Kommunikation als Austausch einer positiven menschlichen Natur – d. s. insbesondere die der ethos- und humanitas Tradition verpflichteten sanften, zuwendungsreichen Gefühle und Empfindungen – ist, wie eingangs erwähnt, zugleich ein integraler, wenn nicht gar bestimmender Teil der eigenen, empfindsam-zärtlichen Interaktion. Auch sie ist von dem Basisvertrauen in eine ausschließlich moralische Tugendnatur getragen: zärtlich-empfindsamer Umgang ist wesentlich auf Konfliktvermeidung ausgelegt. Reziprozität und eine positive Zuwendung, die den anderen stets als Gleichen toleriert, sind so die tragenden Fundamente dieser höchst friedfertigen Interaktion.

Sie kennt auch keinen Egoismus und keine Übervorteilung: »Zärtliche Liebe« – jetzt nicht nur als Gefühl, sondern auch als zentrales Interaktionsregulativ gelesen – »fliehet die Eigenliebe, die Selbstgefälligkeit, die Selbsterhebung, und den Selbstbetrug.« [47] Doch nicht das absolute Verbot, der »stoische Selbsthaß« [48] ist hier gemeint. Entscheidend ist vielmehr die richtige Proportion der Selbstliebe, ihre Fügung unter das altruistische Gebot der Zuwendung zum Mitmenschen. Denn ohne ein Grundmaß an Selbstbewußtheit und Selbstinteressiertheit an den eigenen Tugendqualitäten und dem Streben nach angenehmen Empfindungen kann die hier anvisierte Interaktion gar nicht ihren Anfang nehmen. Verbindlich ist auch hier das ›Naturgesetz‹, »daß nur lieben kann, wer sich selbst liebt«. [49] Selbstliebe – und d.h. ganz besonders das Interesse an der Vervollkommnung der eigenen Moralität – steht ganz in harmonischer Übereinstimmung mit altruistischen Empfindungen: »Der Zärtliche, insofern er der sittliche Mensch ist, so hat er eben diese Pflicht der Liebe. Er muß sich selbst lieben. Er muß seinen Mitmenschen wie sich selbst lieben.« [50]

Weitere Konturen erhält die zärtliche Interaktion durch die entschiedene Absetzung von allen strategisch geregelten Umgangsweisen. Schon deren Grundprämisse, die immer und jederzeit gegebene scharfe Trennung zwischen einem egoistischen Selbstinteresse und konkurrierenden Fremdinteressen, widerspricht das allgemeine Liebesgebot: das Wohl des anderen kann dem eigenen nicht nachstehen: »Sie [die »wahre zärtliche Liebe«, N.W.] fühlet nicht sowohl sich selbst, als vielmehr ihren Geliebten«. [51] Liebevolle Zuneigung statt der in strategischen Konkurrenzsituationen geforderten »Kriegslisten«. [52] Beide Interaktionsweisen gelten offensichtlich für jeweils ganz entgegengesetzte Kontexte. Strategische Interaktion, wie sie typisch eine Klugheitslehre zur Selbstbehauptung in einer feindlichen Welt empfiehlt, scheint daher die negative Umkehrung der moralisierten Interaktionsform der Zärtlichkeit. [53] Nicht das taktische Ausspähen der Schwächen des anderen zwecks eigener Interessendurchsetzung ist gefragt, sondern eine gesteigerte Sensibilität für den anderen, ein selbstloses Auf-ihn-Zugehen, um wechselseitigen Gefallen und Selbstgenuß (der eigenen Tugendnatur) zu ermöglichen. Die angenehmen Empfindungen, die sich in solchen ganz auf wechselseitige Gratifikation ausgelegten Interaktionen einstellen sollen, sind dem Zärtlichen Lohn genug. Sie – und nicht irgendwelche materiellen Güter und Werte – initiieren den zärtlichen Umgang: »Die Empfindnisse für andre, oder das gute Herz belohnen sich auf der Stelle durch das Vergnügen, daß sie mit sich führen, und dieses Vergnügen kann sogar ein Reiz zu ihrer Wiederholung werden; kann fast eine Leidenschaft werden.« [54] Ihre höchste Steigerung erreicht dieser positive Wechselbezug in der gegenseitigen Substitution der Subjekte bis hin zum, so Thomas Abbt, »Platzwechsel« [55] zwischen den Kommunikationspartnern.

Doch die besondere Reizempfänglichkeit und Empfindungsfähigkeit interessiert nicht nur als Basis gesteigerter Sozialität. Auch Selbstgefühl und Selbstbewußtsein sollen profitieren. Denn die hier ausgelobte unmittelbare Vergewisserung der eigenen Gefühlsnatur, die positiv-angenehme Erfahrung der eigenen Tugendqualitäten, bedeuten eine direkte, im Zuge der Realisation zärtlichen Umgangs stets aufs Neue eingeübte Bestätigung der eigenen Existenz, des eigenen Ich: »Wenn einige Vorstellungen vor den andern uns vorzüglich angenehm geworden sind: so wiederholen wir sie nicht nur, so oft wir können:

sondern wir rechnen sie auch zu unserm Ich, und so wächßt dieses nach und nach immer mehr an.« [56] Und dieses wachsende Gefühl der eigenen Besonderheit ist es auch, die jene von Abbt empfohlene Identifikation mit dem Mitmenschen nicht im Verlust der Identität enden läßt. Nur das solcherart gestärkte Ichgefühl verhindert, »daß wir immer ausser uns selbst würden geworfen werden, immer uns an die Stelle andrer Dinge setzen würden«. [57]

Sind alle Voraussetzungen erfüllt, gelingt die Einrichtung einer zärtlich-empfindsamen, ihren Zweck in gesteigerter Geselligkeit und erhöhtem Selbstwertgefühl suchenden Interaktion, so verwirklicht sich für die Interaktionsteilnehmer zugleich auch das große Versprechen auf ein persönliches Glück. Dem Zärtlichen ist Glück nicht (mehr) die hohe Geburt, materieller Reichtum oder (nur) die Heilsgewißheit im Jenseits, sondern das seiner Tugendnatur gemäße Leben in einer »natürlichen« Gesellschaft miteinander in Liebe und Sympathie verbundener Privatsubjekte. Ein idealer Ort, wie ihn jetzt typisch die gefühlswarme Familie repräsentiert: »Reichthum und Macht«, so Sintenis in seinem Loblied auf die Familie, »mögen wohl mehr Geräusch und Aufsehen verursachen; doch das Glück des Lebens gewähren sie nicht, welches uns die Eintracht und die Liebe gaben. Dies Glück haben wir auf Tugend gegründet und Zärtlichkeit ists, die es unterhält.« [58] Glück als Folge gesteigerter Geselligkeit aus wechselseitiger Pflege und Förderung des eigenen Selbst – nichts anderes demonstriert auch die »Schwedische Gräfin« und ihr Kreis von Gleichgesinnten. Auf ihrem (beinahe) vor allen Widrigkeiten der Welt sicheren Landgut genießt die Protagonistin die Annehmlichkeiten einer nur sich selbst verantwortlichen Gesellschaft, die allein von den jeweiligen »Neigungen« [59] der Mitglieder zueinander – und nicht von »äußeren« Interessen – zusammengehalten wird. Für deren Bestimmung als einem einzig der wechselseitigen (Tugend-) Gratifikation gewidmeten Ort soll stellvertretend gelten, was die Ich-Erzählerin über ihre »eheliche Gemeinschaft«, dem Zentrum dieser zärtlichen Gesellschaft, ausführt: »Und daß ich alles auf einmal sage, wir wußten [...] von keinem andern Wechsel als von Gefälligkeiten und Gegengefälligkeiten.« [60]

4.4. Zärtlichkeit als utopische Gesellschaftstheorie

Mit der fortschreitenden Rekonstruktion der zärtlichen Rede als einem speziellen Kommunikationsraum zur Entfaltung persönlicher (Nah-) Beziehungen stellt sich zugleich auch die Frage nach der Originalität des Diskurses. Ob man in dem, was hier in den untersuchten Texten an zwischenmenschlichen Umgangsformen formuliert wird, tatsächlich eine Innovation sehen muß, scheint zweifelhaft. Denn sicherlich gab es im nicht schriftlich fixierten Alltagswissen längst vorher Verhaltensformen und Kommunikationsweisen, die dem im Diskurs präsentierten Bild entsprechen. Entscheidend jedoch scheint die Systematisierungsleistung des Diskurses. Aus den verschiedenen Kontexten, sei es aus der Lebenswelt oder aus der elaborierten semantischen Tradition, werden einzelne Elemente herausgegriffen, ergänzt oder weiterformuliert und schließlich in eine bedeutungsvolle Einheit transformiert. Und erst in dieser Kohärenz einer sinnhaften Regelmäßigkeit kann die Empfindsamkeit ihre Karriere als ein Erleben und Handeln typisierendes, soziales Orientierungsmuster antreten, kann sie in Gewohnheit und Tradition eingebundene Formen des Zusammenlebens zugunsten einer eigenen Alternative auflösen.

Von der (notwendigen) Konzentration des Diskurses auf einen speziellen Kommunikationsbereich war schon die Rede. Umgekehrt entspricht dieser Bündelung eine – allenfalls – marginale und/oder unter negativem Vorzeichen stehende Thematisierung all jener Interaktionsformen, die sehr viel stärker auf der gesellschaftlichen bzw. kosmologisch-theologischen Einbindung der Subjekte in eine primär nicht als persönliche Nahwelt zugängliche Gesellschaft (oder eines ihrer funktionalen Teilsysteme) bestehen. Wissenschaft, Ökonomie (Erwerbsleben), Politik oder selbst Religion [61] fordern jeweils die Unterwerfung der Einzelindividuen unter je systemeigene funktionale Primate. Ob man nun den Gesetzen des Profits als den Bedingungen materiellen Erfolgs oder den rigiden Regeln der Wahrheitsproduktion gehorcht – für die hier avisierten rein menschlichen und »natürlichen« Beziehungen ist kein Raum. Es ist nur folgerichtig, daß die Zärtlichen und Empfindsamen sich mit Vorliebe in gesellschaftsfernen Orten einrichten. Das aller Unbill ferne Landgut oder ein gegenüber der Hektik und den Risiken eines harten Wirtschaftslebens abgesichertes Stadthaus zählen so zum festen Bestand empfindsamer Motive. Nur in einer solchen »Weltabgeschiedenheit«, fern von »Stadt« und »Hof«, den mit Erfahrung gesättigten Metaphern zur Bezeichnung eines mit der zärtlichen Natur des Menschen unvereinbaren Lebens, finden sich die notwendigen Voraussetzungen für ein wahrhaft geselliges Leben. Nur hier gibt es, wie Abbt fordert, eine »ernährende Gegenliebe, eine ungestörte Ausübung.« [62]

Doch mit der Negation des Gesellschaftsbezugs muß zugleich auch die Disziplinierung der Interaktion zum Problem werden. Wie kontrolliert die empfindsame Gemeinschaft, die sich entschieden von allen leistungsorientierten Interaktionsreglements distanziert und damit zugleich auch auf deren Sanktionsmöglichkeiten für ein nicht-konformes Verhalten verzichtet, den gegenseitigen Umgang ihrer Mitglieder? Die Antwort liegt in der auf Gleichheit und gegenseitiger Zuwendung basierenden Moral: Sie wacht über den Zugang zur empfindsamen Gemeinschaft und kontrolliert die Einhaltung der Interaktionsgebote.

Wer ihr nicht folgt, den stempelt sie zum »Kaltsinnigen«, erklärt ihn zu einem »kalten«, »harten« oder »hartherzigen« Menschen und verwehrt ihm so die Teilhabe an den Glückschancen einer gesteigerten Geselligkeit. Schärfste Sanktionen drohen aber insbesondere demjenigen, der – das schwerste Verbrechen! – aus egoistischen Motiven die Lauterkeit der Tugendsamen mißbraucht und so des »größten Betrug(s)«[63] sich schuldig macht. Toleranz gibt es da nicht – der Übeltäter »muß bestraft werden«,[64] so der Urteilsspruch aus den »Zärtlichen Schwestern«. Und gestraft wird mit völligem Achtungsverlust, dem unwiderruflichen Verstoß aus der, wie es die hintergangene Lotte dem Missetäter verkündet, »Gesellschaft, die Sie in mir beleidiget haben.«[65] Wer die (moralischen) Gebote zärtlicher Gemeinschaft bricht, muß mit der Ausweisung, mit dem Brandmal des Unmenschen rechnen. Das aber ist eine Degradierung, so wird immer wieder betont, die auch der größte und glänzendste Erfolg in der »kalten« Welt nicht aufwiegen kann.

Doch trotz dieser moralischen Sanktionsmöglichkeit, die die von der Gleichheitsmoral verteidigte Grenze zwischen Innen und Außen, zwischen der Welt einer zärtlich-empfindsamen Gemeinschaft und einer primär nicht-personalen Umwelt, scharf herausbringt, ist die empfindsame Sozialität prinzipiell für jeden offen. Zumindest jedenfalls ist nirgends ein »naturgemäßes« Gesetz maximaler Größe, das die Zahl der Mitglieder beschränken müßte, festzustellen. Nicht zu verkennen ist dagegen, daß die ständisch-feudalen, aber auch ökonomischen, nationalen oder rassistischen (einschließlich der geschlechtlichen) Exklusivitätsregeln hier nicht gelten. Einzige Zugangsvoraussetzung scheint eine den Vorgaben der »Zärtlichkeit« entsprechende Tugendnatur: die hochexklusiven Interaktionsvoraussetzungen der Ständegesellschaft – in erster Linie die hohe Geburt – sind dagegen außer Kraft.[66]

Wie weit der Glaube an eine Intensivierung des Sozialen allein durch das Prinzip gegenseitiger Zuwendung und Sympathie – eingegossen in eine eigene Interaktionsweise – geht, zeigt ein 1754 von Johann Ludwig Buchwitz veröffentlichter Text. Mit einiger Konsequenz wird hier ein Gesellschaftsmodell vorgelegt, das ganz auf die Steigerung von Sozialität abzielt und dabei die sozialintegrativen Möglichkeiten einer ökonomisch fundierten (und aufgrund der Annahme, daß die Gütermenge konstant bleibt, statischen) Gesellschaft überbietet. Steigerungsprinzip ist allein die nach allen Seiten anschlußfähige Hinwendung zum Mitmenschen. Ihr verdanken sich die angenehmen Gefühle und Empfindungen, die diese Gemeinschaft ihren Mitgliedern verspricht. Zunächst die grundlegende Ausgangssituation:

»Lasset uns annehmen, daß für unsere Erde eine gewisse Summe der Güter bestimmt sei [...] Von dieser Summe hat ein jeder Erdbürger ein bestimmtes Maaß empfangen, so, daß die ganze Summe heraus kommt, wenn man das Gute aller einzelnen Besitzer addiret. Ein jedes Gute hat seinen innern Werth, und ist fähig seinen Besitzer zu vergnügen; ein Gut, das noch einmal so groß ist, muß, ordentlicher Weise, noch einmal so sehr vergnügen. Mithin, wenn ein jeder Erdbürger den Werth seiner Güter zu empfinden weiß, so ist seine Summe des Vergnügens so groß, als die Summe seiner Güter.« [67]

Dann der mathematische Nachweis, daß der in einem solchen Gemeinwesen aus materiellem Güterbesitz mögliche Lustgewinn für die Mitglieder desselben sich schnell erschöpft – jedenfalls im Vergleich zu einer primär in gegenseitiger Sympathie gegründeten Gesellschaft; hier der (Rechen-) Ansatz:

»Der Werth der Güter des Semprons sei = x. Das Vergnügen, das sie gewähren = y. Vergnügt er sich nun bloß über seine Güter, das heißt ist er ein Misanthrop, so ist sein ganzes Vergnügen = y. Der Werth der Güter des Titus sei = o. Das Vergnügen das sie gewähren sei = p.« [68]

Unterm Strich macht das als »Summe ihres beiderseitigen Vergnügens = p + y«, sofern auch Titus ein »Misanthrop«, also ungesellig ist. Ganz anders aber läuft die Rechnung, wenn die gegenseitige Zuwendung bestimmt:

»Nun lasset uns im Gegenteil annehmen, daß Sempron den Titus liebet, so ist sein ganzes Vergnügen = p + y, und umgekehrt wollen wir setzen, daß Titus den Sempron liebet, so ist das ganze Vergnügen des Titus = p + y. Nun ist p + y + p + y = 2p + 2y [...] Mithin sind zwei Menschenfreunde untereinander noch einmal so vergnügt als 2 Misanthropen.« [69]

Von hier aus braucht man dann nur noch – getreu oder prinzipiellen Nichtunterscheidung von Gemeinschaft und Gesellschaft – hochzurechnen: was im zwischenmenschlichen Verkehr gilt, setzt sich ganz analog auch im Maßstab der Gesellschaft durch: »Ist nun die Anzahl der Menschenfreunde größer, so mehret sich auch das Vergnügen in einer größeren Proportion. Man gedenke sich eine Republic von hundert Menschenfreunden, und eine andre von hundert Misanthropen, so ist das Vergnügen des Menschenfreundes hundertfältig, das Vergnügen eines Misanthropen aber nur ein einfaches.« [70] Als Resultat dieser mathematisierten Sozialitätstheorie stehen am Ende zwei allgemeine Sätze über die der philanthropischen Gesellschaft eigene Möglichkeit zur Steigerung eines allgemeinen, aus dem liebevollen Umgang mit dem Mitmenschen gewonnenen Lustgewinns. Hier liegt offensichtlich die entscheidende sozialintegrative Kraft: »Wir können also zwei Sätze annehmen. 1. Durch die Liebe wird die Summe des Vergnügens in einer Gesellschaft größer als die Summe der Güter. 2. Die Summe des Vergnügens wird um so viel größer als Menschenfreunde in einer Gesellschaft sind.« [71] Doch die schrankenlose Ausweitung der sympathetischen Interaktion zum universalen Vergesellschaftungsprinzip treibt zugleich einen im Diskurs selbst angelegten Widerspruch hervor. Diese Spannung ist von besonderem Gewicht, da die Pole jeweils für essentielle Aussagen des Diskurses stehen. Wenn Klopstock in seiner Schrift »Über die Freundschaft« von der Notwendigkeit eines »Originalcharakters« – und das nur wenige Jahre nach Buchwitz! – spricht und sich »Wendungen des Verstandes und Herzens, die sich

herausnehmen, die interessieren«[72] wünscht, so markiert er zugleich auch eine
der konstitutiven Bedingungen für die zärtlich-empfindsame Geselligkeit. Denn
eine auf gegenseitige Durchdringung, auf den Menschen an sich abstellende
Umgangsweise kann nur auf der Basis individualisierter, d.h. im erhöhten Maß
zu selbstbezüglicher Kommunikation fähiger Subjekte gelingen: ohne ein diffe-
renziertes »Ich-Gefühl« – um nochmals an Thomas Abbt zu erinnern – fehlt der
zärtlichen Interaktion ihr Gegenstand. Wenn nun aber gleichzeitig, wie Buchwitz es demonstriert, der Geltungsanspruch der zärtlichen Interaktion zum
universalen Sozialitätskonzept ausgedehnt wird, so stellt sich den Empfindsamen zwangsläufig ein mit eben diesen übergroßen Ansprüchen auch immer
schwieriger zu lösendes Problem. Wie kann es überhaupt möglich sein, daß man
zu allen seinen Mitmenschen eine sympathetische, auf die wechselseitige Gratifikation der je eigenen (Tugend-) Natur ausgelegte Beziehung herstellt? Übersteigt der dazu erforderliche (z.B. Zeit-) Aufwand – man denke nur an die am
Beginn einer solchen persönlichen Beziehung geforderten Feinarbeit, das gegenseitige Einstellen auf die Eigenheiten des anderen – nicht das Mögliche? Nach
einem heutigen Verständnis über die (angemessene) Qualität einer persönlichen
Beziehung ist dies nur eine rhetorische Frage. Selbstverständlich kann man nicht
alle zwischenmenschlichen Beziehungen gleich stark intensivieren und sei es
schon allein deswegen, weil man auch anderes zu tun hat als nur persönliche
Beziehungen zu pflegen. Das aber, so läßt sich vermuten, stellt die Zärtlichkeit
bzw. Empfindsamkeit unter eine zweifache Funktion: sie soll sowohl das Ich-
bewußtsein steigern und in Individualität einüben, als auch die Intensivierung
von Sozialität leisten. Beides scheint jedoch nur schwer miteinander vereinbar.
Individualitäts- und Sozialitätsgebot laufen einen Kollisionskurs. Hier liegt eine
(zunächst latente) Konfliktstelle, die die weitere Diskursgeschichte wie die innere
Logik des Diskurses noch entscheidend bestimmen wird.

4.5. Die »vernunft-sinnliche« Sprache: bloßer Mangel oder notwendige Limitierung?

Doch auf dem hier ausgeführten Ausdifferenzierungsniveau ist das noch kein
Problem. Noch scheint die Integration beider Zielsetzungen ohne Beanstandung
zu gelingen. Aus dieser Perspektive einer prekären Einheit aber gewinnt eine
längst zum germanistischen Topos verfestigte (und dabei selbst schon Werturteile des 18. Jahrhunderts übernehmende) stilistische Bewertung dieser frühen
Texte der Empfindsamkeit ein neues Interesse. Nach dem teleologischen bzw.
finalistischen Urteil gilt das Vergangene nur als ›Noch-nicht‹ oder allenfalls als
›Übergang‹, muß daher auch die »vernunft-zärtliche« Sprache primär in ihrer –

gemessen an späteren Fortschritten – Unzulänglichkeit beschrieben werden. Nun ist aber auch gar nicht zu bestreiten, daß der Sprache der Zärtlichkeit die Mittel für eine Tiefendifferenzierung von Individualität, zur feinen Nuancierung psychologischer (Binnen-) Motivierung fehlen. Schon die aktuelle Lektüreerfahrung zeigt dies unmittelbar.

Andererseits kann man aber auch argumentieren, daß genau diese ›Unvollkommenheit‹, wenn strikt in den Grenzen des Diskurses gesehen, eine entscheidende Klammer für die Einheit des Diskurses ist. Ohne diese Flachheit in der Individualisierung wäre der für die Zärtlichkeit signifikante Anspruch auf Steigerung von Individualität *und* Sozialität kaum als ein gleichermaßen intendiertes Ziel zu formulieren. Individualisierungs- und Sozialitätsgebot fallen nur deshalb nicht auseinander, weil die verwendete Schreibweise psychologische Individualität nur stark typisiert darstellen kann (Buchwitz gar reduziert die Individualität bis hin zur mathematischen Formel!) und so zugleich ein Maß an Personendifferenzierung unmöglich macht, das mit einem allgemeinen Sozialitätsgebot kollidieren müßte. Speziell die hier zumeist gebrauchte popular-philosophische Schreibweise kommt dem entgegen. Geeignet für den Diskurs der Empfindsamkeit (wie für die Aufklärung überhaupt) macht sie zum einen ihre für eine breite Rezeption wichtige Miteinbeziehung (auch) lebenspraktischer Fragen sowie ihre in mehrerlei Hinsicht (relativ) einfache Zugänglichkeit. Aber auch ihr ästhetisches Ideal der »Deutlichkeit« und »Klarheit«, das sie in einer für sie typischen ›mittleren oder gemäßigten Schreibart‹[73] realisiert, die alle Extreme um der verbindlichen Maxime der Allgemeinverständlichkeit willen vermeidet, qualifizieren den popular-philosophischen Stil. Auf den Diskurs projiziert liest sich dieses ästhetische Ideal zugleich als Grenze gegenüber zu weit reichenden – und so mit dem allgemeinen Sozialitätsgebot unvereinbaren – Ausformulierungen der hier nur als Stereotype vorgegebenen Individualität. Nur die auf diesem Differenzierungsniveau der Sprache allein mögliche Standardisierung personaler Charakterstrukturen ermöglicht dann auch die über alle Länder-, Sprachen-, Rasse- und Standesgrenzen hinweg offene zärtlich-empfindsame Gemeinschaft der »Schwedischen Gräfin«: auf dem knappen Raum eines 150 Seiten umfassenden Romans agieren nicht weniger als 40 (überdies noch zumeist in privatpersönlichen Interaktionskontexten) Personen!

Wenn aber die vernunft-zärtliche Sprache – gerade in ihren expressiven ›Mängeln‹ – die Kohärenz des frühen Empfindsamkeitsdiskurses sichert, so kann das Überschreiten dieser Formulierungsgrenze nicht ohne weitreichende Folgen für die weitere Geschichte der Empfindsamkeit bleiben. Für die Gleichzeitigkeit von Sozialität und Individualität – will man an ihr festhalten – braucht es dann neuer Lösungen.

5. POLITISCHE EMPFINDSAMKEIT?
DER DISKURS DER EMPFINDSAMKEIT
ALS POLEMISCHE UMKEHRUNG
HÖFISCH-POLITISCHER INTERAKTIONSRATIONALITÄT

Diskurse, so die hier verfolgte These, regulieren soziale Kommunikation. In ihrem jeweiligen Geltungsbereich legen sie fest, was sagbar ist und was nicht, was aus einem Mehr an Möglichkeiten als sinnhafte Orientierung Anerkennung findet – aber auch was ausgeschlossen wird. Der positiven Funktion korrespondiert so immer auch eine negative. Selektion gelingt nur als Negation anderer Möglichkeiten. Doch eine Diskursanalyse, die sich auf die Rekonstruktion der ›positiven‹ bzw. expliziten Aussagenebene beschränkt, verliert diese Kehrseite des Diskurses, kommt doch im Diskurs selbst das je Ausgeschlossene, wenn überhaupt, nur als Vorurteil zur Sprache.

Notwendig wird so eine Ausweitung der Perspektive auf interdiskursive Relationen, denn ohne Bezug auf den Bereich des je Möglichen als Bestimmungsgrund einer besonderen Diskursidentität läßt sich ein Diskurs nicht ausreichend bestimmen. Auch für Diskurse als sprachliche Großeinheiten gilt so die linguistische Grundeinsicht, daß Bedeutung sich allererst über Differenz (also auch Negation) herstellt.

Für die Empfindsamkeit besonders aufschlußreich – zumindest für weite Phasen der Diskursgeschichte – scheint der Vergleich mit einer bereits geraume Zeit vor der Empfindsamkeit ausdifferenzierten, aber gleichwohl noch im 18. Jahrhundert geltungsstarken Verhaltenssemantik. Angesprochen ist das ›höfische Verhalten‹ als ein Interaktionskodex, der sich allen anderen Verhaltensweisen als überlegen darstellt. Allein schon der im Vergleich zur Empfindsamkeit ganz andere soziale Kontext, innerhalb dessen dieses hochelaborierte Interaktionswissen prosperiert, läßt andere Zielorientierungen und Grundqualitäten erwarten. So ist das höfische Verhalten als *die* Verkehrsform der hierarchischen Spitze und (politischen) Funktionselite der absolutistischen Ständegesellschaft immer auch ein wesentliches Mittel zur eigenen (Überlegenheits-) Darstellung und d.h. vor allem zur Behauptung des politischen Führungsanspruchs. Mit diesem Funktionskontext aber rückt das Wissen und die praktische Beherrschung der höfischen Umgangsregeln in den Kern feudal-absolutistischer Machtentfaltung. Für den sich hier erst in Umrissen abzeichnenden Gegensatz von höfischem Verhalten und der auf den Menschen als Menschen ausgelegten empfindsam-zärtlichen Interaktionsweise muß diese enge Bindung einer stark typisierten – und als solche mit der feudal-hierarchischen Spitze identifizierten – Interaktion an die politische Machtverteilung Folgen haben: Denn in der Behauptung einer überlegenen Alternative, die zudem, wie gesehen, auf Universalität ausgeht, ist nicht nur die Geltung einer Interaktion herausgefordert, sondern zugleich auch die *in* ihr wahrgenommene Gesellschaftsstruktur selbst.

Nun ist die hier avisierte Frage nach dem Politischen an der Empfindsamkeit nicht neu. Ganz im Gegenteil. Vor allem die soziologisch orientierte (aber auch [neo-] marxistische) Forschung hat sich mit ihr beschäftigt. Allerdings, wie gleich zu sehen, mit einem eigentümlichen Vorurteil. Nicht zuletzt durch die scheinbar problemlose Evidenz von Wolf Lepenies Arbeit über resignatives Verhalten [1] – auch die DDR-Germanistik scheint hier keine Einwände zu machen – kommt man meist zu einem fast einhelligen Ergebnis, das bündig nur in einer schon paradoxen Wendung umschrieben werden kann. So zeige die Empfindsamkeit zwar sehr wohl ihre (auch) politische Qualität, allerdings sei diese genau von solcher Art, daß man das Politische wieder in Frage stellen muß. Jedenfalls drängt sich dieser Schluß angesichts der bekannten »Fluchtthese« auf, die die Empfindsamkeit als Fluchtphänomen, als resignatives Verhalten einer in ihren politischen Hoffnungen enttäuschten Klasse deutet und d.h. zugleich auch moralisch verurteilt. Richtig, so die oft explizit ausgesprochene Prämisse, allein der hier an die Empfindsamkeit angelegten politischen Moral akzeptabel, ist ein ganz anderes, gerade nicht sich in die Innerlichkeit flüchtendes Verhalten. Ein Vorurteil, das natürlich seine Konsequenzen für die Bewertung der Empfindsamkeit hat. So gehen Begriffe wie Flucht, Rückzug, Resignation Hand in Hand mit einer negativen Einschätzung der Empfindsamkeit insgesamt: Was einer nach geschichtsphilosophischem Idealismus konstruierten »historischen Notwendigkeit«, den »objektiven gesellschaftlichen Aufgaben«, nicht gerecht wird, findet bald auch nur noch als bloße Gefühlsschwärmerei, Egozentrik, Überspanntheit – und wie die oft bedenkenlos aus dem 18. Jahrhundert übernommenen Begriffe alle heißen – eine halbherzige Anerkennung oder offene Ablehnung. In aller Klarheit formuliert (z.B.) Renate Krüger diesen Nexus von angeblichem politischen Versagen, Fluchtphänomen und durchscheinendem politischem Negativ-Urteil: »Das deutsche Bürgertum, dessen Schwäche sich insbesondere in der Unfähigkeit zur Herausbildung eines einheitlichen Nationalstaates zeigt, flüchtete in die Innerlichkeit, in die Empfindsamkeit. Insofern charakterisiert das Zeitalter der Empfindsamkeit auch einen ausgesprochen reaktionären Aspekt der deutschen Geschichte am Ausgang des 18. Jahrhunderts.« [2]

Gegen diese repräsentative Verrechnung, die in der Empfindsamkeit nur den sozialpsychologischen Ausdruck (staats-) politischen Mißerfolgs und Fehlverhaltens sieht, müssen zwei Einwände erhoben werden.

So geht die Rechnung von einem zu eng gefaßten Politikbegriff aus. Politisch ist nur das Staatliche, das man hier, im 18. Jahrhundert, einfach gleichsetzt mit dem ›eigentlich‹ noch zu erkämpfenden bürgerlichen Nationalstaat oder dem faktisch dominierenden feudal-absolutistischen Ständestaat. Was sich nicht in diese Gleichung einfügt, sich nicht in den auf den Staat gemünzten Begriffen darstellt, gilt als unpolitisch. [3] Das letzte Wort hat die direkte Aussageebene des Diskurses selbst, seine vorgeblich unpolitische Rede vom natürlichen Menschen, vom Menschen als Menschen. Unberücksichtigt bleibt dabei die historisch-aktuelle Kräftekonstellation, in die ein Diskurs hineingestellt ist und die seine Geschichte, seine Durchsetzungschancen, selbst seine rhetorische Präsentation, entscheidend mitbestimmt. Einem ›leeren‹ Raum, der Diskurse von den (konkurrierenden) Geltungsansprüchen anderer (Diskurs-) Formationen frei hält, gibt es nur als eine das Politische unzulässig reduzierende Fiktion. Zum anderen unterschätzt die These von der Empfindsamkeit als einer Flucht vor politischer Verantwortung – und auch das geht auf das Konto einer zu engen Sicht des Politischen – die besondere Qualität von Fluchtprozessen. Einzig die offensiv ausgetragene, antagonistische Konfrontation in der Form des (direkten) Kampfes ist hier der akzeptierte Maßstab. Die produktiven Chancen der Flucht als einer genuinen Form der politischen Strategie, als einer eigenständigen Form der politischen Auseinandersetzung dagegen werden unterschlagen. [4] So kann die Flucht, weit entfernt von der Gleichsetzung mit Resignation und politischer Selbstaufgabe, die allein Erfolg versprechende Möglichkeit zur Behauptung der eigenen Position sein – jedenfalls dann, wenn der Gegner im direkten Angriff nicht geworfen werden kann. Genau dies aber ist eine politische Grundsituation, die, wie zu zeigen ist, auch für die Beschreibung des 18. Jahrhunderts ihre Plausibilität hat.

Im folgenden geht es dann auch nicht um die direkten, explizit gesellschaftskritischen Aussagen im Diskurs der Empfindsamkeit gegenüber dem feudalabsolutistischen Staat. Zwar lassen sich solche Formulierungen (vor allem nach der frühen Phase der Zärtlichkeit) nachweisen, doch reichen die entsprechenden Stellen nicht aus, um die Empfindsamkeit als Speerspitze einer militanten Gesellschaftskritik (neu) zu entdecken. Der Aufstand der Unterdrückten, die Revolution für eine bürgerliche Republik, steht wahrlich nicht auf ihren Fahnen.

Einen anderen Weg dagegen schlägt die hier unternommene systematische Gegenlektüre von höfischem Verhalten und empfindsamer Interaktion bzw. Sozialität ein. Sie leitet die Vermutung, daß die politische Qualität der Empfindsamkeit vor allem in der ihr eigenen Differenzqualität zu suchen ist und nicht in (weitgehend fehlenden) expliziten politischen Äußerungen. Zugleich ist dies auch ein Vorgehen, das um so berechtigter ist, als die aufklärerische Diskursformation, wie eingangs ausgeführt, durchgehend auf die Technik der dualistischen Polarisierung bei der Durchsetzung ihrer Ziele setzt. Und nicht zuletzt ist es diese politische Technik, die konsequente Nutzung der »allen Dualismen innewohnende[n] kritische[n] Funktion«, [5] die der Aufklärung ihren epochemachenden Erfolg ermöglichte.

Um das volle Ausmaß der hier postulierten Differenz zwischen empfindsamer und höfisch-aristokratischer Verhaltenssemantik ausloten zu können, muß auch die Gegenseite zu Wort kommen und zwar im Zusammenhang und ohne Zwang zur moralischen Rechtfertigung. [6]

Entsprechend seiner sozialen Herkunft aus dem Umfeld des Hofes und der höfischen Gesellschaft schreibt das »zivilisierte« Verhalten einen interpersonalen Umgang fest, der von gegenseitiger Konkurrenz und vom Streben nach Prestige geprägt ist. Man muß gefallen und sich der Gunst der sozial Höhergestellten versichern. So haben die Mitglieder dieser (höfischen) Ständegesellschaft im kleinen vor allem respektive Interaktionsregeln zu befolgen. Man darf, so eine Anweisung aus dem 17. Jahrhundert mit dem bezeichnenden Titel »Die Kunst bei Hofe zu gefallen«, »nicht schmeicheln, nicht widersprechen, sich unterwürfig zeigen«, muß aber immer »die Neigungen des Fürsten beachten und schweigen, wenn man nicht aufgefordert ist zu reden«. [7] Die strikt einzuhaltende Trennung zwischen dem Umgang mit gleich, tiefer oder höher Gestellten, allen voran den Fürsten, kennt keine Ausnahmen oder Freiräume. Ständig gilt es, auf der Hut zu sein, sind überall gezogene Restriktionen, (Be-) Achtungszwänge und Etiketteregeln zu erkennen. Wer sich behaupten will, der muß sich diesen Verhaltensgeboten fügen. Selbst der Umgang mit Freunden macht keine prinzipielle Ausnahme. [8] Gegenseitiges Vertrauen findet schnell seine Grenzen im durchgängigen Freund-Feind-Kalkül, ist doch die Umkehrung von Freund- in Feindverhältnisse jederzeit möglich. Dann aber muß ein einmal gezeigtes Vertrauen, ein zuviel an Offenheit sich rächen.

Der Zwang, sich einem derart ausgefeilten Zeremoniell zu unterwerfen, liegt in dessen eminent wichtiger Funktion für die sinnlich greifbare Repräsentanz adelig-höfischer Überlegenheit. Das »richtige« Verhalten hat seine Berechtigung als essentielles Mittel zur notwendigen Abgrenzung einer ständischen Spitze nach unten. Beide Momente, soziales Distinktionsmittel und zugleich Instrument eines allgegenwärtigen Konkurrenzkampfes, geben dem hochelaborierten, bis ins kleinste Detail hinein durchgearbeiteten Verhaltenskodex seinen Sinn: »Die Genauigkeit, mit der man in der höfischen Gesellschaft jeden Handgriff beim Essen, jede Etiketteaktion oder etwa auch die Art des Sprechens durchbildet, entspricht der Bedeutung, die alle diese Verrichtungen sowohl als Distinktionsmittel nach unten, wie als Instrument im Konkurrenzkampf um die Gunst des Königs für die höfischen Menschen haben.« [9]

In einer Umwelt, in der einer dem anderen seinen Vorteil streitig macht, in der ständig Rang und Einflußstreitigkeiten ausbrechen und mit den Mitteln der Intrige, List und Verschwörung gewaltfrei (es bleibt noch das oft illegale Duell) ausgetragen werden, zählt die Geheimhaltung zu den Voraussetzungen erfolgreicher Selbstbehauptung. In Gracians mit understatement vorgetragener (aber mit dem verräterischen Allquantor) Maxime Nr. 3: »Mit offenen Karten spielen ist nie gut.« [10] Dieses Geheimhaltungsgebot verlangt die Fähigkeit, Rolle und eigentliche Person unterscheiden zu können. Nach außen gibt man nur vor, was einem nicht schadet, nicht die eigene Position gefährdet. So conversiert man weitgehend unverbindlich, nur allgemein interessiert, nach den Regeln der politesse und honnêteté, ohne die eigenen Absichten zu erkennen zu geben und ohne den eigenen Binnenraum als Ort des wahren Selbstgefühls – und zugleich Ausgangspunkt aller strategischen Anschläge auf den Gegner – auch nur im mindesten für den anderen zu öffnen. Leutselig-offenes Verhalten wäre gleichbedeutend mit Selbstaufgabe. Geheimhaltung, will sie erfolgreich sein, bedarf in diesem strategischen Raum immer auch der taktischen Bedeckung, der täuschenden Verstellung. Man muß den Gegner in die Irre führen, ihn, wie der Höfling Gracian weiß, »über seine Absichten im Unklaren lassen«. [11] Geschickte Taktik führt den anderen, wenn nicht erklärter, so doch potentieller Gegner, bewußt und gezielt zu falschen Schlüssen, denn die hier empfohlene »kluge Verhaltensweise« »tut nie das, was sie zu tun wollen vorgibt [...]. Sie läßt eine Absicht deutlich werden, um die Aufmerksamkeit des Gegners dahin zu lenken, gibt sie aber sofort wieder auf und siegt durch einen Streich, den Keiner erwartet hat.« [12] Entscheidend für den Erfolg ist so ein ausgefeiltes psychologisches Wissen, das, zusammen mit einer scharfen Beobachtungsgabe, die vorgegebene Gleichmütigkeit oder gar raffinierte Verstellung des Gegners durchschaut und aufdeckt. Auch der geschicktesten Tarnung gelingt es nämlich nicht, die sinnliche Affektnatur als strategischen Schwachpunkt auszuschalten. Hier gilt es anzusetzen, um auch gegen den Willen des anderen Ziele und Strategien zu erkunden. Weit entfernt vom empfindsamen Glauben an die positive (Affekt-) Natur des Menschen, an Sympathie, Friedfertigkeit und Altruismus, interessieren die Affekte hier nur als verräterische Schwäche im universalen Konkurrenzkampf: »Jedes Übermaß derselben (d.s. die Affekte, N.W.) setzt die Klugheit herab; sprengt gar das Übel die Riegel der Zunge, so läuft die Ehre Gefahr.« [13] Wer nicht, unter welchen Umständen auch immer, die Selbstkontrolle durchhält, muß einem in der Manipulation und Kontrolle seiner Affekte überlegenen Gegner unterliegen. Wechselseitige Rücksichtnahme aus gegenseitiger Verbundenheit hat hier keinen Platz. Wer Erfolg in der (höfischen) Welt haben will, der darf sein Glück nicht in der affektiven Übereinstimmung einer zärtlich-empfindsamen Geselligkeit suchen. Was zählt, ist die Affektbeherrschung um des eigenen Vorteils willen: Wer also »in der Welt etwas nützliches ausrichten und ein rechtschaffenes Amt bedienen will«, so Christian Weises »politische« Empfehlung, »der muß die Leute in ihren Affecten in seinen Händen haben.« [14] Nur konsequent, daß man auch den interpersonalen Umgang selbst – und d.h. insbesondere die sprachliche Interaktion – unter primär strategischen Gesichtspunkten definiert. Von Interesse ist er daher vor allem als »Hilfs-Wissenschaft«, als eine kriegerische »Hermeneutik«, [15] die speziell dazu dient, »Das verborgene des Herzens anderer Menschen auch wider ihren Willen aus der täglichen

Konversation zu erkennen.«[16] Auch Thomasius »Erfindung«[17] fußt auf der gleichen Prämisse wie Gracians Schule machende Klugheitslehre; auch hier sieht man in den Affekten nicht voll beherrschbare Kräfte, die dem Scharfsichtigen immer einen Rest an Gezwungenheit, an »Affektation«[18] im Verhalten des Gegners offenbaren: eine Abweichung von dem, »was natürlich ist«[19] und aus der dann der »kluge Aufmerker«[20] die gegnerischen Absichten entschlüsselt.

Auch wenn der Erfinder dieser strategischen Affekt-Hermeneutik sich ausdrücklich an einen Fürsten wendet, auf ihre besondere Bedeutung »bei Hofe«[21] als Ort des »vornehmste(n) Stück(s) der Politik«[22] (d.i. die ars gubernandi oder Staatsklugheit) hinweist, so ist ihr Geltungsbereich ausdrücklich nicht auf den Hof allein, als dem Ort, der »Politik in höchster Potenz repräsentiert«, [23] beschränkt. Grundsätzlich, so Thomasius, kann man mit dieser Methode »alle Menschen, sie mögen von was Stande sein, als sie wollen«[24] erforschen. Politisch-kluges Verhalten ist nicht mehr nur Monopol der höfischen Gesellschaft, ist auch nicht mehr dem (traditionellen) Bereich der »Staatsklugheit« vorbehalten, sondern soll jetzt, zur Wende zum 18. Jahrhundert, seine Erfolg maximierenden Qualitäten auch in nicht-adeligen Gesellschaftsbereichen, beim »Weltmann und Bürger«, entfalten. Gut zu sehen ist diese Extension in der sozialen Reichweite strategischen Verhaltens in der nun zugleich einsetzenden außergewöhnlichen Konjunktur des Begriffs »politisch« bzw. »Politic«. Von seiner Herkunft her – so Henn-Schmölders – »dem Salonbegriff *galant* und dem diplomatischen *prudent* nicht weniger als [...] dem *honnête* des *honnête homme* und dem *savant* des *homme savant*«[25] verpflichtet, bezeichnet er jetzt in seiner tendenziell auf das gesamte »gemeine Wesen« ausgeweiteten Bedeutung ein strategisch-kluges, auf die erfolgreiche Durchsetzung eigener Interessen ausgelegtes Verhalten, das materiellen Erfolg – und d.h. auch persönliches Glück – kalkulierbar macht. Politik als erfolgsorientiertes, strategisches Verhalten avanciert zur allgemeinen, Öffentliches und Privates gleichermaßen bestimmenden Verhaltensmaxime. Hier ein entsprechender Definitionsversuch von Christoph August Heumann:

>»Nun wollen wir aufs kürzeste die rechte Natur der Politic untersuchen, und sehen, was denn ein rechter Politicus heisse. Kurz: die Politic hat die menschliche äuserliche Glückseligkeit zum Zweck [...] Daß aber die Politic zwo Haupt = Theile habe, lässet sich folgender massen erweisen. Nemlich ich sorge entweder vor meine eigene äuserliche Glückseligkeit in specie, oder vor die äuserliche Glückseligkeit einer gantzen Societät [...] Und also haben wir zwo Theile der Politic nemlich Politicam priuatam und Politicam publicam.«[26]

»Privatpolitic« und Staatspolitik (Moral und Politik) sind hier nicht nur vereinbar, sondern folgen dem gleichen strategischen Interessenkalkül eines universalen (Ver-)Gesellschaftungsprinzips. Auch das, was der Diskurs der Empfindsamkeit als ausschließlich personale Beziehung formuliert, die verdichtete zwischenmenschliche Geselligkeit zwischen Freunden oder in der Familie, beugt sich hier dem strategischen Blick. Freundschaften zu haben ist gut und nützlich, aber nicht als Bedingung gesteigerter Sozialität, sondern als strategischer Vorteil, kann man sich doch dann des anderen als einem Bundesgenossen in Zeiten der Not versichern. Gegenseitigen Beistand gewährt man sich auch nicht aus altruistischer Menschenliebe, sondern aus der jeweiligen situativen Interessenkonkurrenz heraus. Für einen friedvollen Umgang jenseits aller Strategie scheint es keinen Bedarf zu geben, zumindest gibt man einer personalen Nahwelt keinen eigenen Stellenwert. Für den Erfolg verzichtet man – natürlich in engen Grenzen – auf die ansonsten auch gar nicht überbrückbare Distanz zum Mitmenschen und nähert sich ihm nur als einem potentiellen Bündnispartner. Ausschlaggebend für die Wahl von Freunden ist so einzig die Identität der Interessen, denn Freunde können nur diejenigen sein – so ein ausführlicher Kommentar zu Gracian aus der ersten Hälfte des 18. Jahrhunderts – »deren interesse vollkommen mit dem unsrigen verbunden sey, damit die gewogenheit dieser letztern der eifersucht und denen widrigen unternehmungen jener erstern [deren Interessen konträr liegen, N. W.] in genugsamer proportion das gegen = gewicht halten möge.« [27]

In der Festlegung des Einzelnen auf die Behauptung und möglichst erfolgreiche Durchsetzung eigener Interessen konvergieren (interpersonale) Interaktion und höfisch-absolutistische Gesellschaft in einem primär politischen (und nicht [z.B.] ökonomisch dominierten) Sozialsystem. Oder anders gewendet: zwischen Interaktionsmoral und Gesellschaft besteht keine – oder doch zumindest keine prinzipielle – Differenz. Wie eng beides aufeinander abgestimmt ist, beweist die zentrale Bedeutung askriptiver Personenmerkmale. Als signifikante Qualifikation für eine ständestaatliche Gesellschaft entscheiden sie sowohl über den Rang in der sozialen Hierarchie als auch über Aufnahme und Gestaltung des interpersonalen Umgangs. Wichtig ist daher das standesgemäße Auftreten, der genau kalkulierte ›Eindruck‹ in der Gesellschaft, den wesentlich die hohe Geburt sowie ein ostentativ entfalteter Reichtum bestimmen – und nicht rein-persönliche, empfindsam-zärtliche Tugendqualitäten.

Gegenüber diesem Block von feudal-hierarchischen Sozial- und Machtstrukturen, dessen Prinzipien und Probleme eine ihm kongruente, »politisch« motivierte Interaktion abbildet, formuliert der Diskurs der Empfindsamkeit, wie gesagt, keine explizite, gar gesellschaftstheoretisch durchartikulierte Kritik: eine (staats-) politisch alternative Gesellschaftsorganisation ist kein Thema. Gleichwohl aber unterläuft die Empfindsamkeit den Primat einer ethisch indifferenten Politik als soziale Handlungsrationalität und zwar auf eine zugleich auch für die Aufklärung typische Weise. Ihr Modell einer durchmoralisierten, ganz auf Gleichheit und gegenseitige Zuwendung ausgerichteten und so zugleich auch weitgehend makrostrukturfreien, rein menschlichen und natürlichen Verkehrsform, setzt eine weit über die bloße Divergenz von Interaktionsregeln hinausgehende, kritisch-ablehnende Distanz. Denn der ›Mensch an sich‹ meint immer schon das Universal Menschheit und impliziert damit zugleich einen die Gesellschaft umgreifenden Geltungsbereich: empfindsame Interaktionstheorie ist so Gesellschaftskritik. Sie ist, um einen Ausdruck N. Luhmanns zu gebrauchen, »apokryphe Gesellschaftstheorie«. [28]

Eine der klassischen Kritikfiguren der Empfindsamkeit arbeitet dann auch genau mit dieser in ihrem Geltungsanspruch unbegrenzten Interaktionsmoral. In unerschütterlicher Selbstgewißheit setzt man die überlegene Tugend- und Gleichheitsmoral einer natürlichen Menschlichkeit gegen einen eindeutig negativ konnotierten ›Hof‹ als dem Ort sittlichen Verderbens (und nicht als Verkörperung einer politisch ungerechten Institution). Schon in Gellerts »Schwedischer Gräfin« gibt es einen »Prinzen von S«, von dem es gleich heißt, daß er »bei Hofe alles galt« [29] und der durch sein egoistisches, intrigantes Verhalten allererst den Handlungsverlauf als immer neue Bewährung der Tugendhaften in Gang setzt. Nur auf die Befriedigung seiner – und das ist in der Sündenkartei des so moralischen 18. Jahrhunderts natürlich besonders verwerflich – sinnlichen »Wollust« aus, stellt er der (verheirateten) Gräfin nach bzw. versucht schließlich, seinen Mißerfolg zu rächen. Beide Affekte aber, um das noch einmal zu betonen, stehen in direktem Gegensatz zu dem »sanften« Affektideal der Empfindsamen.

Führt Gellerts Roman die zur Empfindsamkeit negative Gegenseite selbst nur sehr knapp aus, beschränkt sich seine Darstellung auf den Hof als einen Ort der äußeren Gefährdung, der die Tugend-Helden im Verlauf der Geschichte zu den schönsten Demonstrationen ihrer Tugendstärke nötigt, so erreicht diese Technik der oppositiven Kontrastierung in dem 1771 erschienenen, womöglich auch noch erfolgreicheren Roman »Geschichte des Fräuleins von Sternheim« einen Höhepunkt: [30] hier wird sie zum tragenden Strukturprinzip. [31] Bis in kleinste Details hinein wird eine der Empfindsamkeit fremde Welt längs der ihr eigenen Prämissen und Werte durchbuchstabiert. [32] Personifiziert – und so in erzählbare Handlung umgesetzt – werden die Perfektionsansprüche des Diskurses in der ›Unschuld vom Lande‹, dem titelgebenden »Fräulein von Sternheim«. Doch, wie es kommen muß, widrige Umstände (und nicht zuletzt die strategischen Pläne der »Tante«, die die attraktive Tugendsame um eigener Einflußchancen willen dem Fürsten zuspielen will) zwingen Sophie an den Hof: selbstredend eine Ausgangskonstellation, die der oppositiven Gegenüberstellung breiten Raum eröffnet. Schon der erste Brief aus dieser »ganz neuen Welt« [33] geht auf die nun schon bekannten Unvereinbarkeiten aus. Sei es nun, daß der Betrieb am Hof ihr nur an »ländliche Ruhe gewöhntes Ohr« [34] stört oder, ein nicht minder konventioneller Topos der Hofkritik, daß man sich der durch Unterwürfigkeit und Selbstsucht motivierten Schmeichelei der Untergebenen erwehren muß: »Aber was heißt der Beifall derer, welche ihren Nutzen von mir suchen?« [35] Doch La Roches Text erschöpft sich nicht in diesen traditionellen Formeln einer

»politischen Idyllik« zur Abwertung höfischer Lebensform. Was beeindruckt, ist die Detailgenauigkeit, die der Opposition erst ihre Überzeugung gibt. So wird der Leser, gleichfalls noch im ersten Brief, Zeuge, wie man die einfach-natürliche, ganz ungezwungene Sophie (auf Anweisung ihrer Tante) für ihre erste »Erscheinung«[36] herrichtet. Alles hat sich dem Ziel der maximalen Wirkung zu fügen, dem bestmöglichen Eindruck auf eine nur nach Äußerlichem urteilende Hofgesellschaft. Äußere Erscheinung als angemessener Ausdruck *innerer* Werte – und das wäre, darüber läßt die Heldin keinen Zweifel, allein angemessen – ist hier kein Maßstab. Nur folgerichtig, daß die Empfindsame ausführlich all die Einzelheiten dieser ›Herrichtung‹ vorzitiert. Da muß der natürliche Fall der Haare der »Mode« weichen, sind aufwendige und je nach der Gelegenheit genau abzustimmende Kleider anzuschaffen etc. Doch all dies bleibt nur Oberfläche, die den ›inneren‹ Tugendcharakter nicht korrumpieren kann: »Gott verhüte«, so die sich um ihre Tugend sorgende Sophie, »daß diese Unähnlichkeit ja niemals weiter als auf die Kleidung gehe!«[37]

Noch verstärkt und in ihrer Wirkung auf den Leser intensiviert wird diese Gegenläufigkeit durch die durchgehend benutzte Technik des polyperspektivischen Briefromans. In der direkten, scheinbar authentischen Wiedergabe auch und gerade jener Briefe, die der negative Widerpart, Lord Derby – ganz dem »Lovelace« aus Richardsons ›Clarissa‹ nachgeschrieben – an seine Verbündeten schreibt, entlarvt sich die moralische Verderbtheit der höfischen Umgangs- und Gemeinschaftsnormen. Seine dramatische Zuspitzung findet dieser Widerspruch zwischen Moral und politischer Interessenverfolgung im Anschlag Derbys. Den »ruchlosen«, »abscheulichen«, »arglistigen« (usw.) Derby reizt die Empfindsame gerade in ihrer Andersheit, in ihrem Widerstand gegen die Konventionen der höfischen Gesellschaft – und richtig erkennt er in dieser standhaft behaupteten Moralität zugleich ihre Schwäche. Bloße Schmeichelei, galante Aufmerksamkeit, protzige Geschenke und was sonst noch zu der hier üblichen Eroberungstechnik gehört, verfängt nicht bei der so ganz anderen: »Von allem, was Fürsten geben können, liebt sie nichts. Das Mädchen macht eine ganz neue Gattung von Charakter aus.«[38] Seine neue Strategie, bestehend in ihrer Konsequenz, setzt genau hier an. Da Derby als Höfling die Kunst der Verstellung perfekt beherrscht, spielt er eben – aber nur dann, wenn er sie in der Nähe weiß oder sicher sein kann, daß sie es erfährt – den Redlichen und Mitleidigen. Der Gipfel der Perfidie ist erreicht, wenn empfindsam-moralisches Verhalten zum strategischen Kunstgriff blanker Unmoral verkommt: Derby sind alle Mittel recht. Als man ihm die gerührte Anteilnahme seines Opfers an der Not einer Familie berichtet, wittert er seine Chance und nutzt die Gelegenheit sofort, um sich, scheinbar im Verborgenen, aber doch genau wissend, daß die, um deren ›Gunst‹ es ihm allein geht, Zeuge seines tätigen Mitleids ist, als großzügiger und vor allem selbstlos-bescheidener Wohltäter in Szene zu setzen. Sein Plan läßt sich gut an. Auch Sophie zieht den allen Empfindsamen einzig möglichen Schluß, daß eine solche (vorgeblich) »freie, allen Menschen unbekannte Handlung [...] unmöglich Heuchelei sein (kann).«[39] Doch dem Leser, in das falsche Spiel eingeweiht, ist diese gewissenlose List der letzte und zugleich deutlichste Beweis für die Unmoral der politisch-strategischen und ihrem Kontext nach eindeutig höfischen Verkehrsformen. Was könnte schlimmer sein als der Mißbrauch empfindsamen Verhaltens zu unmoralischen Zwecken?

Daß diese detaillierte – und wie am Beispiel gesehen – breit ausgeführte Gegensätzlichkeit von politisch-höfischer und empfindsamer Interaktionsrationalität Zufall sein soll, scheint fraglich. Zu groß ist die nur durch ein Vorzeichen geschiedene Entsprechung. Ein Befund, der zu weiteren Überlegungen herausfordert. Könnte diese exakte Opposition nicht genau dasjenige Moment sein, an dem sich die Ausformulierung der Empfindsamkeit maßgeblich ausrichtet? Gewinnt der Diskurs der Empfindsamkeit nicht seine Konturen erst in der *Negation* einer im strategischen Kalkül gegründeten Rede vom Menschen bzw. der einer solchen Anthropologie folgenden Interaktionsmoral?

Eine Erklärung, die zudem den gerade dem Diskurs der Empfindsamkeit eigenen (und oft in der Rückschau fraglos übernommenen) Schein der Ursprünglichkeit und substantiellen Identität untergräbt. Was der Diskurs in seinem Geltungsanspruch für allgemeinverbindlich ausgibt, was für den Menschen selbst, ohne jede institutionelle Brechung gültig sein soll, steht jetzt in einem anderen Licht: Das in universaler Manier fixierte Interaktions- und Sozialitätsgebot des Empfindsamkeitsdiskurses erscheint als ›bloße‹ *Umkehrung* einer bereits vorgegebenen Bedeutungseinheit. Und genau dieser Negation, so ließe sich weiter vermuten, verdankt die Empfindsamkeit ihre für kurze Zeit epochentypische Evidenz.

In der Tat ist die genaue Punkt-zu-Punkt Zuordnung beider Bedeutungsreihen frappierend. So negiert die Empfindsamkeit das strikte Geheimhaltungsgebot, um bei einer zentralen Stelle zu beginnen, aufs genaueste mit ihrer Forderung nach gegenseitiger Zugänglichkeit und interpersonaler Transparenz.[40] Oder, die Reihe fortsetzend: die auf die Vermeidung offener Feindseligkeit ausgelegte Taktmoral, die den (potentiellen) Konkurrenten Zurückhaltung im gegenseitigen Umgang, sowie die Begrenzung auf möglichst unverbindliche Themen (oder Intensitäten) empfiehlt, diffamiert die Empfindsamkeit als bloße Oberflächlichkeit, der gegenüber sie die wahre – d.h. prinzipiell grenzenlose – Anteilnahme am anderen als einem moralisch integren Individuum formuliert. Mit dem genauen Gegenteil beantwortet sie auch deren feine Standeshierarchie und die damit verbundenen respektiven Achtungsregeln. Ihre Gleichheitsmoral kennt nur innere Tugendqualitäten, respektiert nur den ›Adel der Seele‹ (oder des Herzens). In einer weiteren Umkehrung konterkariert die Empfindsamkeit den Zwang zur Distanz, zur taktischen Zurückhaltung, mit der expliziten Forderung nach gegenseitiger Durchdringung und »rührender« Anteilnahme als Grundbedingung für die empfindsame Geselligkeit. Und was dort die »Erscheinung«, die kunstvolle Beherrschung von Etikette und Konvention, ist dem Empfindsamen allenfalls eine Fähigkeit unter vielen. Was zählt, ist die moralische Empfindungsfähigkeit, die Sensibilität für das Gute. Empfindsame Geselligkeit bedarf keiner glänzenden Repräsentation, keiner »künstlichen«, in Höflichkeits- und Respektformeln erstarrten (Hof-)Sprache. Sie bescheidet sich mit der vorgeblich antikonventionellen, letztlich natürlich nicht minder schematisierten Rhetorik der »sanften« Leidenschaften. Aus diesem ethischen Rigorismus heraus verwirft die Empfindsamkeit das egoistische Streben nach sozialem Prestige oder materiellem Erfolg als unmoralischen Egoismus, verweigert jedes Verständnis für die Erfordernisse erfolgreicher Selbstbehauptung, wie sie ein allgegenwärtiges Konkurrenzsystem verlangt.

Hier kann die Aufzählung der signifikanten Oppositiva abbrechen: die negative Ausrichtung der Empfindsamkeit auf die Lebens- und insbesondere Umgangs- und Gemeinschaftsformen der höfisch-aristokratischen Elite ist überdeutlich. Auch braucht es gar keines vollständigen Durchgangs durch den gesamten Katalog der Oppositionen, wie das in selten vollständiger Form La Roches Roman vorexerziert. Wahrscheinlich reichen zur Evokation dieser Differenz schon verdeckte Hinweise und Anspielungen, um den zeitgenössischen Leser an die in den (positiven) Aussagen der Empfindsamkeit negierte Folie zu erinnern. Eine Vermutung, die an Plausibilität noch gewinnt, wenn man sich vergegenwärtigt, welch starke Sinnfälligkeit diesen mit eindeutiger (Be- bzw. Ab-)Wertung aufgeladenen Kontrast auszeichnet. Über politische Differenzen kommuniziert man nicht in den ›fachspezifischen‹ Begriffen organisatorischer Strategie oder abstrakter Zielperspektiven, sondern in der viel leichter und direkter in die Lebenswelt der Subjekte anschließbaren Sprache zwischenmenschlicher Verkehrsformen.

Die Art und Weise, wie der Diskurs der Empfindsamkeit diesen Gegensatz von Interaktions- und Gemeinschaftsformen zum Antagonismus hin ausweitet, ihn bis zur völligen Einseitigkeit steigert, gibt dabei nicht nur Aufschluß über dessen innere Architektur. Bestätigt wird auch (erneut) die schon mehrfach angesprochene generelle Vorgehensweise aufklärerischer Kritik. Auch sie hat ihr Kalkül in der einseitig aufgeladenen Differenz zwischen Aufgeklärtem und Un-Aufgeklärtem. Differenzpunkt ist der starke *Gesellschaftsbezug* der höfisch-klugen Verhaltensrationalität: Politik als gemeinsame Orientierung für Staat, Gesellschaft und Gemeinschaft diskreditiert die Empfindsamkeit mit ihrer Rede vom natürlich-moralischen Menschen, der sich frei von jeder institutionellen Einbindung (und Verantwortung!) in einer friedvollen Geselligkeit zusammenfindet. Man glaubt sich überlegen durch die Moralität der eigenen Position, ja man erklärt die eigene ideale Interaktionsmoral zum einzigen Maßstab. An einem

Urteil über die Gegenseite, das auch historische und funktionale Argumente berücksichtigt, ist man nicht interessiert. Hier geht es nicht um Verständigung, um Ausgleich oder Vermittlung, sondern um Konfrontation. Sie ist das treibende Gefälle, aus dem die Empfindsamkeit ihre politische Stärke gewinnt. In dem Maß aber, wie man die behauptete Überlegenheit auf eine gesellschaftsferne, in ihrer Überhöhung deutlich schon utopische Moral gründet, wird das Urteil der Empfindsamkeit über die höfische Welt wesentlich ein *polemisches*. [41] Denn eine solche vollkommen makrostrukturfreie, ausschließlich moralische Interaktionsrationalität, die ihre Perfektion in der gegenseitigen Durchdringung und in einer völligen Pazifizierung des zwischenmenschlichen Umgangs sieht, ist, gemessen an den Realitäten der Gesellschaft, eine Unmöglichkeit. Doch die Idealität hat durchaus eine reale Funktion. Der prinzipiell uneinholbare Anspruch auf Moralität – und darauf hat wohl zuerst Carl Schmitt aufmerksam gemacht – zeigt, trotz der vorgeblich unpolitischen Intention, eine ›hochpolitische Verwertbarkeit‹ [42]. Wer diese ideale moralische Norm für sich reklamieren kann, bedroht zugleich den Gegner mit der nicht mehr zu überbietenden Degradierung zum ›Un-Menschen‹. Und genau in dieser polarisierenden Negation offenbart sich der dem Diskurs der Empfindsamkeit eigene politische Sinn – ein Ergebnis, das Schmitts Deutung der politischen Semantik des 18. Jahrhunderts voll bestätigt: ›Der humanitäre Menschheitsbegriff des 18. Jahrhunderts‹ – an dessen Konzeptualisierung und Verbreitung die Empfindsamkeit maßgeblichen Anteil hat – ›war eine polemische Verneinung der damals bestehenden aristokratisch-feudalen oder ständischen Ordnung und ihrer Privilegien. Die Menschheit der naturrechtlichen und liberal-individualistischen Doktrinen ist eine universale, d.h. alle Menschen der Erde umfassende soziale Idealkonstruktion, ein System von Beziehungen zwischen einzelnen Menschen, das erst dann wirklich vorhanden ist, wenn die reale Möglichkeit des Kampfes ausgeschlossen und jede Freund- und Feindgruppierung unmöglich geworden ist. In dieser universalen Gesellschaft wird es dann keine Völker als politische Einheiten, aber auch keine kämpfenden Klassen und keine feindlichen Gruppen mehr geben.‹ [43] Entgegen dem scheinbar ›unpolitischen‹ Vokabular besitzt auch und gerade die Empfindsamkeit jene für die Aufklärung weitgehend typische ›indirekte‹ politische Qualität. Auch wenn die Empfindsamen mit Politik selbst nichts zu tun haben, so leben sie doch – in leichter Abwandlung einer Formulierung von Reinhart Koselleck – nach einem Gesetz, das, wenn es herrscht, einen Machtwechsel überflüssig macht. Im polemischen Ausspielen von Moral gegen Politik setzt auch und gerade die Empfindsamkeit auf das, wie Koselleck es an der bürgerlichen Geschichtsphilosophie des 18. Jahrhunderts nachgewiesen hat, ›indirekte Verhältnis zur Politik: die Utopie‹. [44] Nur die Utopie, der die Distanz zu dem realen sozialen Macht-Verhältnissen essentielles (Formulierungs-)Prinzip ist, kann angesichts einer in direkter Opposition gar nicht angreifbaren Sozial- und

Herrschaftsordnung – und die als solche auch gar nicht als Gegenstand der
sozialen Kommunikation zugelassen ist – den notwendigen Raum für die Ausformulierung einer Antithese freigeben.

Zugleich relativiert diese konsequent auf die Möglichkeit einer politischen
Verwertbarkeit hin vorangetriebene Rekombination des Empfindsamkeitsdiskurses die häufig gestellte und nicht selten auch sehr konträr diskutierte Frage, ob
die Empfindsamkeit ein bürgerliches Phänomen sei oder nicht. [45]

Schon die (daran sei hier noch einmal erinnert) theoriestrategische Entscheidung für die Diskursanalyse unterläuft die tragende Grundprämisse dieser Fragestellung: Diskurse stehen quer zu dem wissenssoziologisch unfruchtbaren
ontologischen Dualismus von ›Wirklichkeit‹ und ›Modell‹, entziehen sich der
Reduktion auf vorrangige Realitäten. Doch die Erklärungsschwäche einer reduk-
tionstechnisch verfahrenden Sozialwissenschaft offenbart sich selbst – wenn sie
nur ein tiefenscharfes Differenzierungsniveau anstrebt. Zwangsläufig, so scheint
es, halten dann bislang immer wieder aufgenommene Fragestellungen und Ar-
gumentationsweisen der Prüfung nicht stand. Peter Uwe Hohendahls Analyse
der Empfindsamkeit anhand ausgewählter Romane führt genau dies vor. Explizit
vertritt er den Anspruch, über die bis dahin (aber auch wieder danach) gültigen,
allzu grobmaschigen Deutungsmuster, wie das von der Empfindsamkeit als
›bürgerlichem Fluchtphänomen‹, hinauszugelangen. Seine Forderung, nicht mehr
»ein präformiertes sozialgeschichtliches Deutungsschema anzuwenden, das mit
Stereotypen operiert und folglich die Literatur des 18. Jahrhunderts gewaltsam
auf einen bekannten sozialgeschichtlichen Nenner bringt«, [46] zeigt dann auch
den nicht überraschenden Erfolg, daß sich in der Empfindsamkeit »keinesfalls
[...] ein eindeutiges Klasseninteresse spiegelt«, sie vielmehr »ideologisch [...]
höchst unzuverlässig (ist).« [47] Sicher zu belegen – und dies liegt ganz auf der
hier verfolgten Linie – ist allein, daß »an der Empfindsamkeit teilzuhaben bedeutet, menschlich zu sein und nicht bürgerlich oder aristokratisch.« [48] Aber diese
als universal gesetzte Menschlichkeit ist kein substantieller ›bürgerlicher‹ Wert,
sondern, wie gezeigt, ein polemisch zugespitztes Ausschließungsprinzip, das zwar
sehr wohl in der sozialen Kräftekonstellation (speziell) des 18. Jahrhunderts eine
deutliche politische Qualität besitzt, jedoch keineswegs in der ja allererst in
solchen Abgrenzungs- und Identifikationsmustern sich artikulierenden Klassen-
opposition von Adel und Bürgertum aufgeht. Die gegenüber gesellschaftsbe-
zogenen Verkehrsformen gegenstrukturelle Ausrichtung der Empfindsamkeit
erschließt ein Kritik-Potential, das sich nicht in der Stoßrichtung gegen die
absolutistische Hofgesellschaft erschöpft. Denn muß nicht auch eine sich ver-
wirklichende bürgerliche Gesellschaft in die Schußlinie einer rein menschlichen
Sozialität, eines nur in der Zuwendung zum anderen sich realisierenden Subjekts
geraten?

Wenn also die Empfindsamkeit auch ›nur‹ eine indirekte politische Methapher sein kann, [49] so hat sie gleichwohl in dieser sinn-vollen, leicht an die Lebens-welt nichtadeliger, meistenteils städtischer Bürger anschließbaren Metaphorisie-rung der politisch-sozialen Realität ein besonderes *Erfolgsmoment.* Um zur Ge-meinschaft der Empfindsamen zu zählen, braucht man kein besonderes Wissen über politisch-soziale Zusammenhänge (einschließlich möglicher und/oder wün-schenswerter Alternativen zu bestehenden Ordnungen), noch gar die exklusive (Standes-)Geburt oder eine besonders ausgewiesene Leistung in den − gerade Nicht-Adeligen offenstehenden − sozialen Subsystemen, wie z.B. Bürokratie, Wissenschaft oder Jurisprudenz. Ausreichen soll schon der bloße Vollzug jener natürlich-menschlichen Verhaltensregeln, die als Lohn das private, zugleich als Steigerung der eigenen (Tugend-)Natur empfundene Glück einer intensiven Geselligkeit verheißen. Doch wer die Regeln der Empfindsamkeit beherrscht, sich und seine Umwelt nach ihrem Bild wiedererkennt − und das ist natürlich nicht gleichbedeutend mit der Einsicht in die (Erfahrung generalisierende) Funk-tion des Diskurses! −, dem steht zugleich eine *Differenz-* und damit auch *Identi-tätserfahrung* offen, die den Empfindsamen von der ständischen Gesellschaft mit ihrer gleichnamigen (d.i. politischen) Regelung von ›privater‹ und ›öffentlicher‹ Handlungsrationalität distanziert. Auf das Feld der sozialen Kommunikation projiziert, geht der Erfolg des Empfindsamkeitsdiskurses auf Kosten des poli-tisch-klugen, voll in das absolutistische Gesellschaftsbild eingepaßten Verhal-tenskonzepts. Seine Geltung als verbindliches Orientierungsmuster geht verlo-ren. Abzulesen ist dieser Bedeutungs-Wandel an der Begriffsgeschichte von »Politicus«. Noch bis etwa zur Mitte des 18. Jahrhunderts, so die Auskunft Gotthardt Frühsorges, führen alle Lexika und verwandte Schriften das Stichwort »Politicus« − d.i. einer, der die politische Klugheit als Verhaltensorientierung beherrscht und erfolgreich einzusetzen weiß − mit einer mehr oder weniger ausführlichen Beschreibung.[50] Dann aber, mit den 50er Jahren beginnend, werden die Eintragungen spärlicher und zu Beginn des »19. Jahrhunderts ist der Wortgebrauch ungebräuchlich; der Politicus ist eine vergessene Figur.«[51] Zu-gleich mit dem quantitativen Rückgang der Eintragungen macht sich auch eine wachsende Bedeutungsverschlechterung bemerkbar, die, wohl unter dem Druck der im Zeichen der Empfindsamkeit anlaufenden Moralisierung, unter ›politisch handeln‹ nur noch die ethisch indifferente oder bereits negative Verfahrenstech-nik im Dienste egoistischer Interessendurchsetzung versteht. Privat und poli-tisch kommen nicht mehr zur Deckung, sondern tendieren mit der Anreicherung des Privaten durch empfindsam-zärtliche Bedeutungsgehalte zunehmend zu einem antagonistischen Widerspruch. Im Rückblick auf die Geschichte der bür-gerlichen Gesellschaft zeigt sich hier eine weitreichende Entwicklung, spiegelt sie doch die Abwertung einer vornehmlich politischen, Individuum und Staats-räson direkt vermittelnden Sozialitätskonzeption zugunsten einer zur moralisch überlegenen Alternative hochgezogenen empfindsamen und privaten Nahwelt.

Hier schon zeichnet sich ab, was man erst in einem fortgeschritteneren, stärker die Grenzen des Empfindsamkeitsdiskurses ausreizenden Stadium formuliert: Die mit der Ausdifferenzierung der Empfindsamkeit zum Programm gewordene Distanz von Staat und Gesellschaft (Gemeinschaft) bringt mehr und mehr das private, vermeintlich gesellschaftsautonome Individuum in Szene, erlaubt schließlich seine Hypostase zur einzigen, die Gesellschaft aufwiegenden oder gar schon ersetzenden Orientierungsperspektive.

>Die Neigung sich mitzutheilen
und das Gute, dessen man genießt, zu vervielfältigen,
ist der Seele so eingepflanzt,
als der Trieb sich zu erhalten.«*

6. AUSFORMULIERUNG, EXPANSION, GELTUNGSGEWINN – DAS FELD DER EMPFINDSAMEN REDE

Die Geschichte der Empfindsamkeit im 18. Jahrhundert ist eine Erfolgsgeschichte. Das beweist die Anerkennung als literarischer und kulturhistorischer Epochenbegriff. Über den Erfolg entschieden scheint bereits vor den 70er Jahren des Jahrhunderts, noch vor solchen (Markt-)Erfolgen wie dem »Werther« (1774) oder dem »Siegwart« (1776).

Den Durchbruch markiert vielleicht schon die außergewöhnliche Popularität Gellerts, sicherlich aber die sofort nach der Übersetzung von 1768 einsetzende stürmische Rezeption, ja Imitation der »Sentimental Journey« (1768). Peter Michelsens Arbeit über »Laurence Sterne und den deutschen Roman des 18. Jahrhunderts« nennt dann auch nicht weniger als 45 deutsche Nachahmungen dieser »Empfindsamen Reise« (ohne die Übersetzungen aus dem Englischen und Französischen), die zwischen 1765 und 1805 auf den deutschen Buchmarkt kamen! [1]

Doch die Popularisierung, die sich hier abzeichnet, ist nicht begrenzt auf singuläre Verkaufserfolge oder besonders erfolgreiche literarische Gattungen, wie den empfindsamen Reiseroman oder Briefroman. Sehr viel breiter gestreut läßt sich nämlich bei einer wachsenden Zahl von Texten eine – um Gerhard Sauders Formulierung zu benutzen – »empfindsame Tendenz« [2] feststellen. Verbreitung und Bekanntheit empfindsamer Elemente und Schreibweisen nehmen derart zu – was ohne die starke Expansion des gesamten sozialen Kommunikationssystems im letzten Drittel des Jahrhunderts (vgl. Kap. 2) nicht zu denken ist –, daß jetzt weitausholende Erklärungen über das, was man unter Empfindsamkeit zu verstehen habe, wegfallen können. Manchen Zeitgenossen scheint die Präsenz der Empfindsamkeit bereits so stark, daß sie – in polemischer Absicht? – die Empfindsamkeit sogar zum allgemeinen Epochencharakteristikum erklären.

Jedenfalls – und das allein kann nur der Schluß aus dieser erstaunlichen Verbreiterung der Textbasis sein – verdient der quantitative Erfolg des Empfind-

* Moses Mendelssohn

samkeitsdiskurses schon allein als solcher Interesse. Er ist weder bloße Mode, noch reines Epiphänomen, das nur das skandalöse Ausmaß jener vielzitierten »Flucht in die Innerlichkeit« anzeigt. Vielmehr muß bereits die Existenz einer solchen Kommunikation des Herzens, die nicht mehr ständischen bzw. feudal-absolutistischen Reglements gehorcht, als ein gewichtiges Moment sozialen Wandels gelten. Eben das aber wird übersehen, wenn man, um noch einmal an die Diskussion der »Flucht-These« zu erinnern, die Empfindsamkeit einzig als direkten Ausdruck politisch-moralischen Fehlverhaltens deutet und damit zugleich als historisches Phänomen abwertet. Dagegen ist das *produktive* Moment der Flucht oder, um in der politischen Sprache zu bleiben, ihr strategisch-taktisches Potential stark zu machen. Es gilt, wie Adolf Muschg in einer bemerkenswerten Rede über den ›Fall‹ Goethe formuliert, »Flucht als Produktionsmittel«[3] zu begreifen. Ist es nicht gerade dieses so oft diskreditierte Ausweichen, das Fliehen in nicht besetztes Gelände, das erst einen gegenüber den Geboten ständisch-absolutistischer Ordnung weitgehend eigenständigen Diskurs ermöglicht? Statt nur von dem auszugehen, was Geschichte hätte sein sollen, interessiert zunächst die innovative Seite einer neuen, quer zur ständischen Ordnung stehenden Kommunikationsweise. Auf sehr abstrakter Ebene ließe sich auch hier bei der Einsicht in die differentielle Struktur von Bedeutung ansetzen. Bedeutung hat nicht nur der jeweils explizit ausformulierte Gehalt eines Diskurses, auch die Differenz *zwischen* den Diskursen eröffnet Chancen für eine Aktualisierung von Sinn. Durch die Ausdifferenzierung einer semantischen Variation verändern sich so bis dahin geltende interdiskursive Relationen, mit der Folge, daß das, was fraglos gültig schien, jetzt auch aus anderer Perspektive gesehen werden kann und damit offen wird für Relativierung, Kritik oder gar Negation. Auf eine knappe Formel gebracht hieße dies, daß gerade die wechselseitige Perspektivierung die Chance für semantische Innovation und damit auch für alternative Orientierungsmöglichkeiten erhöht.

Zurück zur Erfolgsgeschichte des Diskurses: Wie weit kann der Erfolg der Empfindsamkeit überhaupt gehen? Hat er implizite Grenzen? Dazu sei an die funktionale Perspektive erinnert, unter der sich der Diskurs der Empfindsamkeit zusammenfügt. Sagbar – und d.h. immer auch für konkrete Interaktionsbezüge offen – wird eine über traditionale Bindungen hinausgehende Tiefendifferenzierung personaler und interaktioneller Strukturen, die speziell die Erlebnis- und Handlungschancen im Bereich einer ›reinen‹, von gesellschaftlichen Anforderungen freien Sozialität steigert und zwar bis hin zu (und davon wird noch zu sprechen sein) extremen Anspruchsniveaus[4]. Doch dieser gesteigerten Individualität sowie der ihr entsprechenden Form von Geselligkeit müssen zugleich auch die Risiken in Rechnung gestellt werden, die eine solche Spezialisierung der Kommunikation provoziert. Denn genau diese Konzentration, so ist zu vermuten, hat den auffälligen Trend nach stets höheren Formulierungsniveaus zu verantworten. Ein gesteigertes Formulierungsniveau erschwert jedoch die Vereinbarkeit der Empfindsamkeit mit der Gesellschaft, da die »Welt« nie nur den Regeln positiver Zuwendung folgt. Je stärker der Diskurs in Richtung auf ein ganz nach der Empfindsamkeit individualisiertes Subjekt läuft, das sich aus einer wesentlichen von Politik und Ökonomie geprägten Welt zurückzieht, um so problematischer muß die Rückbindung des Empfindsamen an die Gesellschaft werden. Ist diese Konfliktlage zwangsläufig? Gibt es Lösungsangebote? Mögliche Antworten sollen nicht vorweg genommen werden, doch zu erwarten ist, daß von der Behandlung dieses Problems soziale Plausibilität und damit auch Geltung und Reichweite des Empfindsamkeitsdiskurses abhängen. Denn wie kann sich ein Diskurs, der seine Leitbegriffe wenn nicht konträr, dann doch immer in entschiedene Distanz zur Gesellschaft stellt, in eben dieser Gesellschaft etablieren?

>»Man kann alles erzählen –
>nur nicht sein wirkliches Leben«*

>»Meine Feder wiederholte hier den
>Gang meiner Empfindungen
>von dem ganzen Tage«**

6.1. Selbst-Offenbarung und Geselligkeit:
der Brief als Medium von Individualisierung und Interpersonalität

Aus der kurzen Vorausdeutung auf einen noch folgenreichen Formulierungsengpaß stellten sich bereits Fragen nach Geltung und Aufnahme der Empfindsamkeit in der Gesellschaft. Hier jedoch soll es zunächst um die Frage gehen, welcher rhetorischen Mittel und kommunikativen Formen man sich bei der Steigerung von personaler Binnendifferenzierung und zwischenmenschlicher Nähe, von Individualität und (intimer) Geselligkeit bedient.

Erst die Antwort könnte klären, wie der Diskurs personalen Umgang diszipliniert. Meine These ist, daß der Brief als ein erfolgreiches, in seiner Struktur speziell auf privat-intime Verständigung ausgefeiltes Kommunikationsmittel genau diese Aufgabe übernimmt. Als »eigentliche Ausdrucksform des Inti-

---

* Max Frisch zugeschrieben.
** aus: Iris, Vierteljahresschrift für Frauenzimmer, hrsg. v. Johann G. Jacobi, Düsseldorf 1774ff., Bd. II, S. 176 (Rosalia Briefe 6).

men«[1] steht er für die breite Institutionalisierung einer historisch neuen Form
des privaten Verkehrs, die jetzt als eigenständige und zugleich vor allen anderen
Kommunikationsweisen ausgezeichnete Möglichkeit der Kommunikation benutzt wird. Keineswegs also beschränkt sich der persönliche Brief auf einen
inhaltsneutralen Transfer ›persönlicher‹ Gedanken und Empfindungen. Vielmehr
interessiert hier der empfindsame Brief als *kausales* Element in einer Umbruch-
phase sozialer Kommunikation. Seine strukturellen Eigenschaften haben entscheidenden Einfluß auf das, was dem privat-intimen Umgang für angemessen
gilt; er gibt die Grenzen vor, an die sich eine je konkrete private Kommunikation
– soll sie als solche wirksam werden – zu halten hat.

Daß der Blick sich auf den Brief, auf seine ihm eigenen kommunikativen
Möglichkeiten konzentriert, kann nicht überraschen. Schon lange hat man einen
Zusammenhang von Brief, gesteigertem (Selbst-)Gefühl und Geselligkeit gesehen. Zu offenkundig legt allein der parallele Konjunkturverlauf in der 2. Hälfte
des 18. Jahrhunderts eine gegenseitige Affinität nahe. Für Georg Steinhausen,
ein früher, mit seinem gesammelten Material noch immer unentbehrlicher Brief-
Historiker, ist das 18. Jahrhundert gleich das »Jahrhundert des Briefes«[2], wobei
für ihn der eigentliche Konjunkturgipfel zur Mitte des Jahrhunderts zusammenfällt mit einem für die Geschichte des empfindsamen Briefs entscheidenden
anthropologischen Ereignis: nämlich jenem »Umschwung« in den »Gemütern
der Menschen«[3], der sich in seinem »ernsten Streben nach Wahrheit und
Natur«[4] auf allen Gebieten der Kultur, vor allem eben auch in der Briefkultur,
manifestiere.

Folgt man Steinhausen, so hat man es hier zu tun mit einer neuen Stufe in der
(linearen) Entfaltung der menschlichen Natur und ihrer adäquaten sprachlichen
Repräsentation. Steinhausen vertraut auf eine ursprüngliche Geschichte der
menschlichen (Gefühls-)Natur; sie ist es, die empfindsame Geselligkeitskultur
erst ermöglicht, aber zugleich auch in ihr kulminiert. In der Begeisterung über
die endlich zu sich selbst kommende Natur des Menschen sieht Steinhausen in
dieser Phase der Briefgeschichte (und das gilt nicht nur für Georg Steinhausen)
den nicht mehr zu übertreffenden Gipfel; hier zeige sich die »Entwickelung des
Briefverkehrs auf einer Höhe, wie sie sonst nie erreicht worden ist.«[5] Und in
der Tat haben jene »natürlichen Briefe«, für die sich ihre Sammler und Geschichtsschreiber so begeistern, nur wenig gemein mit der im 17. Jahrhundert,
aber auch weit bis ins 18. Jahrhundert hinein geübten (Theorie und) Praxis des
Briefeschreibens. Die verbindlichen Stilideale, von der devotionalen und insinua-
tiven Zierlichkeit bis hin zur galanten Natürlichkeit, folgen in ihrer rhetorisch-
zeremoniellen Ausrichtung den Achtungsgeboten und höfisch-absolutistischen
Verhaltensregeln der sozialen Ständehierarchie: »Kanzlei und Hof«, so Nickisch
in seinem Urteil über die bis in die 40er Jahre des Jahrhunderts erschienenen
Briefsteller, »[gelten] noch immer als Richtschnur für das [...], was man in einem

Briefe sprachlich-stilistisch zu tun und zu lassen habe«[6]. Die Regel ist ein höchst standardisierter, pedantisch-steifer Briefaufbau, überladen mit rhetorischen Devotionsfloskeln und überdies nicht selten noch durchsetzt mit einschlägigen Redewendungen aus dem Französischen (als der Sprache des Hofes). Kurz, einem nach den Standards der Empfindsamkeit sozialisierten Leser scheint dies geradezu der Inbegriff eines ganz und gar unpersönlichen Schreib- und Kommunikationsstils [7]. Nun kann man diese Ausgangslage zivilisationskritisch beklagen und in ihr eine unterdrückte, durch höfisches Zeremoniell und rhetorische Konvention mißachtete menschliche Natur erkennen, die sich in ihrem ›eigentlichen‹ Gehalt *noch* nicht entfalten konnte... Doch vor aller geschichtsphilosophischen Spekulation belegt dieser Befund, zunächst und vor allem, die hier verfolgte Ausgangslinie, nach der es vor dem Erfolg des Empfindsamkeitsdiskurses noch keine speziell für Privatheit und Intimität ausgebildete Kommunikationsweise gibt. Zu den ersten deutlichen Änderungen – zumindest soweit die neue Erwartunghaltung für briefliche Kommunikation poetologisch bzw. epistolographisch fixiert ist – zählen Gellerts 1742 erschienenen ›Gedanken von einem guten deutschen Briefe‹. Deutlich geht diese Schrift bereits auf jene rhetorische Konfrontationsstellung, unter der sich dann in erstaunlich kurzer Zeit ein entschiedener Wandel in Briefstil und Funktion vollzieht. Abgelehnt nämlich werden die bisherigen Regel- und Anweisungsbücher ob ihrer überzogenen Formelhaftigkeit, ihrer – und darauf läuft es meist hinaus – »Unnatürlichkeit«. Oder, wie es Gellert in der Aufnahme eines weiteren Topos der Kritik, der »Künstlichkeit«, sagt, weil sie »mit aller Gewalt gekünstelt schreiben lehren«[8]. Auch wenn die von Gellert eingeräumten Freiheiten eher verhalten wirken, die von ihm geforderte »Freiheit« und »Natürlichkeit« letztlich nur in den Grenzen eines »mittleren Stilideals der gehobenen Umgangs- und Konventionssprache des gebildeten Bürgertums«[9] gilt, so ist doch nicht zu übersehen, daß die poetologische Gattungsdefinition des Briefes in Bewegung gekommen ist. Der Trend im Wandel der Erwartungshaltung in Richtung auf eine stärker individualisierte, auf persönlich-affektiven Austausch angelegte (Privat-)Kommunikation scheint nicht mehr umkehrbar. [10]

Bereits die zweite epistolographische Schrift Gellerts – einmal mehr steht sein Name im Schnittpunkt –, seine »praktische Abhandlung von dem guten Geschmack in Briefen«, enthält Formulierungen, die den Spielraum für privat-intime Themen und Ausdrucksweisen deutlich erweitern. Erinnert sei hier nur an die bekannte, den Intentionen der Empfindsamkeit schon nahe kommende Formel »so lasse man sein Herz mehr reden, als seinen Verstand«[11], nach der man allein der Natürlichkeit der sanften, moralisch stets untadeligen Affekte zu folgen hat. Ein solcher Brief verlangt scheinbar keine »Ordnung«, keine »Kunst«, sondern gibt die Gedanken und Empfindungen als »abgedrungene Abdrücke«[12] direkt und unverfälscht wieder.

Es ist jedoch ein Mißverständnis, wenn man diese neuen Maximen wie Ungezwungenheit, Freiheit und Natürlichkeit als Entscheidung versteht für eine tatsächlich freie und ungeregelte Kommunikation, in der es allein um die ›eigenverantwortliche‹ sprachliche Realisation des natürlich-spontanen Ich gehen darf. Dagegen sprechen jedoch bereits einige Beobachtungen Steinhausens. So wird nach seinem Bericht nicht selten dieses ungezwungene und vorgeblich spontane Schreiben, das allein der authentischen Erlebnis- und Gefühlswelt des individuellen Schreibers entsprechen soll, systematisch geübt, ja sogar explizit in das Erziehungs- und Bildungsprogramm privilegierter Schichten aufgenommen. Zu denken gibt weiter die offensichtlich weitverbreitete Praxis, den jeweils empfangenen Brief ausführlich zu beurteilen – und zwar gerade auch in Sachen stilistischer Vollkommenheit. Ganz offensichtlich kennt man auch hier eine Zensur, die es zu beachten gilt. So zieht man nicht selten einen Vertrauten zu Rate und bittet ihn um die vielleicht notwendige Korrektur oder aber man verzichtet gleich und fängt aus Furcht vor dem Urteil erst gar nicht an. Mit der behaupteten Unmittelbarkeit und Spontaneität ist dies wohl schwer in Übereinstimmung zu bringen. Auch hier regiert ein normatives Prinzip: und zwar ein Prinzip, das in seiner anti-rhetorischen Ausrichtung nur als (paradoxe) »Kunst einer gewollten Kunstlosigkeit« [13] formuliert werden kann, da sie die geforderte Natürlichkeit – doch wieder nur? – mit Absicht und nach Plan herstellen kann.

Wenn dem so ist: kann man dann noch immer in dieser »natürlichen«, »freien« und »wahren« Schreibweise die substantivische Repräsentation einer anthropologischen Wesensnatur (wieder-)erkennen? Die angeführten Argumente sprechen dagegen; selbst das, was wir gemeinhin – und im Alltag auch mit einigem Recht – für feste, besser nicht in seine (Geschichtlichkeit) zu überführende Sinnmomente halten, besteht nicht vor dem diskursanalytischen Blick, zeigt sich wieder ›nur‹ als eine durch den Diskurs bestimmte (Form-)Grenze, die weder ontologischen noch anthropologischen Fixsternen folgt, sondern allein der historischen und damit letztlich kontingenten Variation unterliegt. Wer dagegen wie (nicht nur) Reinhard M. G. Nickisch hier eine Fortschrittsgeschichte meint schreiben zu können, die unter den Kürzeln der »Entformalisierung« (negativ) und »Humanisierung« [14] (positiv) bis hin zur »Vollendung« in Gestalt des persönlichen Briefs reichen soll, der endlich allen Ableitungspoetiken und Briefstellern entwachsen ist und nur noch dem je eigenen Charakter folgt, der erliegt der Suggestion dieser Natur-Rhetorik und sieht nicht das Illusionäre einer Sprachutopie, nach der in der privat-intimen Briefkommunikation Gedanken und Empfindung ohne jeden Rest, ohne Brechung mit dem Gesagten übereinstimmen könnten. Doch auch der von der Seele diktierte »Herzensbrief« gibt nur eine begrenzte Lesart der menschlichen Natur für soziale Kommunikation frei. Erinnert sei etwa an die durchgängige Tabuisierung von Erotik und Sexualität – ein Ausschluß, der sich mit der bekenntnishaften Rhetorik der empfindsamen Briefe kaum verträgt. Angemessen scheint daher allein eine relative Bewertung dieses Wandels, die nur von einem Zugewinn an Kommunikationsmöglichkeiten spricht im Vergleich zur »vernunftssinnlichen« Schreibkonvention, der es nur um »Deutlichkeit« und »Klarheit« geht.

Entscheidend, um den Schluß aus der poetologischen Tradition zu ziehen, ist demnach nicht die behauptete substantivische Kongruenz von eigenem Selbst und empfindsamem Brief, von Empfindung und sprachlich-formaler Artikulation. Gegenstand des Interesses kann nur die neue *Funktion* des Briefes sein, seine Rolle als eine privat-intime Verständigung vorstrukturierende Kommunikationsform. Briefe haben nach dieser Neudefinition ihren außergewöhnlichen Erfolg nicht mehr primär als Übermittler von Nachrichten ›äußerer‹, d.h. geschäftlicher, politischer oder allgemein sozialer Art. Vielmehr zählt der Brief in seiner Eigenschaft als ein scheinbar transparentes Medium, das den Weg frei gibt für eine direkte, verlustfreie Artikulation und Übermittlung eigener Gefühlszustände, innerer Motivationslagen, affektiver Charakterschilderungen etc. Diese produktive Spezialisierung in Richtung auf einen einzigen Gegenstand, eben das empfindsame Innenleben, macht auch die typische Metapher von den »kalten Nachrichten« deutlich, die man nur im »Zeitungston«[15] wiedergeben könne. Eigentlicher Inhalt, so die intendierte Umkehrung, kann nur die eigene Seele als der Inbegriff eines gefühlsbetonten Innenlebens sein: mit der Wahl des privat-intimen Briefes kommuniziert man – im emphatischen Sinn – über sich selbst, man offenbart, so auch Steinhausen, »im Briefe das eigene Selbst ganz und gar«[16].

Eine derart schon mit dem Akt des Schreibens einsetzende Besinnung nach innen treibt die selbstreflexive Innenschau nicht selten gar soweit, als wolle man Ernst machen mit der doch uneinholbaren Forderung, sich selbst und den Empfänger bis ins kleinste (Empfindungs-)Detail auf dem laufenden zu halten. Man schreibt geradezu exzessiv. Steinhausen spricht von einer »Briefleidenschaft«[17], schreibt damit aber nur ein Urteil fort, das von Gervinus, der hier einen Ausbruch von »Briefwut« sieht, bis zum späten 18. Jahrhundert zurückreicht, wo man bereits im unmittelbaren Rückblick in dieser Briefbegeisterung eine geradezu pathologische »Schreibsucht« erkennen will.

Tatsächlich müssen sowohl Zahl als auch Umfang der Briefe beträchtlich gewesen sein. Hier noch einmal Steinhausen, dem die offensichtlich gewaltigen Dimensionen dieser »Briefwechselei« bedenklich scheinen: »Stunden- und tagelang saß man dabei. [...] Denn umfangreich mußte ein Brief nach dem Herzen der Zeit sein. Es liegt in den Menschen eine Sucht, breit und lang zu schreiben. Wie sehr werden Erzählungen und Schilderungen ausgedehnt, wie ins Detail hinein Empfindungen zerpflückt und Gedanken auseinander gesetzt. Immer hat man den Wunsch, sich lange zu ergehen.«[18] Im Drang nach lückenloser Wiedergabe des je eigenen Selbst erscheint das Problem des Zuendekommens nur folgerichtig: Wie will man diese neue Qualität in der Wahrnehmung des Ich einschränken? Nach welchen Kriterien soll man Wichtiges von Unwichtigem scheiden? Kann der Gang durch die eigenen Empfindungen zu einem überzeugenden, von der ›Sache‹ her gerechtfertigten Ende kommen – oder bleibt nur der durch Zeitnot etc. erzwungene Abbruch? Zwangsläufig also – und das dokumentiert die hier zitierte praxisnahe Reflexion über das empfindsame Schreiben – müssen empfindsame Briefe in die Länge gehen: »Wenn ich nun schreibe, [...] so will ich allemal, um kürzer zu seyn, etwas weglassen; ich kann aber niemals mit der Auswahl fertig werden und darüber, indem ich immer darauf sinne, wie ich abkürzen will, schreibe ich so lange fort, bis alles auf dem Papiere steht...«[19]

Der empfindsame Brief, verstanden als formalisierte, auf Mitteilung angelegte Vergegenwärtigung des Ich, zeigt sich hier als Zwang zu endlosen selbstreferentiellen Beschreibungen, für die jeder ›vorzeitige‹ Abschluß ein Verlust am utopischen Ideal lückenloser privater Kommunikation sein muß – kein Wunder, daß es z.B. von Friedrich H. Jacobi heißt, er habe gleich eine ganze Woche an einem einzigen Brief gesessen!

Dieser empfindsame Selbstbezug, den eine solcherart angelegte epistolographische Schreibweise in Gang setzt – und dann auch in Gang hält – gilt zugleich als Merkmal des Menschen schlechthin, kommuniziert man doch über den wechselseitigen Austausch der Briefe ›direkt‹ von Mensch zu Mensch, ohne Ansehen des Standes, frei von sozialer Kontrolle. Hier, im Nachvollzug des empfindsamen Selbstbezuges im Akt des Briefschreibens, vergewissert man sich seiner – jenseits von gesellschaftlichen (Funktions-) Bezügen gründenden – Humanität.

Aus dieser Beschreibung der personalisierenden Funktion des Briefes, die dem Bild einer Forschungssonde gleicht, die sich in das eigene Innere versenkt und den dabei ausgeloteten psychologischen Binnenraum erst der Sprache zugänglich macht, wird der ausgezeichnete Stellenwert des Briefes innerhalb des Empfindsamkeitsdiskurses verständlich [20]. Keine andere Form der Selbstdarstellung erlaubt, ja fordert im vergleichbaren Maß die Ausgestaltung und Präsentation eines nur intimer Vertrautheit zugänglichen Selbst.

Zugleich aber – und dies belegt gleichfalls die eingangs behauptete funktionale Kongruenz von epistolographischer Schreibform und Diskurs – gibt der Brief in seiner perspektivischen Grundstruktur immer schon ein dialogisches (Grund-)Verhältnis vor. »Jede Selbstäußerung«, so Hans R. Picard in seiner Beschreibung der kommunikativen Ausgangssituation, ist »ja für einen anderen.«[21]

Nun hat zwar das 18. Jahrhundert die Dialogstruktur des Briefes keineswegs erfunden. [22] Neu ist die *Intensität*, mit der man an diese schon lang bekannte Verbindung von intentionalem Bezug auf den anderen und verdichteter zwischenmenschlicher Beziehung wieder anknüpft. Speziell auf diese Funktionsperspektive hin läuft dann auch die Ausarbeitung der Briefform; es gilt, den Nutzen des Briefes für die Freundschaft als der, wie Johann C. Stockhausen weiß, »Seele des gesellschaftlichen Lebens« [23] zu steigern. Die Eindringlichkeit, mit der man im brieflichen Dialog den Kommunikationspartner anspricht, zielt auf eine mitfühlende, wenn nicht schon identifikatorische »Rührung« des Empfängers, die eine besonders intensive Verbindung, eine vertraute Nähe und (scheinbar) unbegrenzte Offenheit zwischen Schreiber und Leser herstellt. Typische Stilfiguren, wie Emphase, direkte Ansprache oder Hyperbel, suggerieren in ihrer gesteigerten Intentionalität eine Situation [24], in der innig-intime, durch keinen Verdacht auf Verstellung getrübte Vertrautheit und gegenseitige Anteilnahme stets gegenwärtig sind. Im Originalton: »Du! meine Cleis, laß mich zu dir in der vertrauten Sprache der Natur reden [...] uns ist keine Benennung zu nahe, keine Ausdruk zu vertraulich – denn du liebst mich – dein Herz hat es aus dir gesprochen, und dieß kann nicht trügen [...] O laß auch abwesend dein Gemüth heiter, laß mein Herz den Schutzort deiner Zärtlichkeit sein!« [25] Die in der Briefform prätendierte (Selbst-) Darstellung des »natürlichen« Subjekts zeigt den Schreiber, ganz in Übereinstimmung mit der empfindsamen Definition, als einen primär sympathetischen, immer schon auf den anderen positiv bezogenen Menschen. Oder, in einer Formulierung von Picard, »grundsätzlich als ein Wesen in Verbindung mit seinesgleichen, d.h. als soziales und soziables Wesen.« [26]

Gesteigerte Individualisierung kollidiert also keineswegs mit dem empfindsamen Geselligkeitsgebot, eher scheint der empfindsame Brief beide Forderungen auf neue Niveaus bringen zu können. Dafür spricht z.B. eine gegenüber unseren Vorstellungen von personaler Kommunikation schon befremdende, weil relativ *niedrige* Exklusivitätsschwelle. Allein die Zahl der Briefpartner zeigt das an. So soll man z.B. in Gleims Briefnachlaß gleich mehrere hundert Namen gefunden haben und selbst angenommen, dies sei ein seltenes Extrem, dann ist jedoch von einer allgemein hohen Zahl an Briefpartnern auszugehen. Auch der berechtigte Hinweis auf die offensichtlich privilegierte Lage der meisten Briefschreiber, die sich frei von ökonomischen Zwängen der vollen Konzentration auf die Geselligkeit, der intensiven Pflege vertrauten Umgangs widmen können, löst keineswegs diesen Widerspruch von privater Kommunikation und weit gezogenem Teilnehmerkreis. Denn erstaunlich ist ja nicht nur die Größe der Korrespondenzzirkel. Noch mehr überrascht der Umgang mit dem Briefgeheimnis bzw. Diskretionsgebot für vertrauliche Kommunikation. Indiskretion scheint (noch?) kein Problem, denkt man nur an die überlieferte Redensart, nach der ein besonders gelungener Brief »bis zum Druck schön« [27] sei. Daß man Briefe, nach unserem Verständnis doch vertrauliche Dokumente, vorlas, herumreichte, abschrieb, ja sogar in Druck gab, entsprach allgemeiner Praxis [28]. Und sollte das Einverständnis des Verfassers fehlen, entschied man für ihn. So hat man z.B. Lavaters

Notizen, deren Titel ›Geheimes Tagebuch‹ schon *Diskretion* verlangt, ohne Wissen des Autors veröffentlicht. [29]

Gleichfalls scheint es möglich gewesen zu sein, sich in einen solchen ›privaten‹ Briefwechsel als nachträglich hinzukommender Dritter, angezogen vom besonders empfindungsvollen Ton, mit eigenen Briefen einzuschalten. Selbst die Freunde der Freunde... lassen sich in die empfindsam-vertraute Gemeinschaft miteinbeziehen. Wie hat man sich aber diese Differenz von Vertraulichkeit und fehlender Exklusivität zu erklären? Plausibel erscheint sie nur dann, wenn man davon ausgeht, daß das Verhältnis von personaler Kommunikation, Exklusivität und Diskretion abhängt von dem jeweils gültigen Formulierungsniveau personaler Individualität. Anders gesagt: Solange die individuelle Besonderheit, die psychologische Tiefendifferenzierung des Subjekts nicht über ein gewisses Maß hinausgeht, gelingt in der Briefform die Integration zweier – in ihrer Tendenz widersprüchlicher! – Diskursgebote, ist gesteigerter Selbstbezug und interpersonale Durchdringung *zugleich* möglich. Daß dies aber nicht so bleiben muß, zeigen die gegen Ende des 18. Jahrhunderts mehr und mehr aufkommenden Klagen über einen zu nachlässigen Umgang mit dem Schutz der Intimsphäre. Nicht selten versucht man genau das zu verhindern, was nicht lange zuvor gar nicht als Problem wahrgenommen wurde – und sei es, um einen vergleichbaren Fall zu nehmen, daß man aus Sorge vor drohender Indiskretion sich jetzt nicht scheut, die eigenen, schon beim Verleger vorliegenden Briefe gegen teures Geld zurückzukaufen. [30] Ein zu großzügiger, zu weit gezogener Umgang mit der Intimität, so jetzt die aus Erfahrung begründete Sorge, »muß der Offenherzigkeit und Vertraulichkeit, die in freundschaftlichen Briefen herrschen soll, nothwendig sehr nachtheilig werden.« [31]

»Ich fand immer, daß ich zuviel fühle,
um es ausdrücken zu können.«*

»Es dienet freilich der Zauber der Sprache
auch nur der Welt, nicht uns«**

6.2. Naivität und Selbstkontrolle: zur sprachlichen Form empfindsamen Selbstbezugs

Die auffallende Begeisterung, in der man sich dem neuen Kommunikationsmittel, dem über das eigene empfindungsvolle Selbst handelnden Brief mitteilt,
stellt zugleich die Frage nach der dem Empfindsamen eigentümlichen Selbstwahrnehmung. In diskurstheoretischer Perspektive zielt diese Überlegung auf
die Sprache, genauer: auf die Sprachregelung, die der Empfindsamkeitsdiskurs für
die vorgeblich authentische Selbstdeutung vorschreibt. Wie findet der Empfindsame zu einer Sprache, in der er sich in seinem eigentlichen Selbst wiedererkennt? Oder, diese Frage weitergedacht, gibt es einen allgemeinen Typus
sprachlicher Äußerungen, in dem sich das empfindsame Subjekt sicher weiß vor
jedem Rollenspiel und »unverfälscht« seinem Mitmenschen gegenübertreten
kann?

Gemeinsamer Nenner aller zeitgenössischen Versuche, ein adäquates Medium der Verständigung zu definieren, ist die natürliche bzw. »naive« Sprache. [32] »Die Rede«, so die allgemeine Bestimmung empfindsamer Kommunikation, »soll eigentlich ein getreuer Ausdruk unserer Empfindungen und Gedanken
seyn«. Nur eine in ihrem Wesen derart unmittelbare Sprache, die scheinbar die
Sache selbst repräsentiert, vermag den Empfindsamen ein »offenherziges Bild«
selbst noch (und gerade!) der »innersten Gänge« [33] ihres »zärtlichen Herzens«
zu geben. Zugleich erfährt man sich in der »unschuldige [n] Offenheit, untrüg-
liche [n] Vertraulichkeit« dieser »einfältige [n] Sprache der Wahrheit« [34] als her-
ausgehoben aus der Gesellschaft. Die für sich reklamierte prinzipielle Wahrhaftigkeit und Moralität wird zur entscheidenden Differenz zur Gesellschaft. Authentizität als der Titel für diese Wahrheit in der Sprache wird zugleich die
Bedingung der Möglichkeit für eine gesteigerte Nahwelt, in der man sich ganz
auf den interaktionellen Austausch konzentriert. Für die Definition einer solchen
empfindsamen Sprache ist die Abgrenzung zu allen nichtidentischen Sprachen

---

* So die empfindsame Braut Schillers auf seinen Heiratsantrag; vgl. Alexander von
Gleichen-Russwurm, Das Jahrhundert des Rokoko. Kultur und Weltanschauung im
18. Jahrhundert (Kultur- und Sittengeschichte aller Zeiten und Völker Bd. 15), Wien/
Hamburg/Zürich o. J., S. 414.
** Friedrich E. D. Schleiermacher, Monologen, in: ders., Werke in 4 Bdn, hrsg. v. O. Braun
und J. Bauer, Leipzig 1911, Bd. 4, S. 443.

konstitutiv. In einer stark standardisierten Argumentation setzt man sich entschieden von einer »rhetorischen« Sprache ab, in der sich zwischen dem jeweils
Gesagten und Gedachten bzw. Empfundenen eine von egoistischem Kalkül
und/oder (stände-)politischem Zwang besetzte Lücke auftut. Hier zeigt sich ein
charakteristisches, bis in die Details der empfindsamen Diktion folgenreiches
Paradox. Indem man immer wieder die Verstellung, die »künstliche Einkleidung«
des Gedankens bzw. Gefühls verwirft, das »Ceremonialgesetz der feineren Welt«
als bloßes »Modegepräng«[35] beklagt und so gegen jegliche »arglistige Bered-
samkeit«[36] moralisiert, der es nur um unmoralische oder erotisch-sinnliche
Ziele zu tun ist, bestimmt man in der nicht immer explizit ausgeführten *Umkehrung* die eigene ideale Position. Die empfindsame Sprache erscheint demgegenüber als pure Aufrichtigkeit, in der die Utopie einer unmittelbaren Übereinstimmung von Gefühl und sprachlichem Ausdruck, von Bezeichnetem und Zeichen
Realität geworden ist. Man glaubt sich im Besitz einer Sprache, deren Natürlichkeit und Naivität einen direkten, als Authentizität und Originalität ausgegebe-
nen Zusammenhang von Empfindung und Ichwahrnehmung sichern kann.

Doch schon das für den Brief verbindliche Stilideal einer gewollten, doch
wieder kunstvollen Kunstlosigkeit beweist, daß es diese Unmittelbarkeit so nicht
gibt, daß diese tragende Prämisse des empfindsamen Sprachgestus selbst als
rhetorische Illusion wirkt. Der angestrengte Sprung aus der Rhetorik endet nur
in einer neuen Rhetorik des Authentischen, Ursprünglichen und Naiven. So
bleibt die für den Empfindsamen typische Metapher von einer Rede, die unge-
brochen aus der »Fülle des Herzens« fließt und nur dem moralisch untadeligen
»Instinkt« gehorcht, ein hoffnungsloser Wunsch. Denn entgegen allen Versuchen, durch suggestive Bildlichkeit die Vorstellung eines ursprünglichen Rede-
stroms ins Leben zu setzen, nach der die empfindsame Sprache sich gleichsam
von selbst, ohne Konvention ihre Bahn bricht, steht die letztlich nicht aufheb-
bare Realität von Sprache als einem arbiträren Spiel von Signifikant und Signifi-
kat entgegen. Doch dies ist eine Einsicht, die dem Empfindsamen unmöglich ist,
steht und fällt doch für ihn das Besondere seiner Sprache mit der ersehnten
Identität von Zeichen und Bezeichnetem.

Unmittelbare Expressivität scheitert jedoch notwendig an der – wie es Paul
de Man in der Tradition von Nietzsche sagt – unabänderlichen »Rhetori-
city«[37] der Sprache: »No primordial authentical language exists.«[38] Daß
Leben und Schrift (bzw. Sprache) zur Deckung kommen sollen, muß so selbst
zum rhetorischen Topos werden, dessen Realität nur in der Stärke seiner persua-
siven Mittel liegt, sich nur als *Effekt* einer nicht-repräsentativen Sprache einstellen kann. Dem Empfindsamen ist diese Einsicht unbekannt – und muß sie
unbekannt bleiben: dies ist für den empfindsamen Redegestus Bedingung und
Aufgabe zugleich. Der Empfindsame weiß in seiner »Naivität« nichts von der
Sprache als einer prinzipiellen Grenze für das Verlangen nach identifikatorischer

Selbstthematisierung oder transparenter Sozialität. Was der Blick nach innen aufdeckt und zur Sprache bringt, soll ihm als eigentliches Selbst entsprechen. Man will sich einer Sprache sicher sein, die, bar allen gesellschaftlichen Zwangs, nur dem eigenen Ich, den ›ureigenen‹ Gedanken und Empfindungen verpflichtet ist. Doch diesen (falschen) Schein von Unmittelbarkeit hat schon Ende des 18. Jahrhunderts, längst vor der skeptischen Sprachphilosophie des 19. und 20. Jahrhunderts, Friedrich E. D. Schleiermacher durchschaut. Die Sprache folgt nicht der subjektiven Intention, sondern verstrickt jeden Sprecher in ein offenes, kriegerisches Spiel, dessen Regeln er nicht beherrscht: »Durch sie [die Sprache, N. W.] gehört er schon der Welt ›eh‹ er sich findet (!), [...] und ist er dann trotz alles Irrtums und verkehrten Wesens, das sie ihm angelernt, zur Wahrheit hindurchgedrungen: wie ändert sie dann betrügerisch den Krieg und hält ihn eng umschlossen, daß er keinem sich mitteilen, keine Nahrung empfangen kann. Lange sucht er im vollen Überfluß ein unverdächtiges Zeichen zu finden, um unter seinem Schutz die innersten Gedanken abzusenden: es fangen gleich die Feinde ihn auf, fremde Deutung legen sie hinein, und vorsichtig zweifelt der Empfänger, wem es wohl ursprünglich angehöre.«[39]

Ein solches Verständnis von Sprache kollidiert mit dem Selbstverständnis des Empfindsamen: gegen diese Einsicht, daß die Sprache, die man noch in Momenten höchster Privatheit gebraucht, (auch) nur vorgängige Bedeutungsräume für die je individuelle Formulierung offen läßt, daß Sprache immer schon die Möglichkeit des Mißverstehens miteinschließt, da sie nie die Dinge selbst zum Ausdruck bringt – gegen diese »Unnatur« von Sprache gilt es anzusprechen. Notwendig aber wird so die *Emphase*. Nur sie kann das utopische Versprechen auf einen das eigene Ich unverstellt wiedergebenden Ausdruck aufrechterhalten. Und wie bemüht man sich nicht, dieser begehrten »Fülle der Empfindung«, diesem starken Gefühl, das nichts anderem mehr Raum gibt, zu entsprechen! Genau diese ständige Angestrengtheit, die sich als einfacher, unwillkürlicher Ausdruck gibt, keine Distanz kennt und sich nicht um Kontrolle bemüht, erklärt die charakteristische Kürze der empfindsamen Rede: Denn wie läßt sich Emphase auf Dauer stellen, Übersteigerung auf Zeit durchhalten?[40] In einer Stillage, deren Emphase subjektive Wahrheit und Authentizität repräsentiert, schreibt man sich tiefer und tiefer ins Gefühl, in die sympathetische Empfindung für den anderen hinein, ohne auf korrekte Grammatik oder auf semantische Klarheit zu achten. Beide Momente zählen vielmehr zu den unverzichtbaren rhetorischen Techniken, die jegliche Objektivierung und Relativierung des Gefühlsüberschwangs zu verhindern haben: Man verzichtet auf die (explizite) Vermittlung des Gefühls durch eine ausgefeilte Form. In der Abweichung vom gewohnten Standard einer möglichst korrekten Sprache liegt für den Empfindsamen der Beweis für die Wahrheit. Das Unregelmäßige steht für das Nicht-regelbare. Für den Erfolg empfindsamer Kommunikation sind diese nur scheinbar spontanen Abweichungen essentiell, führen sie doch, wie Sulzer über die affektive Wirkungsqualität des Naiven urteilt, »das Gefühl der Wahrheit unmittelbar mit sich.« [41] Aber man muß schon die Empfindsamen selbst sprechen lassen!

Hier eine Kostprobe aus einem Brief von 1780 zwischen 2 Freundinnen: »Mit Standhaftigkeit ertrug ich die Abwesenheit von 8 Tagen – weil ich wuste das mein Bruder bey Ihnen blieb, gantz in der Fülle der Seligkeit – das er fühlte – sein Dasein, sein leben, und ich allein nur verlor, den Sie meine Louise hatten Ihren Freund bey und um sich – weil ichs wuste daß mein gustl bey seiner Freundin war, die ihn durch ihre Freundschaft so beglückte, und mich durch sein Glück mit glücklich machte – allein jetzo da alles dieß nicht mehr ist, da ich mich Louisen dencke, ohne ihren Freund, Sprickmann ohne seine angebetete Freundin, mein Gustl – Henriette – und ich keinem kan Schadloshaltung sein. Dies ist zu viel, und das Herz wird so voll – Gott! Was das ist. Und das ganze Wollen und nicht Können – und meine – Louise. ich ihre vertraute, ja ich bin es, habe sie schon längst verstanden. Die Übereinstimmung der Seelen gefunden.« [42]

Die stammelnde Wiederholung, das elliptische Sprechen, steht für den nicht zu kontrollierenden Über-fluß des Gefühls. Man schwelgt in Gedankenstrichen als den Platzhaltern unaussprechlicher Intensität: »Itzt, Freund, kann ich nicht antworten – aber schreiben muß ich – und wollte lieber weinen – hinübergeisten – zerfließen – an Deiner Brust liegen – meine Herzensfreunde, zwei Freundinnen mit mir Dir zuführen – und sogar – nicht sagen, blicken, drükken, athmen: »Du bist und wir sind.« [43] Wo immer man empfindsam ist, hat auch der Gedankenstrich Hochkonjunktur. Mit der Steigerung des Gefühls wird er immer zahlreicher, trennt er immer kürzere Wortfolgen, schließlich nur noch einzelne Worte: Der Gedankenstrich wird zum einzigen Satzzeichen. Damit aber zerfällt das syntaktische Gefüge, folgt eine Aposiopese auf die andere. Der Punkt ist erreicht, an dem der Gedankenstrich seine intensivste Wirkung entfaltet, gleichsam selbst für das Unmittelbare und Repräsentative der empfindsamen Sprache steht. »Hier«, so Jürgen Stenzel in seiner Arbeit über die Zeichensetzung in ausgewählten Beispielen deutscher Prosa, »wird die Eigenschaft [...] [des Gedankenstrichs, N. W.] Substanz einbringen zu können, evident, da der Satz selbst sie an den Gedankenstrich delegiert.« [44] Das Unmögliche, die Überwindung der rhetorischen Grenzen sprachlichen Ausdrucks, scheint zu gelingen: man bezeichnet nicht mehr seine Gefühle und Empfindungen, man drückt sie nur noch aus. Gerade die intensivste Empfindung fügt sich keinem Namen, erträgt keinen »kalten« Begriff, der doch nur relativiert und zur intellektuellen Distanz auffordert. Sie drängt nach einer ›sprachlosen‹ Vermittlung, da nur sie die ursprüngliche Macht der Empfindung glaubhaft werden läßt. Die semantische Leerstelle des Gedankenstrichs aktiviert zugleich die Fähigkeit zur Rührung als der notwendigen Voraussetzung sympathetischer Kommunikation. Erst jetzt kann man sich angemessen auf die eigentlich unaussprechlichen Gefühle, die

(Empfindungs-)»Schwingungen«[45] einstellen und schließlich mit ihnen harmonieren. Die Sache selbst, die tiefste Empfindung muß nach dem Glauben der Empfindsamen nicht reden um begriffen, genauer: um (nach)empfunden zu werden. Das Schweigen des Gedankenstrichs ist beredter als die längste Explikation des Gefühls.

Daß die Distanz zu sich selbst, die Abklärung der Empfindung durch mäßigende Reflexion ausgespart bleibt, ist nicht zufällig. Gut zu sehen ist das in der empfindsamen Zeitrhetorik. So soll das Vergangene nicht mehr geschildert werden als Vorgängiges, als etwas Einmaliges, das jeder Unmittelbarkeit entrückt ist, sondern als eine zeitlose Präsenz, die zur aktuellen Gegenwart des Sprechers wird. Genau in dieser gewollten Illusion, in der das Unmögliche zu gelingen scheint und die Ordnung der Zeit aufgehoben ist, liegt die Funktion jener berühmten Redewendung Werthers, der zahlreichen »Wenn ich so…«-Folgen, in der eine ins Präsenz transponierte, (eigentliche vergangene) Szene eine Gefühlsexplikation auslöst:[46] Werther zieht Vergangenes selbst noch »grammatisch in die Gegenwart«.[47]

Um die Illusion der Distanzlosigkeit geht es auch bei einem weiteren Charakteristikum der empfindsamen Rede. Typisch für die Empfindsamen sind Wendungen wie »das ist zu viel«, »das ist zu stark« etc. Meist leiten sie über oder sind Teil einer oft gebrauchten, für den gesteigerten Redegestus wesentlichen Stilfigur, dem Unsagbarkeitstopos. Auch dies ist ein rhetorisches Mittel, das auf die Überbietung verbaler Expressivität zielt. Höchste Intensität vermittelt nur noch das sympathetische (= nicht verbale) Ausmalen eines im Text zuvor evozierten starken Gefühls, das sich der Sprache nicht (mehr) fügt. Kunstvolle, genau plazierte Sprachlosigkeit wirkt hier als Steigerung sprachlicher Ausdruckskraft.

Gleichfalls an der Grenze, ja schon jenseits der Sprache, steht das – wie man weiß – im empfindsamen Kontext allgegenwärtige Weinen.[48] Tränen, ähnlich der vorgeblichen Sprachlosigkeit aus übergroßer Rührung, verdanken ihre Beliebtheit vor allem ihrer Eigenschaft als körperlicher Beweis für das Unmittelbardirekte der empfindsamen Kommunikation. Was könnte Echtheit und Stärke des Gefühls besser repräsentieren als eine physische Reaktion, die offensichtlich kein Kalkül zu halten vermag? Auch die Körpersprache der Tränen wirkt nur innerhalb der empfindsamen Sprache, gewinnt ihre Wertschätzung aus dem in ihr kulminierenden Tropus der Emphase. Sie gibt diesem »bijou liquide«[49] erst ihre Bedeutung als letzter und stärkster Beweis für Authentizität und Naivität empfindsamer Rede.

Aber wie steht es dann mit ›falschen‹ Tränen? Was, wenn sich einer, der alles andere als ein Empfindsamer ist, sich »dennoch schriftlich und mündlich für empfindsam ausgiebt«?[50]

Empfindsames Verhalten als Strategie, speziell natürlich als hinterhältiger Anschlag auf die Tugend der empfindsamen Damen, wie es die »Gedanken über die Gefahr empfindsamer und romanenmäßiger Bekanntschaften« sehen, trifft den Empfindsamen an seiner schwachen Stelle. Arglos und blind in seinem realitätsfernen Glauben an die Wahrhaftigkeit der Sprache, erliegt er jeder Hinterlist. [51]

Aber noch gefährdeter, noch anfälliger ist der empfindsme Emphatiker gegenüber der Ironie; sie ist diejenige rhetorische Figur, die immer schon unvereinbar ist mit Emphase und Naivität. Uneindeutigkeit in der Sprache, aus welchen Motiven auch immer, gilt dem Empfindsamen als »Misbrauch der Wörter« [52], die er als Störquelle für seine notwendigerweise emphatische Rede fürchten muß. Die Ironie aber besteht auf der Differenz von Zeichen und Bezeichnetem; sie unterläuft prinzipiell qua rhetorischer Struktur jede Emphase. Diese tropologische Opposition könnte auch den auffallenden Mangel, zumindest die Einseitigkeit im stilistischen Repertoire der Empfindsamkeit erklären. Ohne die Emphase, unter deren Mantel doch erst die unverstellte Rede inszeniert werden kann, gibt es keine Empfindsamkeit. Für (Selbst-)Ironie bleibt da kein Raum – und dem Leser nichts an Langeweile erspart. Gewißheit wird einzig in fortgesetzter Steigerung gesucht. Noch mehr Gefühl, noch stärkere Emphase – als sei man so vor der Gefahr der ironischen Subversion sicher.

Wollte man die empfindsame Schreibweise – ihr ausgefeiltes, psychologisches Vokabular, die substantivische Zeichensetzung, die Transformation von Vergangenem in unmittelbare Gegenwart bis hin zum alles umgreifenden emphatischen Gestus – auf einen Punkt hin zusammenfassen, so ist dies ohne Zweifel das besondere Raffinement, mit der sie jene »sanften« und sozialisierenden Gefühlszustände differenziert. Erst in der Aktualisierung dieser empfindungsvollen Expressivität erfährt man sich als empfindendes Ich. Das eigene Selbst erscheint dem Empfindsamen so als »natürliche« Sensibilität, als (anthropologische) Basisfähigkeit zur Empfindung, d.h. zur Empfindung moralisch qualifizierter, sanfter und soziabler Gefühle. Wesentlich ist diesem diskursiven Muster der empfindsamen Ich-Bildung die Chance auf eine angenehm-lustvoll empfundene Steigerung des Ich-Gefühls. (Auch das ist eine der möglichen Erklärungen für den beträchtlichen und schnellen Erfolg der Empfindsamkeit.) Da Selbstreferenz sich (vor allem) durch Sensibilität konkretisiert, muß die Ausweitung bzw. Intensivierung der Gefühle und Empfindungen auch die Möglichkeiten des Ich-Erlebens erweitern, die Ich-Realität *stärken*. Hier liegt eine für den Diskurs der Empfindsamkeit konstitutive Korrelation, die zugleich die empfindsame Diktion in eine weitere funktionale Perspektive rückt. Die Emphase, mit der man den Blick auf die eigene »Seele« richtet, die Intensität, Wahrheit und Moralität der Empfindung in einem nicht selten religiös gefärbten Vokabular zelebriert [53], wird zum eigentümlichen Modus subjektiver Realitätserfahrung. Eine Einsicht, die, wie Gerhard Sauder zurecht betont, zum popular-philosophischen Wissen der Zeit gehört. Richtet sich das Interesse immer stärker auf

Empfindung und Gefühl, wird eine gefühlsbestimmte Erfahrung mehr und mehr zur Regel, so muß dies, wie hier Karl von Irwing schreibt: »zugleich eine Erweiterung des Selbstgefühls seyn; denn jedes neue Gefühl zieht die Aufmerksamkeit auf einen neuen Gegenstand, und vermehrt also nicht allein den Umfang der Dinge, die uns interessieren, sondern lehrt uns dabey allemal eine neue Seite von uns selbst kennen [...] von je mehr verschiedenen Gefühlen wir also betroffen und gerührt werden [...] desto mehr Ausdehnung bekömmt unser Selbstgefühl, unser Bewußtsein, und der Begriff, welchen wir von unserem Ich haben.« [54]

Dieser Zusammenhang zwischen empfindsamen Selbstbezug – paradigmatisch eingeübt in der Form des privat-intimen Briefs – und einer Erfahrung von »innerer« Befriedigung, ja persönlichem Glück, die diesem Selbstbezug eigentümlich ist, läßt sich gut an der Semantik von ›Genuß‹ verfolgen. Noch im 17. Jahrhundert bis sicherlich noch weit ins 18. Jahrhundert hinein, so Wolfgang Binder in einer begriffsgeschichtlichen Studie, korreliert Genuß (bzw. genießen) mit äußeren Glücks-gütern, meint genießen ein »gegenständliches, benennbares Etwas [...] Güter, die jeder kennt und schätzt: Frühling, Jugend, Schönheit, Liebe.« [55]

In der zweiten Hälfte des 18. Jahrhunderts wird der Genußbegriff dann auch reflexiv gebraucht und erreicht in dieser Fassung die erweiterten Erlebnismöglichkeiten eines Subjekts, das sich zunehmend von einer sozial-kosmologischen Ordnung entfernt. Das Kompositum ›Selbstgenuß‹ ist jetzt zu verstehen als »Genießen seiner selbst, der inneren Bewegtheit der Seele.« [56] In die Reflexivität gewendet wird dieser Begriff bezeichnend für die empfindsame Selbstwahrnehmung: man freut sich über etwas und vermag zugleich dieses Gefühl dann seinerseits genießend auszukosten. Wesentlich an diesem potenzierten Genuß ist jedoch eine zweite Bedeutungsdimension von ›genießen‹. »Genießen«, so Binder, stehe stets auch für »Teilhabe« und »Aneignung«. Und nur so läßt sich verstehen, daß der Empfindsame auch Leid, Schmerz, Melancholie genießt [57] – eben im Sinn von intensiv erfahren und teilhaben. Ob aber nun genuin angenehm-positive oder unangenehm-leidvolle Empfindungen, immer geht es – und darauf kommt es hier an – um die *Steigerung der Ichrealität*: im reflexiven Selbstgenuß »ergreift das Ich seine innerste Wirklichkeit, und Freude, Seligkeit und Schmerz begleiten nur dieses Eintauchen in den eigenen Grund«. [58]

Doch in diesem sehr einfachen Konzept von Selbstreferenz, das allein über eine natürliche Sensibilität sowie die reflexive Wendung zum genußvollen Empfinden des Empfindens laufen soll, bleibt eine für das 18. Jahrhundert nicht zu tolerierende Unbestimmtheit. Ein derart weit gefaßter Naturbegriff ist zu wenig selektiv, bietet zu wenig Anschluß für Moralprobleme. Oder anders gesagt: ›Sensibilität‹ und ›Genuß‹ umgreift dann auch die rein egoistisch-sinnliche Bestimmung des Selbst – und das kann nur, wie Ernst F. Ockel mit Schrecken sieht, böse enden, nämlich »in einem ewigen Kreislaufe von Lustbarkeiten«. [59]

Offensichtlich stößt man bei dieser (grundsätzlichen) Tautologie der Selbstreferenz auf ein zentrales Problem des Diskurses, das schließlich, vor allem in den 70er Jahren des Jahrhunderts mit der forcierten Emphase des unbedingten Gefühls, auch maßgeblich die Geschichte des Diskurses bestimmen wird. »Unsere Empfindungen«, so jedenfalls der Popularphilosoph (und *nicht* das über sich selbst begeisterte Subjekt!) in klarer und deutlicher Sicht des Problems, »haben keine eigene Richtung« [60], garantieren demnach in ihrer reinen Sinnlichkeit noch längst nicht ein soziables Subjekt, das sich gleichsam von selbst, dank seiner »Natur«, problemlos in eine Gesellschaft von Individuen integriert. [61] Wie aber kann der auf die Empfindung der Empfindung ausgelegte Selbstbezug diszipliniert werden?

Die Antwort gibt Michael J. Schmidt in seiner »Geschichte des Selbstgefühls«: »Wir haben«, so Schmidt, »unser *Selbst* so herzustellen, daß wir eigenen Beyfall wahrhaft verdienen.« [62] Was als Lösung vorgeschlagen wird, kann nicht überraschen: man empfiehlt Selbstkontrolle, oder, in den Worten Schmidts, jeder muß »sein Selbstgefühl in Ordnung bringen«. [63] Notwendig sei, so die neo-stoizistische Maßgabe der Popularphilosophen, »Entschlossenheit, Mut und Kraft sich selbst zu regieren«. [64] Nur so kann man sicher sein vor den Gefahren eines moralisch negativ ausgeformten Selbstbezugs, nach dem man »nur von sich selbst regiert werde« und in egoistisch-sinnlicher Selbstliebe nur der angenehm-intensiven Empfindung folgt, sich letztlich selbst zur »lebenden Maschine« [65] degradiert.

Im einzelnen bleibt es auch hier bei der bekannten Lösung. Moral und Vernunft müssen als »Entscheidungskraft« und (richtige) »Selbsterkenntnis« der Empfindung erst die Richtung weisen. »Vergnügen« allein an der sinnlichen Existenz, Genuß als bestimmender Grund des Ich, ist nur dann erlaubt, wenn die Moral in ihrer Eigenschaft als Garant sozialer Ordnung stets gegenwärtig ist. Dazu noch ein Theoretiker: »Ich darf mich also vergnügen, dies ist ausgemacht. Nur kommt es darauf an, daß es auf eine moralisch-schickliche Art geschehe, daß ich als ein vernünftiger Wollustlüsting (!) zu leben weis; daß ich prüfe, wähle und geniesse [...] daß ich mich gehörig zu mässigen, die Vergnügungen nach ihrem Werthe zu schätzen und sie einander mit Klugheit unterzuordnen weis.« [66] Alle diese Forderungen erfüllt das Konzept der *Vollkommenheit*; es wird zur Legitimation des Selbstgenusses. Jede angenehme Empfindung entstehe nämlich, so Schmidt, aus dem »Gefühle eigener Vollkommenheit« [67]. In dieser sanktionierten Beziehung von gesteigertem Selbstgefühl und Anschauung der eigenen Vollkommenheit (oder denn: zumindest der eigenen Vervollkommnung) liegt erst die innere Natur der menschlichen Glückseligkeit »überhaupt«. [68] Glück bzw. Glückseligkeit als »Verlagerung des eigentlichen Glücks ins Innere des Subjekts« [69] bleibt in dieser besonderen Form der Selbstdisziplinierung »sozial und moralisch kontrolliert.« [70] Reine Sinnlichkeit als Glücksmaxime kann allenfalls in extremer Randlage formuliert werden. [71]

Bleibt noch offen, wie der Empfindsame die eigene Vollkommenheit verwirklicht bzw. zur Anschauung derselben kommt. Die Antwort gilt, wie N. Luhmanns Arbeiten zu einer Geschichte der Sozialität zeigen [72], über den Diskurs der Empfindsamkeit hinaus für einen Großteil der Diskussion im 18. Jahrhundert. Durchgängig sieht man die Lösung für einen disziplinierten Selbstbezug, der Egoismus, Solipsismus und Unmoral ausschließt, in der Kopplung von Selbstreferenz und Geselligkeitsgebot. Als anthropologisches Apriori dem Diskurs eingeschrieben soll diese Hinwendung zum Mitmenschen Befriedigung und Glück in der Anschauung eigener Selbstwerte und Qualitäten garantieren. Noch einmal Johann D. Salzmann. Seine Argumentation ist weitgehend typisch. Da ist zunächst die anthropologische Prämisse: »Die Menschen sind nicht bestimmt in der Welt allein zu leben. [...] Wir sind simpathetische Geschöpfe.« [73] Erst im Austausch mit dem Mitmenschen, mit der sozialen Umwelt, kann der Empfindsame sein natürliches Potential voll(kommen) realisieren: »Wir empfinden zwar unsere eigene Existenz; allein diese Empfindung wird erst durch die Empfindung der Dinge außer uns recht belebt« [74]. Und nur dann, wenn das eigene Ichgefühl »durch starke und angenehme Empfindungen von außen her erhöhet und durchdrungen wird«, stellt sich das private Glück über empfindungsvolle Selbstbestimmung ein. Die stärksten und angenehmsten, mithin für die Erlangung der Glückseligkeit wirkungsmächtigsten Gefühle aber – und das kann nicht mehr überraschen – gewinnt man jedoch aus dem reziprok gestalteten interpersonalen Umgang: »Denn allein die Schönheiten und Vollkommenheiten, welche wir mit schöpferischer Kraft entwickelt haben, stralen wieder auf uns zurück. Insonderheit aber die reinen Empfindungen, welche wir in unserm Brüdern, den Menschen hervorgebracht haben.« [75]

Die popularphilosophische Argumentation endet in einer harmonisierten Balance, in einer unproblematischen Doppelheit von gesteigerter Ichrealität und intensiviertem Gemeinschaftsbezug durch symphatetische – und d.h. hier immer auch caritativ-tätige – Geselligkeit. Individualisierung und Sozialität erscheinen als zwei Seiten eines dynamischen (mindestens dynamisierbaren) Prozesses, der das bereits angedeutete latente Problem der Re-Integration des empfindsamen Subjekts in die nicht empfindsame Gesellschaft überdeckt. Positive Zuwendung sichert *sowohl* ein moralisch legitimes Glück im Selbstgenuß *als auch* den Zusammenhalt der gesellschaftlichen Gemeinschaft. Noch einmal Salzmann in seiner conclusio: »So können wir unsere kleine und unwichtig scheinende Existenz weit ausbreiten. So können wir uns unzerstörbare Schätze sammeln. So können wir das Band der menschlichen Gesellschaft immer fester zusammenziehen. [...] Und so können wir uns endlich eine immer vergnügende Abwechslung von schönen und angenehmen Empfindungen zu wegen bringen.« [76]

»Man sieht, daß die Betrachtung der Natur immer viel Reiz für sein Herz hatte:
er fand darin eine Ergänzung zu den Anhänglichkeiten, deren er bedurfte,
aber er hätte die Ergänzung für die Sache selbst gerne fahren lassen,
wenn ihm die Wahl geblieben wäre (...)
Ich würde gerne, sagte er mir,
die Gesellschaft der Pflanzen für die der Menschen hingeben,
sobald ich nur Hoffnung schöpfen könnte,
sie wiederzufinden.«*

6.3. Landschaftsgarten und naturale Zeit: Natur als Element des empfindsamen Erfahrungsraums

Viel ist die Rede gewesen von der Natur des Empfindsamen, insbesondere dem emphatischen Bezug auf die eigene Empfindungsfähigkeit und die positive Hinwendung zum Mitmenschen. Gleichfalls aber von besonderem Interesse ist für ihn die Natur als Landschaft. Hier – und nicht in der Gesellschaft – ist der für die Empfindsamkeit typische Ort.

Warum diese Vorliebe? Was findet der Empfindsame in der Natur, das ihm die Gesellschaft nicht gibt? Eine erste Antwort könnte die zeitgenössische Diskussion über den Landschaftsgarten geben, da sich in diesem »Konzeptkunstwerk« [77] ein gleichsam systematisiertes und kondensiertes Bild eines solchen idealen Ortes herauskristallisiert. [78] Im Kern dieser Debatte steht die mit ihr fast gleichgesetzte Opposition von ›französischem‹ und ›englischem‹ Garten. Gerade dieser Streit bietet sich als Ausgangspunkt für die Untersuchung an, da ohne Rückgriff auf Gegenbegriffe, und darauf haben R. Spaemann [79] wie auch H. Schippers [80] in ihren begriffsgeschichtlichen Arbeiten übereinstimmend hingewiesen, der Vieldeutigkeit des Naturbegriffs nicht beizukommen ist.

Das national-politische Etikett, das man diesem Stilgegensatz gegeben hat, erinnert einmal mehr an die politische Bedeutungsdimension der Empfindsamkeit. Doch greift eine Analyse, die sich nur auf den gesellschaftspolitischen Aspekt beschränkt, (auch) hier zu kurz. Mit dem durchaus eindeutig politisch konnotierten Gegensatz zwischen einem ›französischen‹ Garten, den die Semantik der Zeit mit Absolutismus, Aristokratie und Hof(-Gesellschaft) verbindet und einer politisch progressiven, ›englischen‹ Gartenanlage, in der man eine demokratisierende Wirkung erkennen will, [81] ist nur eine, wenn auch stets aktualisierbare Bedeutung herausgestellt.

---

* J. J. Rousseau richtet über Jean-Jacques (Dialog), in: Schriften, 2 Bde, hrsg. v. H. Ritter, München/Wien 1978, Bd. 2, S. 406 f.

Hier interessiert jedoch mehr die gleichfalls in der Diskussion herausgehobene Affinität des Empfindsamen zu der in der Ästhetik des Landschaftsgartens formulierten Naturerfahrung einschließlich deren zivilisationsgeschichtlicher Aktualität zum Ausgang des Jahrhunderts. In der Emphase einer ›natürlichen‹ Natur schreibt die Empfindsamkeit eine eigentümliche Naturerfahrung bzw. Natur*zeit*erfahrung aus, die einen im letzten Drittel des Jahrhunderts durchgreifenden Verlust an Unmittelbarkeit der Erfahrung, wenn nicht restaurieren, dann doch kompensieren will. Dieser signifikante Wandel des sozialen »Erfahrungsraums« [82] könnte sowohl die Verlaufsrichtung als auch die historischen Durchsetzungschancen der Empfindsamkeit (mit-)erklären.

Indem man den französischen Garten mit ständisch-absolutistischer Repräsentation gleichsetzt, ist über den Ausgang der Debatte immer schon entschieden. Er taugt nur noch zur Negativfolie. Als bloße »Einschränkung« und »Einförmigkeit« abgelehnt wird dann auch genau das, was den höfischen Garten bestimmt, also vor allem die strenge Geometrisierung, die, wie es ›im Hirschfeld‹ heißt »genaue und zierliche Abmessung« bzw. die strikte »symmetrische Anordnung« [83]. Abgegrenzt wird längs der taktischen Linie von Unnatur versus Natur. Entgegen dem »Ideal eines teutschen (!) Garten«, haben die Franzosen die wahre Natur »verstümmelt«, sie mit »sclavischen Fesseln« belegt, ja kurzum alles unternommen, um die »Natur zu verderben«. [84] Aber eine solche Mißhandlung der Natur muß die gerade *nicht* in politischer Repräsentation ihr Selbstwertgefühl suchende empfindsame Tugendnatur verfehlen. Dieser Garten, so der immer wieder nachgezeichnete Vorwurf, läßt das innere Selbst ungerührt. Statt Emphase nur Gleichgültigkeit. Entsprechend zählt zur »widrige [n] Wirkung« dieser symmetrischen Gartenanlagen eine unvermeidbare »Einförmigkeit und Langeweile, [...] die der Bestimmung der Gärten gerade entgegen steht. Alles, natürliche und künstliche Gegenstände, alles sieht sich so gleich; keine Mannigfaltigkeit, keine angenehme Unterbrechung; alles ist auf einmal überschaut, auf einmal begriffen. Wir fühlen es, daß die Eindrücke bald ermatten, alle Kraft verlieren; wir wollen beschäftigt seyn, und finden nichts, das uns mehr rührt« [85].

Nicht minder formelhaft, was man dem entgegensetzt. Man begeistert sich für eine wahre und ursprüngliche Natürlichkeit, wie sie sich im »freien«, scheinbar ohne technische Eingriffe entstandenen Landschaftsgarten realisiert. Wie schon in der Briefästhetik findet sich auch hier die Formel von der kunstvollen Kunstlosigkeit als verbindliche Maxime der neuen Gartenästhetik: »von der Natur allein gebildet zu seyn scheinen« [86] – so müssen sich die neuen Anlagen dem Betrachter präsentieren. Vorbildlich ist allein eine ob ihrer »Ungezwungenheit« und »angenehmen Nachläßigkeit« gepriesene Natur. Aus ihr ist zu lernen: »Die Natur ordnet alle Gegenstände in der Landschaft mit Freyheit und Ungezwungenheit an. Keine symmetrische Gleichheit, keine künstliche Abzirkelung,

keine Einförmigkeit im Umfang, in Gestalt und Bildung [...] Alles erscheint in
einer ganz freyen Anordnung, mit der größten Abwechselung, mit einer Art
angenehmer Nachläßigkeit und Zerstreuung, die mehr werth ist, als die sorgfäl-
tigste Genauigkeit.« [87]

Diese ›reine‹ Natur folgt weitgehend dem alten Topos von der moralischen
Überlegenheit der Natur (bzw. des Landes) gegenüber der höfischen Verderbtheit. Und ohne Zweifel lebt der Diskurs der Empfindsamkeit auch von dieser
Traditionsfigur eines zivilisatorischen und moralischen Gefälles zwischen Land
und Stadt, zwischen ländlicher Ruhe, Einfachheit und Moralität und dekadentem
Hof. Die Empfindsamen halten es mit der Moral. Ihr Platz ist das Ideal einer der
»großen« und »lauten« Welt fernen Natur, gleich ob in der Stilisierung einer eher
landadeligen Existenz, wie (z.T. auch) bei jener »Schwedischen Gräfin« oder,
mehr in einer (Stadt-) bürgerlichen Variante, als Rückzug in das Sommer- bzw.
Landhaus. Entscheidend ist nur der ›Symbolwert‹ dieser idealen, fast schon
idyllischen Geographie. Der je gewählte Ort versinnbildlicht die Distanz der
natürlichen Sozialität zu einer Gesellschaft, die sowohl als korrupte hierarchische
Ständeordnung als auch als bürgerliches Erwerbsleben gesehen werden kann.
Das realitätsferne ›Land‹ wird zum moralisch unendlich überlegenen Gegenpol:
»O Land! Wohnsiz der stillen Weisheit, glüklich durch Unschuld und Ruhe! in dir
will ich mich von den eingebildeten Bedürfnissen entwöhnen, fern vom Geräu-
sche, und dem Blendwerke des Hofes – wo die Menschheit in der Larve geht,
der Bösewicht lächelt, und der Dummkopf eine wichtige Miene macht.« [88] In
sicherer Entfernung zur Gesellschaft lebt man unbehelligt in einer sich selbst
genügenden Gemeinschaft und genießt ein privates, neostoizistisch durchfärb-
tes Glück. Entfernung meint dann auch nicht einfach Einsamkeit oder gar ein-
siedlerische Askese. Viel eher hat man sich dieses weltferne Leben als eine
»diskrete Form ländlicher Geselligkeit« [89] vorzustellen, die dem Druck hierar-
chischer bzw. strategischer Verkehrsformen entzogen ist. Dieser überschaubare,
Problemen und Konflikten entrückte Ort wird zum empfindsamen Topos. Er ist
utopisches (Fern-)Ziel oder schon Gegenwart als Glück verheißendes Arkadien.
Die Affinität zur Tradition der Idylle ist nicht zu übersehen, ja erst im Rückgriff
auf deren reichen Zitatenschatz zur Artikulation eines familiär-intimen Glücks
gewinnt dieser Ort empfindsamer Geselligkeit seine Konturen. In der (Glücks-)
Metapher vom friedvollen Land- und Naturleben scheinen alle sozialen (und
privaten!) Probleme gelöst, oder gar nicht erst vorhanden. Konsequent blendet
man Arbeit und Politik, letztlich sogar den Zugriff der sozialen Institutionen auf
das Subjekt überhaupt aus und beschränkt sich ganz auf eine partikulare, einseitige, und beschränkte Glücksimagination. [90] Man genießt eine dauernde Ruhe,
einen immerwährenden Frieden, der weder Langeweile noch Krisen kennt. Die
Charaktere, die diese Szene bevölkern, leiden keineswegs an ihrer Individualität,
halten sich mehr an den »sanft-didaktischen« Ton, [91] der auch die poetische

Tradition der Idylle prägt. Das Lob für das gänzlich stilisierte, vollkommen statische Leben auf dem Lande ist ungetrübt: [92]

»Welches Vergnügen gleicht dem Vergnügen der Geselschaft, die wir auf dem Sommerhause in einer kleinen Zahl zärtlicher und aufgeklärter Freunde haben, wo der Geist frei von der Unruhe der Leidenschaft ist, wo das Ohr von keiner Verläumdung betäubt, von keiner Schmeichelei getäuscht wird, wo wir in einer edlen Freiheit mit einander, und mit der ganzen Natur umgehen, uns bald mit dem Himmel, bald mit der Erde, und ihren mannigfaltig ergötzenden Scenen unterhalten? Zu beklagen ist der, der sich nur in der Geselschaft gefält, der einsam sich unerträglich wird, und sich selbst zu fliehen sucht.« [93]

Auch die empfindsame Landschaftsarchitektur soll mit ›ergötzenden‹ (Natur-) Szenen unterhalten: Sie soll einen Zugang zur Natur ermöglichen, der zuerst dem Selbstgenuß des Betrachters dient. Dazu sei eine ausführliche Natur- bzw. Gartenbeschreibung des bereits erwähnten Ernst F. Ockel gehört. Wie hier Natur erlebt wird, ist seit den 70er Jahren für einen Großteil des Diskurses weitgehend typisch – und das meint nicht zuletzt auch die Ausführlichkeit, mit der man berichtet. Noch kurz zur Szenerie: es ist frühmorgens, Frühling, der Ich-Erzähler erwacht zur

»schönsten Scene der Natur«: »Der Gesang der Vögel wurde munterer und unter den melodischen Accorden ihrer süssen Begeisterung ergoß sich bald mein Herz in reger Zärtlichkeit, bald wallete es zu simpathetischen Empfindungen reiner Dankbarkeit gestimmt, gen Himmel empor. [...] Ich erhub mich in einen nahen Garten, um mich dem Reize angenehmer Empfindungen ungestört zu überlassen. Das lebhafte Grün der Bäume erheiterte mein Gemüth. Die Stauden dufteten mir Anmuth. Die noch vom Thaue beperleten Blumen schlossen sich eben [...] und hauchten mir ihre himmlischen Gerüche. Ich fand, indem ich unter ihnen wandelte, immer neue Pracht und Schönheit und wußte nicht, ob ich mehr die Mannigfaltigkeit ihrer Gerüche oder die Verschiedenheit ihrer Bildung oder die unnachahmliche Mischung ihrer Farben oder die Zartheit ihres kunstvollen Baues bewundern sollte.« [94]

Das soll zunächst genügen. Entscheidend an diesem Naturgenuß ist das Ineins von Naturbeschreibung und Empfindungsprotokoll. Zwar klingt gelegentlich noch eine theologische Sicht an, doch es dominiert eindeutig der Bezug auf das empfindungsfähige Subjekt, auf das (sich) genießende Selbst, das der Natur ohne jegliches praktisches Verwertungsinteresse entgegentritt. Popularphilosoph der er ist, zieht Ockel aber gleich selbst den Schluß aus seiner Erfahrung: »Betrachte ich das Ganze, von dem ich ein Theil bin [...], so finde ich, daß die ganze Einrichtung desselben an die Anlage meiner Natur zu empfinden und an alle Organen, mit welchen sie zu diesem Endzwecke versehen ist, so genau anpasset, daß sie für mich und ich für sie zu geschaffen zu seyn scheine.« [95] Ockel folgt in seiner (Selbst-)Beschreibung einer Art prästabilierter Harmonie. Anthropologische Anlage und äußerer Reiz entsprechen sich vollkommen: »Für jedes Werkzeug zu empfinden schuf sie (d.i. letztlich die »Einrichtung« der Welt, N. W.) eine

Art von Vergnügen; für jeden Trieb einen besonderen Reiz. Für mein Ohr ertönet sie in melodischen Gesängen; für mein Auge schimmert ihre Pracht und Schönheit im siebenfarbichten harmonisch-gemischten Lichte; für den Geruch wallen die lieblichsten Düfte«. [96]

Diese ideale Natürlichkeit, die so weit wie möglich der zärtlich-sensitiven Wesensnatur des empfindsamen Gartenbenutzers entgegenkommt bzw. sich von ihr maßgeblich anregen läßt, steht auch am Ziel der Gartenbaukunst. Ihr Vorbild ist eine Anlage, deren kunstvoller Aufbau exakt jenen ›wohlproportionierten Wechsel‹ angenehmer Empfindungen ermöglicht, der die moralisch positive wie sinnlich angenehm empfundene Bestimmung des Ich-Gefühls garantiert: Der Empfindsame fühlt und genießt die Natur subjektiv in der Wahrnehmung des eigenen Selbst. Noch die kleinsten technischen Details werden an dieser Maxime gemessen. Über Weganlage, Pflanzenwahl oder Wasserführung entschieden wird aufgrund der je möglichen Wirkung auf die (empfindsame) Wesensnatur. »Herz« und »Seele« sollen allein bestimmen. Für ein derart künstliches Naturszenario bedarf es allerdings eines ausgefeilten psychologischen Wissens. Denn nur wenn der Architekt auch etwas von der empfindsamen Psychologie versteht, kann er aus den verschiedenen technischen Möglichkeiten der Gartengestaltung die richtige herausfinden, kann er, wie es im Hirschfeld heißt, die gewünschte »Wirkung ihrer Eigenschaften zur Seele bringen und ihre Empfindsamkeit reizen.« [97]

Charakteristisch für diese künstlich gelenkte und intensivierte Natur- und, vor allem, Selbsterfahrung ist auch hier, wie schon an der empfindsamen Sprache gezeigt, eine vorgebliche Unmittelbarkeit. Scheinbar distanzlos genießt der Empfindsame sich im Einklang mit der Natur.

Der Anspruch auf eine unmittelbare Erfahrung ist dabei um so bemerkenswerter, als die Hauptlinie der zivilisatorischen Bewegung der Aufklärung einer ganz anderen Richtung folgt. Ungebremst in der Kritik der Tradition und der Auflösung des Gewohnten unterminiert der Erfolg der Aufklärung Geltung und Reichweite einer der Erfahrung Kontinuität und selbstverständlich Evidenz gewährenden Lebenswelt. Entschieden beschleunigt wird dieser Modernisierungsprozeß durch den strukturellen Wandel der Gesellschaft. Der irreversible Geltungsgewinn funktionaler Teilsysteme bringt eine bis dahin unbekannte Expansion und Technifizierung von Verkehr und Information und schränkt so den alltagsweltlichen Verstehenskreis immer weiter ein. Zur Regel wird eine Erfahrung, die sich mehr und mehr vom bis dahin Gewohnten als dem scheinbar Unveränderlichen entfernt. »Beschleunigung«, so Koselleck in der erfahrungstypologischen Charakterisierung dieser Epochenschwelle zur Neuzeit, wird »zu einer zeitspezifischen Grunderfahrung.« [98] Greifbar ist dieser »Erfahrungsschwund an Unmittelbarkeit« [99] in der Veränderung der Erfahrung organisierenden Zeitstrukturen. Schon in der Emphase des aufklärerischen Fortschritts zeigt sich der Wandel in Richtung auf eine offene Zukunft, die weder gebunden ist an die heilsgeschichtliche Entfaltung in gottgegebene aetates, noch in der festen Kontinuität der Generationenabfolge ruht, nach der sich Vergangenheit und Zukunft nach gleichbleibendem, aktueller Gegenwart noch zugänglichem Maß erschließen lassen.

Abzulesen ist diese Umorientierung auf eine nicht mehr durch providentielle Vorgaben oder Tradition festgelegte Zukunft in der Struktur der politisch-sozialen Sprache zum Ende des Jahrhunderts: »Während sich frühere Begriffe dadurch auszeichnen, daß sie die bisher angesammelte Erfahrung in einem Ausdruck bündelten, dreht sich jetzt das Verhältnis des Begriffes zum Begriffenen um.« [100] Statt die Kontinuität einer vertrauten Erfahrung festzuhalten, macht die neue Zeitlichkeit Anleihen auf eine Zukunft, »in die mehr Wünsche eingehen, als die bisherige Geschichte zu erfüllen vermochte.« [101] Auch diese ›denaturierte‹ Zeitlichkeit, die von der Alltagserfahrung her nur noch mit einer besonderen Abstraktionsleistung eingeholt werden kann, markiert einen weiteren Erfolg einer nicht mehr auf ›ihr‹ 18. Jahrhundert begrenzten Aufklärung.

Projiziert auf diese Hauptlinie aufklärerischer Modernisierung zeigt der Diskurs der Empfindsamkeit zusätzliche Konturen. Auffallen muß jetzt, daß man in der Empfindsamkeit ausdrücklich an naturalen Zeitkategorien festhält. Das beweist nicht zuletzt auch die Gartenbaukunst, wenn sie, wie etwa in der »Theorie der empfindsamen Gartenkunst«, den Betrachter ausdrücklich für die Wahrnehmung naturaler Zeit sensibilisieren will. Zur freien und unverfälschten Natur zählt wesentlich eine Zeiterfahrung, die ganz auf den Genuß und Nachvollzug der natürlichen Tages- bzw. Jahreszeiten abstellt. Ein gut geplanter Garten muß diese Natur-Zeit in möglichst sinnfälligen »Auftritte(n)« regelrecht inszenieren. Der empfindsame Gartenbenutzer, dem ein bäuerliches, vom Naturkreislauf des Sonnenjahres abhängiges Landleben fern gerückt ist, soll hier die Zeit nach dem Muster der Natur erfahren können:

»Die Garten = Auftritte müssen nach den Tages-Zeiten sich richten, und mit den Eigenschaften derselben übereinstimmen, als z.E. // Der Morgen, verlangt Freyheit, offene Rasen = Plätze und Anhöhen, denn die schwachen Strahlen der Sonne sind uns angenehm; die Holzungen müssen hellgrün seyn, das Wasser rauschend und lustige Auftritte finden statt. // Der Mittag, verlangt wegen der brennenden Sonnen = Strahlen, dichte Gebüsche oder luftige Hayne, das Holz muß dunkelgrün seyn, übrigens, schattigte Thäler, schleichende Wasser-Bäche und traurige Auftritte, sind am besten.« [102]

Die Dramaturgie stimmt dann die Tageszeiten mit den Jahreszeiten ab. Als Beispiel der Plan für den Frühling:

»Der Frühling, dessen Schönheit frisches und neues Grün seyn, ingleichen die Blüthe, läßt sich mit den Auftritten des Morgens und Abends verbinden, wenn man auf denen offenen Rasen = Plätzen, hin und wieder Fruchtbäume setzt, deren Blüthe zu sehen ist, und welche durch das Abfallen, dem Rasen eine neue Verzierung geben; an den Rändern der Hölzer, müssen blühende Sträucher gesetzt werden, ingleichen zeitige Blumen, welche, wenn des Laubs noch klein, oder gar nicht ist, durch das Holz durchschimmern und die schöne Jahres = Zeit ankündigen.«[103]

Noch sehr viel gekonnter spielt jedoch ein (literarischer) Text, der die Grenzen des Empfindsamkeitsdiskurses schon weit hinausschiebt, die Natur bzw. naturale Zeitkategorien als eine den empfindsamen Erfahrungsraum strukturierende Größe aus. Die Geschichte des »Werther« – sie sei als Beispiel ausgewählt – ist bis in scheinbar entlegene Einzelheiten hinein eine Lebensgeschichte, die durchgängig mit der Natur bzw. Naturzeit korrespondiert. Oder wie Franz G. Ryder in seiner Untersuchung über »Time as Metaphor« feststellt, der ganze Text ist eingebettet in ein System von Verweisen auf naturale Zeit, den »time pattern of nature«. [104] Die Selbsterfahrung der Haupt- und Titelfigur ist unlösbar verwoben mit den Jahres- und Tageszeiten, ja sogar bestimmten, durch bedeutungsvolle Sternkonstellationen aus dem Jahresverlauf herausgehobenen Zeitpunkten bzw. Zeitwenden. So fallen die Extrempunkte in Werthers Geschichte, die Momente intensivster Daseinsfreude – d.i. die Nacht des ersten Tanzes mit Lotte –, wie auch sein Todestag jeweils auf die Sonnenwende(n) und gewinnen durch diese natürliche Besonderheit (die kürzeste bzw. längste Nacht des Jahres) im Zeitablauf zusätzliche Bedeutsamkeit. [105] Auch die der Geschichte eigene Zeit folgt auf das genaueste dem Lauf der Jahreszeiten, dem Sonnenjahr: »The whole story of Werther moves in accord with the progression of the seasons«[106], so daß dem Leser die Werthersche Lebensgeschichte erscheinen muß als »a meaningful concord of the life of the hero with the course of the seasons.« [107] Aber nicht nur, daß die (Lebens-)Geschichte entsprechend dem Sonnenjahr progrediert, selbst »tone and content of episode correspond systematically to time of year«. [108] Allenthalben artikuliert sich die (Selbst-)Erfahrung über Metaphern, die aus dem Kontext der Naturzeit entstammen. Äußere und innere Natur vermischen sich, werden ununterscheidbar: »Wie die Natur sich zum Herbste neigt, wird es Herbst in mir und um mich her. Meine Blätter werden gelb, und schon sind die Blätter der benachbarten Bäume abgefallen.«[109] Die ganze Person lebt – und stirbt![110] – in sympathischer Verbindung mit der Naturzeit: »Werther as a person [...] exists on a plane with sympathetic analogy with the seasons.«[111] Und selbst noch der Tag als naturale Zeitmetapher ist bedeutungsvolles Element in Werthers Erfahrungsraum. Ihn bestimmt ein dem Tagesverlauf entsprechender Lebens- und Leidensrhythmus, so daß er »gleichsam mit jedem Tage sein ganzes Vermögen verzehrte, um an dem Abend zu leiden und zu darben.«[112] Und in genauer Übereinstimmung mit dem Gang der Hauptmetapher, der »Krankheit zum Tode«, dominiert im 2. Buch, das mit Werthers Freitod endet, das ahnungsvolle, am kommenden Sonnenaufgang zweifelnde Nachempfinden des Sonnenuntergangs: die Finsternis der Nacht wird zur »Finsterniß meiner Seele«. [113]

Keineswegs soll der oft mehrdeutige Gebrauch der Zeitsymbolik geleugnet werden, aber es ist doch frappierend, wie eindeutig sich diese Zeitmetaphorik um die Suggestion von Naturverbundenheit und Unmittelbarkeit bemüht. Selbst wenn Werther sich der Gesellschaft entfremdet fühlt, keinen Ausweg aus der allgemeinen Korrumption sieht, bleibt die Rückbindung an die (nicht vergesellschaftete) Natur(zeit).

Auch – oder gerade? – dieser für den Diskurs der Empfindsamkeit insgesamt nicht (mehr) typische Text (vgl. Kap. 7) bestätigt nachdrücklich die besondere Bedeutung naturaler Zeitstrukturen für den empfindsamen Erfahrungsraum: Wächst die Distanz zur Gesellschaft bis hin zum Antagonismus, wird die (Landschafts-)Natur nicht selten die einzige Instanz, die Selbstbestätigung gibt. Vielleicht verweist gerade diese Möglichkeit eines letzten Rückzugs, in der die Natur dem Empfindsamen das wiederzugeben vermag, was er »in der Gesellschaft aufgegeben hat [nämlich, N. W.] ein Gegenüber, das seine persönliche Existenz befriedigt«[114], auf die besondere Funktion einer solchen unmittelbaren Naturerfahrung. In einer dem Empfindsamen zunehmend fremden Welt, deren Fortschritt sich immer weiter der empfindsamen Idylle entfernt, gewinnt eine solcherart anachronistische Erfahrungsweise an Bedeutung – und sei es auch nur als Kompensation.

Von hier aus lassen sich Vermutungen anstellen über die Erfolgschancen des Diskurses in einer Gesellschaft, die – wie gesehen – ganz andere, dem Erfahrungsraum des Empfindsamen *entgegenstehende* Erfahrungen freisetzt. Gewinnt die Empfindsamkeit tatsächlich ihre Bedeutung vor allem aus der Kompensation zunehmender Kontingenzerfahrung, dann könnte dieser Erfolg auf Kosten des Geltungsanspruchs gehen: Ihre Ordnung gilt dann nicht mehr für die Gesellschaft selbst, sondern nur noch für ein Refugium, das vor der Gesellschaft Schutz gibt.

7. EXTREM UND NORMALITÄT:
INSTITUTIONALISIERUNG ALS KOMPLEMENTÄRE ALTERNATIVE

7.1. Probleme der Begrenzung oder ist alles möglich?

Entgrenzung, Expansion, Intensivierung – vor allem unter solchen und ähnlichen Begriffen bündelte sich bislang die Geschichte der Empfindsamkeit. Sei es, daß von der Empfindsamkeit die Rede war als einer Kommunikation, die die komplementäre Ordnung standesspezifischer, gegeneinander abgeschlossener Sprachfelder überschreitet, sei es, daß eine empfindsame Nahwelt Chancen für ein privates und persönliches Glück eröffnet. Doch dieser Zugewinn an zugleich individualisierender wie sozialisierender Kommunikation bedeutet andererseits nicht, daß der in den 70er Jahren des Jahrhunderts so erfolgreiche Diskurs ohne Grenzen, ohne Einschränkung und Kontrolle durch die Gesellschaft existieren könnte. Das widerspräche schon der allgemeinen Definition des Diskurses als einem Reglement sozialer Kommunikation: das Sagbare setzt immer schon die Negation anderer Möglichkeiten voraus: »Der Austausch und die Kommunikation«, so M. Foucault in der Kritik der Vorstellung eines unbegrenzten und freien Austauschs der Diskurse, »sind positive Figuren *innerhalb* [N. W.] komplexer Systeme der Einschränkung; und sie können nicht unabhängig von diesen funktionieren.« [1]

Wenn aber Kommunikation stets nur innerhalb genau bestimmter Schranken freigegeben wird, so ist dies ein Verweis auf die immer gegebene soziale Begrenzung, auf die limitierende Funktion der Gesellschaft. [2] Doch diese allgemeine Funktionsbestimmung bedarf der historischen Konkretisation. Änderungen in der Ausübung dieser Funktion läßt vor allem die Umstellung der Gesellschaft in ihrem primären Differenzierungstyp – hier also der Wechsel von stratifikatorischer zu funktionaler Differenzierung – erwarten. [3] Kritische

---

* Pascal Bruckner/Alain Finkielkraut, Das Abenteuer gleich um die Ecke. Kleines Handbuch der Alltagsüberlebenskunst (aus dem Französischen von H. Kober), München/Wien 1981, S. 112.

Größe ist dann die jeweils tolerierte Distanz zwischen Interaktion und Gesellschaft, zwischen eigenständig formulierter Interaktionsrationalität und allgemeiner Interaktionskompetenz. Eine nach Struktur und Selbstverständnis stände-*politische* Gesellschaft, in der noch bis weit ins 18. Jahrhundert hinein das *Verhalten* der hierarchischen Spitze zugleich Herrschaft repräsentiert und stabilisiert, wird sich dabei weniger leisten können als eine Gesellschaft, deren Subsysteme nach je spezifischen Funktionsmaximen ausdifferenzieren und so auch je eigene Interaktionstypen verlangen.

Dies hat Folgen für die (Rekonstruktion der) Diskursgeschichte. Skepsis ist angebracht gegenüber einer Beschreibung, die einen Antagonismus von Freiheit und Unterdrückung, von ungezügeltem Ausdruck und repressivem Zwang aufbaut. Ansetzen ließe sich vielmehr an den nun nicht mehr ständisch bestimmten Grenzen und Kontrollen für die Empfindsamkeit, an der Art und Weise, wie Funktion und Präsentation des Diskurses in Übereinstimmung mit sich verändernden historischen Bedingungen gebracht werden. Ausgangspunkt könnte dabei die (systemtheoretische) Einsicht sein, nach der die Möglichkeiten des Diskurses nicht einfach auch die der Gesellschaft sein können. [4] Das wird schnell klar, wenn man sich den für den Diskurs der Empfindsamkeit wesentlichen Gegensatz vergegenwärtigt: einerseits die gesteigerte Sensibilität für den anderen als Basis für eine ganz von Gleichheit und Sympathie getragene Geselligkeit und andererseits die Gesellschaft, deren Funktionssysteme Formen asymmetrischer Kommunikation voraussetzen. Von dieser Konstellation her gesehen hat der Erfolg der Empfindsamkeit eine unsichere Basis. Denn nur wenn dieser Widerspruch in Form und Anspruchsniveau des Diskurses eingeht, wenn die Empfindsamkeit sich den Forderungen der Gesellschaft anpaßt, kann sie erfolgreich sein.

Wie steht es dagegen mit der Umkehrung? Wie wahrscheinlich ist es, daß Individualisierung und gesteigerte Geselligkeit die (ganze) Gesellschaft bestimmen, daß die Gesellschaft sich nach dem Bild der Empfindsamkeit einrichtet? Das scheint schwierig, gerät schnell zum naiven Utopismus. Denn wie kann ein einziger Diskurs alle anderen Segmente der Gesellschaft dominieren? Ein solches Vertrauen in die Kraft der Utopie beschwört leicht den Mythos vom einzigen, allumfassenden Umsturz aller Verhältnisse: Wenn nur alle den moralischen Regeln des zärtlich-empfindsamen Umgangs folgen, wird der Traum von der Gesellschaft als einer pazifizierten (Nah-)Welt wahr.

Man mag diese Vorstellung als Utopie schätzen oder aber als Wunschdenken abtun, naheliegender jedoch scheint die Frage nach dem Verlust, nach den nicht realisierten Erlebnis- und Handlungsmöglichkeiten, die der Aufnahme der Empfindsamkeit in den Bestand der essentiellen sozialen Orientierungsmuster gegenüberstehen.

Diese eher allgemein gehaltenen Überlegungen zu Fragen der Institutionalisierung des Empfindsamkeitsdiskurses sind am Material zu prüfen. Zunächst soll die Wortgeschichte von Empfindsamkeit als dem Leitbegriff des Diskurses auf dieses Problem hin befragt werden. Gibt es solche gravierenden Formulierungszwänge und Änderungen, wie sie hier vermutet wurden, dann könnte schon das Vokabular des Diskurses, vor allem die Geschichte des zentralen Schlagworts, erste Hinweise geben.

7.2. Die Wortgeschichte: unscharfer Indikator für Veränderungen

Im Vergleich zur frühen Phase der Empfindsamkeit, hier unter dem Leitbegriff der »Zärtlichkeit« rekonstruiert, zeigt die mit Beginn der 70er Jahre einsetzende Hochkonjunktur ein anderes Bild. Allein schon die Textlage ist jetzt ungleich umfangreicher und komplexer. Besonders auffallend ist die Zunahme an *kritischen* Redefiguren. Offensichtlich fehlt hier eine ähnlich geschlossene Bedeutung, wie das noch für die »Zärtlichkeit« gelten konnte. Auch den Zeitgenossen blieb dies nicht verborgen, hatten sie es doch nun mit unübersichtlichen, oft widersprüchlichen Definitionen zur Empfindsamkeit zu tun. [5] Keineswegs jedoch meint die langsame Durchsetzung des neuen Zentralbegriffs einen generellen Bedeutungswandel. Der Übergang von »zärtlich« auf »empfindsam«, läßt keine eindeutige Innovation in der Semantik erkennen. Eher kann man von einer durchgehenden Grundbedeutung sprechen: sowohl »Zärtlichkeit/zärtlich« als auch »Empfindsamkeit/empfindsam« umschreiben die Fähigkeit zur Erfahrung sinnlich angenehmer Empfindungen und Gefühle, deren legitimer sozialer Ort die altruistische, gänzlich moralische und nur gegenseitiger Zuwendung verpflichtete Geselligkeit ist.

Auch Georg Jägers Wortgeschichte [6], in ihrer Anlage weit ausführlicher als das hier beabsichtigt ist, sieht im Wechsel der Leitbegriffe weniger eine vollständige und plötzliche Substitution, als das Entstehen eines breiteren Definitionsbereiches, dessen Varianten mehr oder minder synonym den Diskurs charakterisieren. Bis zu Bodes Übersetzung – aus der Sterne'schen »Sentimental Journey« wurde, wie bereits gesagt, die »Empfindsame Reise« – galt »zärtlich«/»Zärtlichkeit« als gleichbedeutend mit »empfindlich«/»Empfindlichkeit«, wobei die Kombination beider Begriffe, wie z. B. in der »zärtlichsten Empfindlichkeit«, die Übertragung des Gefühlsgehalts von zärtlich auf empfindlich bestätigt. Auch nach 1768 – dem Jahr der Bode'schen Übersetzung – verschwinden »zärtlich« bzw. »empfindlich« nicht gänzlich, sie verlieren nur an Terrain gegenüber dem Begriff der »Empfindsamkeit«, der sich als allgemeine Bezeichnung durchsetzt. In dieser generellen Bedeutung findet sich sogar die gelegentliche Stilisierung der Empfindsamkeit zum Epochenbegriff. Nachlesen kann man das z.B. im »Hannoverschen Magazin« von 1778: »Das jetzige Zeitalter kann unterscheidungsweise, das Zeitalter der Empfindsamkeit genannt werden«. [7]

Mögliche Veränderungen lassen sich also kaum aus dem Wechsel der begrifflichen Dominanten erschließen. Es ist eher die auffällige Ausweitung des um »Zärtlichkeit« bzw. »Empfindsamkeit« gruppierten Wortfeldes, das Auschluß verspricht. Für die These einer fraglich werdenden semantischen Einheit von »Empfindsamkeit« könnten etwa die häufigen Adjektivationen sprechen, da jetzt, angesichts des nun »verwickelten Sinnes« [8] der Begriffe, wie es in dem bereits genannten Artikel heißt, die abgrenzende Behauptung der jeweils eigenen Position erforderlich geworden ist. So spricht man nicht selten von einer »wahren«, »richtigen«, oder »ächten« Empfindsamkeit – und sollte das eine Attribut nicht reichen, so verlängert man bis hin zu einer »wahren und tätigen«, »natürlichen und sanften« Empfindsamkeit. Und wenn auch das nicht reicht, greift man auf negative Gegenbegriffe zurück, um in der Distanz zu anderen Positionen die eigene zu stärken, bis man sich schließlich (z.B.) als Vertreter einer »wahre [n], richtige [n] Empfindsamkeit ohne Künstelei und Zwang« [9] ausgewiesen hat. Schwierig wird es, wenn all diesen Epitheta zum Lobe des eigenen Unternehmens ein halbwegs eindeutiger semantischer Gehalt zugeordnet werden soll. Gut belegen kann dies die Auseinandersetzung um Johann G. Jacobi. Wirft man ihm einerseits vor, ein Verteter der »falsche [n], marklose [n], übertrieben süßlich [en] und talentlose [n] Empfindsamkeit« zu sein [10], so verteidigt sich Jacobi seinerseits mit der Behauptung, daß gerade er darauf achte, »Empfindungen der Natur« zu wecken, ohne der zur Mode gewordenen »trägen« Empfindsamkeit zu schmeicheln. Zum Kritisieren und gegenseitigen Diffamieren eignen sich auch, wie bereits erwähnt, die stark ausgearbeiteten Gegenbegriffe, unter denen der (Kampf-)Begriff der Empfindelei an erster Stelle steht. Immer aber geht es um das, was von einer »wahren« und »gesunden« Empfindsamkeit abweicht. Soweit das überhaupt aus der Wortgeschichte ersichtlich ist, kommt diese Kritik nur zum geringsten Teil aus einem der Empfindsamkeit völlig fremden Diskurs. Eher scheint diese auffällige Häufung von Gegenbegriffen und Differenzen auf Bewegung *innerhalb* des Empfindsamkeitsdiskurses zu deuten.

Offensichtlich arbeiten nicht wenige Texte an einem Begriffskatalog, der all das aufführt, was von einer (Ideal-)Norm empfindsamen Verhaltens abweicht. Dabei fällt auf, daß man eine ›anomale‹, disproportionale Empfindsamkeit in direkte Verbindung setzt mit einer speziellen, Physis wie Psyche erfassenden Pathologie, die die unausweichliche Folge diagnostiziert: eine falsche Empfindsamkeit macht krank. Es ist jetzt nicht nur die rationalistische Moral, wie noch in der Phase der »Zärtlichkeit«, die den natürlichen Selbstbezug der Subjekte bewertet und korrigiert. Dazu kommt jetzt die Angst vor Krankheit, die zusätzlich den Weg sichern soll zu einer richtigen – und d.h. jetzt auch »gesunden« – Empfindsamkeit. Diese medizinisch-physiologische Variante in der Definition der Empfindsamkeit ist keineswegs völlig neu. Schon in der Semantik von Zärtlichkeit ließ sich eine rein sinnliche Bedeutungsdimension nachweisen. Über das Bedeutungsfeld hinaus, das die moralisch-sittlichen, in Freundschaft und Liebe kulminierenden »sanften« Gefühle umfaßt, galt zärtlich bzw. empfindsam auch als physische Fertigkeit, sinnlich-körperliche Empfindungen zu haben. [11] Mistelet, bzw. sein deutscher Übersetzer Kayser, unterscheiden so z. B. zwischen der »physischen Empfindlichkeit« und der auf ihr basierenden »Empfindsamkeit«: »Sie [die Empfindsamkeit, N. W.] ist ohne Zweifel der Grund aller Leidenschaften. Sie ist der Pinsel, der das Gemählde mit groben Zügen entwirft. Jene hingegen [die Empfindsamkeit der Seele, N. W.] vervollkommnet es« [12]

Mehr und mehr finden sich statt der Tugendregeln einer utilitaristischen Vernunftmoral medizinisch-physiologische Argumentationen. Das geht schon soweit, daß das medizinisch-pathologische Begriffsfeld, das sich vor allem um Hysterie, Melancholie oder Hypochondrie bewegt, nicht mehr von einem ›eigentlichen‹ Vokabular der Empfindsamkeit abgegrenzt werden kann. Im Zentrum aller Versuche, die richtige Empfindsamkeit zu bestimmen, steht die Vorstellung eines genau einzuhaltenden Grenzwertes für die Ausbildung jener moralisch-sinnlichen Sensibilität des Menschen. Die Abweichung, das Über- oder Unterschreiten, ist ein Verstoß gegen die Moral der Gesellschaft und zugleich gefährlich für den einzelnen, für sein seelisches und körperliches Wohl: »Die Fähigkeit leicht sanfte Empfindungen zu bekommen, oder leicht gerühret zu werden nennet man die Empfindsamkeit, und unter den gehörigen Umständen ist diese Eigenschaft schätzbar [...] Rührende und sanfte Empfindungen [...] über das gehörige Maß haben und erregen, heißt empfindeln. Wird es zur Fertigkeit oder zur Empfindeley, so wird es eine wahre Krankheit nicht allein der Seele, sondern oft selbst des Leibes.« [13]

Wie Georg Jägers Wortgeschichte zeigt, hat das hier zitierte Muster exemplarischen Stellenwert: Wer zuviel, zu heftig, zur falschen Zeit oder aber am verkehrten Ort seiner naturgegebenen Anlage zur Empfindsamkeit folgt, gefährdet sich selbst, muß letztlich, so das Schreckensbild, um sein Leben fürchten. Es bleibt festzuhalten, daß die Wortgeschichte jenseits der (relativen) Kontinuität im Bedeutungsgehalt von »zärtlich‹/›Zärtlichkeit« und »empfindsam«/›Empfindsamkeit« keine eindeutigen Aussagen zuläßt über den Gang der Diskursgeschichte. Wie sich die Zunahme kritischer Redefiguren oder die Medikalisierung des Vokabulars für die weitere Geschichte der Empfindsamkeit deuten lassen – das mußte hier offen bleiben.

»The more intimate, however,
the less sociable.«*

7.3. Alternative Konventionalisierung: noch die größte Distanz ist nur scheinbar ...

Der Exkurs in die Wortgeschichte der Empfindsamkeit brachte nur ein eher negatives Ergebnis: Die (weitere) Aussagenverteilung ist unklar. Einheit und Geschlossenheit des Diskurses scheinen jetzt erst recht fraglich. Einsicht in den weiteren Verlauf verspricht dagegen das wohl auffälligste, wenn nicht gar spektakulärste Ereignis der Diskursgeschichte. 1774 erscheinen die »Leiden des jungen Werthers« und sofort entzündet sich eine starke, scharf fraktionierte Auseinandersetzung. Es bietet sich an, diesem Ausgangspunkt zu folgen. [14]

Was den Zeitgenossen eine Sensation schien, überrascht weit weniger, wenn man diesem diskursiven Ereignis die bereits rekonstruierte Diskursgeschichte unterlegt. Zwar verliert mit dem Erscheinen des »Werther« der Diskurs die bislang gehaltene Geschlossenheit, doch die literaturgeschichtliche Sensation läßt sich als Konsequenz einer schon vorhandenen Spannung innerhalb der Empfindsamkeit deuten. Was bis jetzt als doppelte Intention zusammengehalten hatte – d. i. die Gleichzeitigkeit von intensivierter Individualisierung und allgemeinem, auf Sympathie und Zuwendung, wenn nicht gar Reziprozität ausgelegtem Sozialitätsgebot – erklärt man jetzt für unvereinbar. Die Opposition wird explizit.

»Werthers Leiden« und eine kleine Zahl verwandter Texte suchen die impliziten Grenzen des Diskurses, dehnen sie in ihren Experimenten bis zur Gefahr für die psychische Existenz. Sie testen aus, was möglich ist, wenn man ausschließlich der Distanz der Empfindsamkeit zur Gesellschaft folgt, sich nur auf die emphatische Unmittelbarkeit des eigenen Selbst verlassen will. Dagegen vereint sich die Gegenseite unter dem bezeichnenden Schlagwort von der »Brauchbarkeit für die Welt«. [15] Was dieser Maxime widerspricht, der »wahren«, »richtigen« und »gesunden« Empfindsamkeit – die selbstredend für die Gesellschaft von Nutzen ist – nicht konform geht, nimmt man unter eine Kritik, die eindeutig auf Einschränkung und Normalisierung setzt. Hier gibt man sich als Anwalt all jener Bereiche der Gesellschaft, deren »Bedürfnisse« sich mit den Forderungen nach einer kompromißlosen, nur um die Selbstwerte der Individuen besorgten Sozialität nicht vereinbaren lassen.

---

* Richard Sennett, The Fall of Public Man. On the Social Psychology of Capitalism, New York 1978, S. 266.

Im Namen des »unverletzlichen Rechts« der Gesellschaft »auf jedes ihrer Mitglieder«[16] zielt man auf eine (Neuorientierung der) Empfindsamkeit, die sich auf die »berechtigten« Belange des sozialen Gemeinwesens hin orientiert. Im Kern der Kritik steht dann auch jene diskurstypische Distanz zur Gesellschaft, ohne die weder der empfindsame Charakter noch die ihm adäquate Form einer gesteigerten Geselligkeit bestehen bzw. sich entfalten kann. Eine Empfindsamkeit, so die typische Argumentation, die »für eine andere Welt, ein anderes Leben als das unsrige ist« und ganz »ohne Rücksicht auf die für jedes Individuum eben so unveränderliche dermalige Weltverfassung«[17] sich auch weiterhin entschieden von der Gesellschaft absetzt, kann mit keiner Toleranz rechnen. Was sich nicht der allgemeinen Notwendigkeit beugt, muß als »Empfindelei«, als »verderbliche Seuche« – und was der in Umrissen bereits in der Wortgeschichte zu Tage gebrachte Katalog sonst noch bietet – zum Wohl der »allgemeinen Glückseligkeit« bekämpft werden.

Beide Positionen geben sich als unvereinbare Alternative: Kompromiß oder ›Bekehrung‹ sind selten. Angelegt ist das schon in der aggressiven Sprache der Volksaufklärer, die bis hin zur militanten Unbedingtheit reicht. Die »Wohlfahrt« der Gesellschaft hat immer und überall Vorrang gegenüber dem Interesse des einzelnen. Aber auch die Gegenseite macht keine Abstriche. Mit radikaler Konsequenz zieht man sich hier auf eine Position der Verweigerung zurück, auch wenn das die soziale Ausgrenzung oder solipsistische Einsamkeit bedeutet.

Wie steht es aber bei einer solcherart zugespitzten Konfrontation mit der Kohärenz des Diskurses? Gibt es überhaupt eine Einheit oder hat man es nicht eher mit zwei völlig verschiedenen Formationen zu tun? In der Tat liegt die dennoch behauptete Kohärenz weit weniger in einem einzigen verbindlichen semantischen Gehalt oder einem bestimmten Stil. Ausschlaggebend ist vielmehr eine *funktionale Identität*, nach der beide (Teil-)Formationen als ein einziger – wenn auch widersprüchlich strukturierter – funktionaler Ausdruck für die zivilisationsgeschichtliche Genese des modernen Subjekts zu beschreiben sind. [18]

Nach der hier verfolgten These institutionalisiert sich die Empfindsamkeit als eine noch immer aktuelle Verkehrsform demnach in der Form einer Alternative: beide Seiten, trotz ihrer vordergründigen Unvereinbarkeit, implizieren sich wechselseitig als Teile *eines* sozialen Orientierungsmusters, das die Erfahrung des eigenen Selbst, der Gesellschaft und die *Differenz* von beiden diszipliniert. Aus dem in der Struktur der Alternative enthaltenen Entweder-Oder wird ein zweifacher Aufhängepunkt mit je eigener Semantik, deren normalisierende Funktion sich jedoch erst im gegenseitigen Zusammenspiel erfüllt.

Für die Betroffenen selbst, die Empfindsamen, ist dieser Funktionszusammenhang kaum reflexiv einzuholen, zumal man nach den Regeln des Diskurses gerade nicht über Probleme gesellschaftlichen Wandels kommuniziert. Jene scheinbar unversöhnliche Alternative wird so zur lebensweltlichen Realität: Was sich auf der Ebene des Diskurses noch als technisches Spiel darstellt, erlebt der Empfindsame als folgenschweres und für die eigene Biographie risikoreiches Orientierungsproblem.

> »Es dauerte keine zwey Jahre,
> da waren beyde Seelen so ganz von einander durchwittert,
> waren miteinander in so geheime durchgängige Befassung gerathen,
> daß sie nie in etwas sich mißverstanden.«[*]

> »Die Menschen verkehren zuviel
> und büßen dabei sich ein.«[**]

7.3.1. Maximalisierung und Literarisierung – auch: die Radikalempfindsamen (»Allwill«, »Werther«, »Woldemar«)

Komplexe Texte, wie sie sich gerade in diesem ›Teilausdruck‹ finden, lassen sich nur schwer unter einen Titel bringen. Groß ist die Gefahr, daß man das in solchen Texten raffiniert präsentierte semantische Material unter zu großen Druck setzt, nur um Gleichnamigkeit herzustellen.

Es sei hier dennoch gewagt, wenn auch unter diesem Vorbehalt, da sich zwei deutliche Merkmale für eine generalisierende Rekonstruktion anbieten. So kann man zunächst eine durchgehend gültige, generelle Grundregel vor den Ausdruck ziehen. Dieses Vorzeichen transponiert zentrale Diskursaussagen in einer radikalen Steigerung bis hin zu logischen Aporien bzw. – im lebensweltlichen Kontext – existenziellen Grenzwerten: eine Bewegung, die nur der eigenen Logik folgt und damit die Empfindsamkeit bis hin zu ihren eigenen (inneren) Grenzen ausweitet. Davon nicht zu trennen ist eine auffällige Änderung im (dominanten) Aussagemodus. Obwohl literarisch-fiktionale Texte auch bisher einen wesentlichen Teil des Textkorpus bestimmten, ist die Ausschließlichkeit, in der hier literarische Texte dominieren, doch ein Novum in der Diskursgeschichte. Und das gilt um so mehr angesichts des gesteigerten Grads der Literarisierung. Hätte man Gellerts »Schwedische Gräfin« ohne große Probleme in moralphilosophische Texte übertragen können (und hat Gellert das nicht

---

[*] Friedrich Heinrich Jacobi, Woldemar. Eine Seltenheit aus der Naturgeschichte (Faksimile nach der Ausgabe von 1779), mit einem Nachwort von Heinz Nicolai (= Deutsche Neudrucke, Reihe Texte des 18. Jahrhunderts), Stuttgart 1969, S. 58.

[**] F. Nietzsche, Nachgelassene Fragmente Juli 1879, in: Kritische Gesamtausgabe, hrsg. v. G. Colli/M. Montinari, Bd. IV, 3, Berlin 1967.

selbst in seinen »moralischen Vorlesungen« getan?), so erscheint ein ähnlicher Versuch im Fall des (z. B.) »Werther« deplaziert. Hier hat man es mit einer prinzipiellen Differenzqualität [19] zu tun, die Folgen für den Formulierungsspielraum erwarten läßt.

Schon zu Beginn von Werthers Geschichte steht die bekannte, jetzt jedoch in neuer Schärfe und Entschiedenheit proklamierte Abkehr von der Gesellschaft. Werther, eindeutig die paradigmatische Figur dieser Diskursvariante, will ein Leben, das allein den Anregungen und Bedürfnissen seiner Natur, seinem inneren Selbst folgt. Nur in der (Selbst-)Beschränkung auf die eigene Individualität – das sein bekanntes Diktum »Ich kehre in mich selbst zurück und finde eine Welt!« [20] unmißverständlich postuliert – sieht er die Erfüllung seines Lebenssinns. Mit einer bis dahin unbekannten Radikalität rückt hier das empfindsame Subjekt in unüberbrückbare Distanz zu einer Gesellschaft, die gerade *nicht* auf wechselseitiger Anteilnahme und Gratifikation aufbaut. Man steigert den individuellen Selbstwert bis hin zum vorgeblich autarken Gegenpol, der dann zur Basis für eine den Menschen als Menschen anerkennenden Sozialität wird. Jedwede Anforderung seitens der Gesellschaft oder der sie tragenden Institutionen auf Unterordnung und Anpassung gelten der hier ausformulierten Perspektive als unvereinbar mit einem Leben, das sein Glück fern der herrschenden Konvention sucht und sich nur der Pflege eigener Selbstwerte verpflichtet fühlt:

> »Wer aber in seiner Demuth erkennt, wo das alles hinausläuft, der so sieht, wie artig jeder Bürger, dem's wohl ist, sein Gärtchen zum Paradiese zuzustutzen weis, und wie unverdrossen dann doch auch der Unglückliche unter der Bürde seinen Weg fortkeicht, und alle gleich interessirt sind, das Licht dieser Sonne noch eine Minute länger zu sehn, ja! der ist still und bildet auch seine Welt aus sich selbst, und ist auch glücklich, weil er ein Mensch ist.« [21]

Aus diesem *offensiv* formulierten Selbstverständnis heraus sagt man sich los von gesellschaftlicher Ordnung und Konvention und sieht gültige Orientierung nur noch in seinem eigenen Ich, dem eigenen Selbst: »Ich will nicht mehr geleitet, ermuntert, angefeuret seyn, braust dieses Herz doch genug aus sich selbst.« [22]

Typisch ist das grenzenlose Vertrauen, das man in diese (Selbst-)Orientierung setzt. Nur sie verspricht das Glück, die ersehnte »Fülle des Lebens«, wie Allwill – schon der Name spricht für das hier durchgetestete Programm – deklamiert:

> »Der einzigen Stimme meines Herzens horch ich. Diese zu vernehmen, zu unterscheiden, zu verstehen, heißt mir Weisheit; ihr muthig zu folgen, Tugend. So ward mir Eigenheit, Freyheit – Fülle des Lebens; [...] Noch mit jedem Tage wird der Glaube an mein Herz mächtiger in mir« [23].

Die Entschiedenheit, mit der man die Abkehr von der Gesellschaft und die Wende nach innen vollzieht, lenkt alle Aufmerksamkeit auf diesen personalen Binnenraum. »In der That sind hier die *Menschen* fast das einzige Interessante«[24] heißt es dann auch im »Vorbericht« des Herausgebers von »Eduard Allwills Papieren«. Alle (Haupt-)Figuren kennzeichnet eine Sensibilität und sympathetische Anteilnahme für den Mitmenschen, die – und auch dies fällt unter das gesteigerte Formulierungsniveau – weit über das bis dahin erprobte Maß hinausgeht. Woldemar, mit Werther und Allwill der dritte der ›Radikalempfindsamen‹, zeigt in seinem Verhalten eine »ungemeine Gutherzigkeit«[25], die schon bis zur vollen Umkehrung gewohnter Verkehrsformen reicht: statt der Bereitschaft zu Selbstbehauptung und Konkurrenz gibt es allein das positive, altruistische Interesse am anderen. »Woldemar fühlte die mehreste Zeit lebhafter, was andre angieng, als was ihn selber betraf; nichts war leichter, als ihn zu seinem eigenen Nachtheil einzunehmen.«[26] Die Sensibilität für das sympathetische Gegenüber geht hier so weit, daß man erst im Eingehen auf den Mitmenschen das eigene Selbst erfährt:

»Eigenliebe? alles soll Eigenliebe seyn: was geh' ich mich dann selber mehr an als andre, ich, der ich mich nur im andern fühlen, schätzen, lieben kann?«[27]

Diesem Maximum an Sensibilität entspricht das Bedürfnis nach gesteigerter Sozialität. Freundschaft und Liebe, nicht zufällig auch ein Titelvorschlag Jacobis für seinen Woldemar-Roman, geben auch hier das Unterfutter für die erstrebte ideale Geselligkeit. So sucht man sein privates Glück nur im intim-vertrauten Umgang – sei es, wie im Fall Werther, in einer zur Passion gesteigerten Liebe oder, ganz besonders im »Woldemar«, in einer intensiven Freundschaft. Nur noch der Superlativ scheint diesen Beziehungen gerecht werden zu können. Das zeigt die besondere Konjunktur jener für die empfindsamen Rede typischen Stilfigur des Unsagbarkeitstopos. Der erstrebten extremen gegenseitigen Nähe und Zustimmung, die eine solche »innere Gesellschaft« gewährleisten soll, kann oft nur die Emphase der Sprachlosigkeit gerecht werden. Schwärmerisch und pathetisch werden auch die ›eigentlich‹ gar nicht mehr darstellbaren Freuden beschworen, die Woldemar und Henriette in ihrer beginnenden Freundschaft genießen. Typisch auch die Ansprache an den sympathetischen Mit-Leser:

»Wessen Seele je mit himmlischer Liebe befruchtet gewesen, und der gefühlt hat in seinem Inwendigen das unsägliche Weben, das mit dem Aufkeimen des herrlichen Saamens beginnt, und zunimmt mit seinem Gedeyen zu Freundschaft, der wird von der Wonne, welche Henriette und Woldemar in diesem Zeitpunkt erfuhren, keine Beschreibung erwarten.«[28]

Ihr gegenseitiger Umgang, hochexklusiv und in größter Intensität, zielt ganz auf »vermehrte Eintracht und Offenheit«[29], wirkt selbst noch »im Innersten der Seele«[30] und verspricht so die »süßeste Zufriedenheit«[31] oder – mit einem Wort Werthers – »alles Glük, das dem Menschen gegeben ist«[32] als Ertrag einer solchen Verbindung.

Der Alltag der »Welt«, das Unverständnis und Mißtrauen gegenüber dem anderen, die taktische Zurückhaltung oder auch nur die Gleichgültigkeit ober- flächlicher Verkehrsformen, ist von dieser Freundschaft ausgeschlossen. Hier herrscht allein das gegenseitige Verstehen, die grenzenlose Sympathie. Ein fast vollkommenes Verständnis, das sich bereits jenseits verbaler Begrifflichkeit im stummen, (aber doch) alles sagenden Blick(-wechsel) in seiner ganzen Tiefe realisiert, scheint zur Basis gegenseitigen Umgangs geworden. Daß die Sprache versagt, daß man keine Worte findet, ist hier kein Zeichen von Nichtverstehen, sondern bezeugt tiefste Gefühlsempfindung. Zur Illustration eine Episode aus dem »Allwill«. Die Farben in diesem Gefühlsgemälde – die Szene zeigt die Abordnung einer Bauerngemeinde, die dem Wohltäter »Clerdon« dankt – wer- den dick aufgetragen. Höchste Empfindsamkeit kennt keine sparsame Inszenie- rung.

»Unserm Clerdon [...] war die Sprache vergangen, aber Aug' und Mund lächelten den Rechtschaffenen den Himmel seiner Seele in die ihrigen hinüber.« [33]

Alle drei Biographien der Titelfiguren sind geschrieben als Suche nach erfüllter Gemeinschaft. Nur ihre »brennende Begierde nach Menschen-Herz« [34] be- stimmt Empfinden und Handeln. Sie ist der anthropologische Antrieb für ein neues Formulierungsniveau im Diskurs. Daß dies aber gelingt und tatsächlich ein neues Niveau am emphatischer Individualität und intensiver Geselligkeit in der Gesellschaft – genauer, *gegen* die Gesellschaft – sagbar wird, dazu bedurfte es erst, der Schluß liegt nahe, der eingangs erwähnten literarischen Textqualität. Mit der Literarisierung, verstanden als ein eigener Modus sprachlichen Aus- drucks, fallen bislang geltende Formulierungsgrenzen. Durch ihre entpragmati- sierende Funktion eröffnet die literarische Sprache einen von unmittelbaren Handlungs- und Plausibilitätszwängen entlasteten Raum, der einen im Vergleich zu Textsorten, die stärker auf die referentielle Funktion der Sprache verpflichtet sind, *freieren* Umgang mit Sinn erlaubt. Immer aber, und das gilt auch hier, trotz der behaupteten Differenzqualität, bleiben die so gewonnenen Variationen und Innovationen Möglichkeiten des realen Erlebens und Handelns: Sie sind ein Teil des sozialen Orientierungsmusters Empfindsamkeit.

Diese größere Freiheit im Umgang mit Sinn scheint zuerst und vor allem genutzt zu werden für eine bis dahin unbekannte Hervorhebung des Indivi- duums. Das Ausmaß, in dem man hier personale Subjektivität in Szene setzt, übertrifft alles Vorherige. Möglich ist jetzt ein geradezu sprunghafter Anstieg psychologischen Raffinements, ein neuer Reichtum an emotionaler Expressivität. Unerreicht ist die Figur des Werther. Gerade in der nur ihm eigenen Sprache unterscheidet er sich, grenzt er sich von seiner Umwelt aus. Auch hier scheint die Steigerung von Individualität gebunden an die Ausbildung hochdifferenzier- ter sprachlicher Ausdrucksmöglichkeiten. Werthers Erfahrung mit Albert, seinem

Rivalen, ist dafür nur ein Beispiel. Dessen ganzer Sprachgestus ist ihm unerträglich:

>Aber so rechtfertig ist der Mensch, wenn er glaubt, etwas übereiltes, allgemeines, halbwahres gesagt zu haben; so hört er dir nicht auf zu limitiren, modificiren, und ab und zu zu thun, bis zulezt gar nichts mehr an der Sache ist.<[35]

Abweichung, Eigenheit und vor allem Eigenmächtigkeit haben in Alberts vernünftiger Sprache keinen Platz. Genau diese Sprachdifferenz ist es auch, die den sinnfälligen Unterschied zieht zwischen Werther und seinem höfischen Vorgesetzten in der Kanzlei, einem >grammatikalischen Spießer<[36], der die auch von Werther geteilte Vorliebe der Empfindsamen für die Inversion bemäkelt. Auch hier widersetzt sich Werther der moralischen und/oder vernunftökonomisch motivierten (Sprach-)Konvention, die das Individuum nach der rigiden Formel des >Entweder-Oder< schematisiert. Werther behauptet für sich, für seine Sprache wie für seine Gefühlswelt, ein neues Maß an Unverwechselbarkeit und Einzigartigkeit: >In der Welt ist's sehr selten mit dem Entweder-Oder gethan, es giebt so viel Schattirungen der Empfindungen und Handlungsweisen, als Abfälle zwischen einer Habichts- und einer Stumpfnase.<[37]

Individualisierung durch Sprachraffinement zeigt sich auch in der angestrebten Unmittelbarkeit, mit der man sein Innerstes sich selbst und anderen offenbart. Abgelehnt wird jede begrifflich-allgemeine Benennung, jede genaue Definition der Gefühle und Empfindungen. Statt dessen zeigt sich auch hier die typische Vorliebe für den Gedankenstrich, der als das >unartikulierteste< Satzzeichen dem Gesagten Substanz geben soll (vgl. dazu ausführlich Kap. 6.2.). Unerreicht ist auch der Einsatz der Aposiopese in Werthers Briefen. Das kunstvolle Abbrechen im Satz belegt die ursprüngliche, durch keine klare und deutliche Grammatik mehr zu disziplinierende Gewalt der Empfindung. Vor der Macht des Gefühls versagt die kognitive Kontrolle der Sprache: >Doch was weiß ich, mit welchen Sinnen ich empfand? ich war ausser mir.<[38]

Unter dem Druck dieser Gefühlssprache fallen bislang im Diskurs gültige Beschränkungen in der für den empfindsamen Selbstbezug legitimen sinnlichen Natur. Bislang kannte man im Vergleich zur Phase der >Zärtlichkeit<, wenn auch schon in gelockerter Strenge, allein die sanften und sozialen, stets moralischen Empfindungen, so daß sich der empfindsame Charakter nur über einen schmalen Katalog neo-stoizistisch gefärbter, >vernunft-sinnlicher< Qualitäten auszeichnen konnte. Doch Werther fügt sich nicht mehr in diese Schablone. In seinem Verhalten bzw. in seiner Selbstrechtfertigung finden sich Umbesetzungen und Radikalisierungen, die eine enge Definition der empfindsamen (Wesens-)Natur sprengen.

Erstmals in der Geschichte der Empfindsamkeit werden im >Werther< >Leidenschaften anstelle von Großmut, Wahnsinn anstelle von Gelassenheit, Trunkenheit anstelle von Besinnungskraft als Signum des Großen und Außerordentlichen gefeiert.« [39] Auch wenn nicht alle moralischen Schranken fallen – nach wie vor ist die Sexualität weitgehend tabuisiert – ist dies doch eine erstaunliche Entwicklung für das so ›vernünftige und moralische‹ 18. Jahrhundert!

Und auch hier, so kann man vermuten, bringt erst die Literarisierung den entscheidenden Impuls. Erst jetzt gelingt das Abstoßen einer flachen, stets zur Mäßigung mahnenden Vernunft und Tugend-Moral. Denn gerade im letzten Drittel des 18. Jahrhunderts gewinnt die Kunst deutlich an Systemautonomie und kann sich (nicht zuletzt auch mit dem »Werther«) als ein vorrangig nur den eigenen Imperativen verpflichtetes funktionales Teilsystem den Zwängen einer rigiden Moral entziehen. [40] Was diese Autonomisierung der Literatur an Möglichkeiten eröffnet, das kann sich die radikale Variante der Empfindsamkeit zunutze machen. Vernunft und Moral, die in ihrer idealen Komplementarität die kognitive Abklärung der ›natürlichen‹ Sinnlichkeit garantieren, werden jetzt als definitive Formulierungsgrenze außer Kraft gesetzt. Statt weiterhin einem, wie Werther es formuliert, »unbedeutenden Gemeinspruche« [41] zu folgen und sich einem unkritischen Gesellschaftsbezug unterwerfen zu müssen, gibt es freie Bahn für die ganze Emphase einer allein der Fülle des Herzens folgenden Rede.

Wie entschieden diese literarisierte Diskursvariante mit moralischen Erwartungen bricht, belegen auch die »Briefe über die Moralität der Leiden des jungen Werthers«. Geschrieben zur Verteidigung, geben diese Briefe einen deutlichen Kommentar zu der noch weitgehend fehlenden (Leser-)Kompetenz für die Unterscheidung von ästhetischen und nicht-fiktionalen Texten. Offensichtlich kollidieren die im »Werther« ausgesprochenen Freiheiten mit einer streng pragmatischen Aufklärung, die Literatur nur als Mittel moralischer Pädagogik versteht: »Werther« wird zum Skandal. Auf diesem Problemhintergrund argumentiert der Verfasser dieser Briefe, Jakob M. R. Lenz. Seine rhetorische Frage trifft das Problem genau. »Warum legt man dem Dichter doch immer moralische Endzwecke unter, an die er nie gedacht hat [...] Als ob der Dichter sich auf seinen Dreifuß setzte, um einen Satz aus der Philosophie zu beweisen.« [42] Goethes »Werther« ist kein moral-philosophisches Traktat, sondern ›Literatur‹, d.h. ein Text, der seinen eigenen, eben ästhetischen Gesetzen folgt.

Ohne diese literarische Lizenz, so ist vermuten, wäre das Experiment nicht möglich gewesen. Der Blick auf die der Empfindsamkeit eigenen Grenzen, den bislang eine pragmatische Tugendmoral verstellte, ist jetzt freigegeben. Dazu ist jedoch der tatsächliche Verlauf des Experiments zu klären.

Wie man weiß, nimmt Werthers Geschichte kein glückliches Ende. Aber auch Woldemars und Allwills Suche nach erfüllter Sozialität endet unter negativem Vorzeichen. Daß diese Biographien scheitern, muß dabei zunächst eher überraschen, da die jeweilige soziale (und materielle) Situation ein ganz der empfindsamen Geselligkeit gewidmetes Leben ermöglicht.

Zum Problem wird offensichtlich das erreichte Anspruchsniveau selbst. Die Empfindsamkeit hat hier eine Radikalität erreicht, die – auch wenn man keine festen anthropologischen Grenzen anerkennen will – ihre Verwirklichung fraglich werden läßt. Werther und Woldemar, die im folgenden ausführlich untersuchten Fallgeschichten, reduzieren schon von Beginn an ihre Suche nach gesteigerter Geselligkeit auf nur eine einzige, (dafür aber) im höchsten Maße verdichtete (Intim-)Beziehung: mehr als *eine* Verbindung solcher Qualität scheint mit dem hier erreichten Grad an Individualisierung nicht mehr möglich. Der empfindsame Umgang drängt zwangsläufig auf immer höhere Exklusivität. Allenfalls noch mit einer Person versucht das zunehmend sich als einzigartig begreifende Individuum noch die grenzenlose Annäherung, die vollkommene Transparenz.

Woldemar und Henriette messen ihre Beziehung an einem Ideal, das höchste Anforderungen stellt. Noch das kleinste Zeichen eines möglichen Rückzugs vor dem anderen unterliegt bereits dem Verdacht egoistischer Eigeninteressen. Allein die »Seelenverwandtschaft«, die rückhaltloseste Sympathie und Offenheit gegenüber dem (der) Freund(in) ist das legitime Leitmotiv für dieses Verhältnis. Nur mit der »vollkommenen Übereinstimmung in jedem Augenblick des Fühlens und Denkens«[43] als – dauerhaftem! – Zustand will man sich zufrieden geben. Das empfindsame Wort von der vollkommenen Einheit in »Herz« und »Seele« wäre verwirklicht, die empfindsame Transparenz als Ziel dieser Freundschaft »im erhabensten Sinne des Worts«[44] erreicht. Doch wie die weitere Geschichte zeigt, hat dieses Ideal nur kurzen Bestand. Absolute Harmonie kann nicht von Dauer sein, zerstört sich selbst, auch ohne fatale Eingriffe seitens einer nicht-empfindsamen Umwelt. Der gesteigerte Austausch *selbst* macht diese emphatische Beziehung anfällig, er erhöht unvermeidlich das Risiko eines gegenseitigen Nichtverstehens. Basis aller Kommunikation ist nämlich jetzt nur und ausschließlich die Person selbst, ihre je eigene Qualität, die ohne jede Abschattung, nicht einmal um des Selbstschutzes willen, nach außen gekehrt werden muß. Jede auch noch so schmale Differenz von innen und außen soll in der maximalen Nähe dieser »reinste[n], heiligste[n] Freundschaft«[45] aufgehoben sein:

»Woldemar erlaubte sich nun gegen seine Freundinn nicht die kleinste Zurückhaltung mehr; er wollte nicht höher bey ihr gelten als seinen innerlichen Werth; und da sie ihn so gut zu fassen im Stande war, als er nur selber mochte; so sah er keinen Grund ihr irgend etwas zu verheelen.«[46]

Völlige Transparenz ist jedoch nur schwer zu ertragen, da nun auch die geoffenbarten Selbstwerte und Seelenzustände der negativen Resonanz ausgesetzt sind. Das Neinsagen, ja schon der bloße Verdacht auf eine mögliche Ablehnung trifft die zur Unbedingtheit überzogene Beziehung in ihrem Kern. Der Umschlag in ein zerstörendes Mißtrauen wird zur Gefahr für die bis zur Selbstaufgabe engagierten Individuen. Genau diese Doppelheit scheint Werther in der Erfahrung seines schwankenden Glücks auszusprechen: »mußte denn das so seyn? daß das, was des Menschen Glükseligkeit macht, wieder die Quelle seines Elends würde?« [47] Auch Woldemars Freundschaft mit Henriette zerschellt an dieser Klippe. Mit keinem noch so erfüllten Glücksmoment zufrieden, stets bedacht das bereits Erreichte im Drang nach weiterer Perfektion hinauszuschieben – auch dann noch, wenn dies schon ins »Unendliche hinüber« [48] drängt –, fordert Woldemar den nur um so tieferen Sturz in die Entfremdung heraus:

»Aber er konnt' es nicht fassen, konnt' es nicht glauben! ... Das gekostet zu haben, was eine solche Freundschaft giebt; und es fahren zu lassen, und es missen zu können, und Muth zu behalten zu leben, Ruhe, Heiterkeit? Seyn zu können *dieß*, und jenes *gewesen zu seyn*? Eben dieselbe? Henriette? Die, die, die?! .... Er schwindelte in Wahnsinn dahin.« [49]

Die Symptome sprechen eine eindeutige Sprache; die »furchtbare Verwirrung im Gemüth«, die »Melancholie« oder der »Schwindelanfall« [50] – die innere Natur erträgt nur unter hohen Kosten eine ins Absolute gesteigerte Sozialität. Bleibt das Ende von Woldemars Geschichte auch offen, so beweist doch der selbstverantwortete Verlauf die geringen, falls nicht gar aussichtslosen Chancen auf eine dauerhafte Einlösung dieses wenig stabilen Ideals einer empfindsamen Gemeinschaft.

Was im ›praktischen‹ Versuch nicht gelingt, scheitert nicht am mehr oder minder zufälligen Unvermögen. Eher sind es die unausweichlichen (paradoxen) Folgelasten, die sich aus der Radikalisierung des Diskurses ergeben: soll die reine, ausschließlich an der gegenseitigen Durchdringung arbeitende empfindsame Geselligkeit zustande kommen, muß – als Voraussetzung! – die völlige Distanz zur ungeselligen Gesellschaft gegeben sein. Denn eine empfindsame Gemeinschaft, die allein Reziprozität, Symmetrie und sympathetisches Mitempfinden bis hin zur Transparenz als Regeln zwischenmenschlichen Verkehrs zulassen will, kann auch nur außerhalb der Gesellschaft, jenseits von strategischer Selbstbehauptung, Unterordnung und Macht wirklich werden. Wo aber findet man einen solchen Ort, frei von jeglicher »Subordination«, ganz ohne Einfluß jener »fatalen bürgerlichen Verhältnisse« [51]? Als Ausweg bleibt einzig die Utopie – aber auch sie wird nur unter negativem Vorzeichen ausgeschrieben.

Dafür steht die Geschichte Werthers. Ihm soll der Umgang mit Lotte, die leidenschaftliche Liebe zu ihr, das private Glück eines erfüllten Ichs gewähren. Dieses Glück wird zur einzigen Motivation – erinnert sei nur an seine Rechtfertigung für den Umzug nach Wahlheim: »Von dort hab ich nur eine halbe Stunde zu Lotten, dort fühl ich mich selbst und alles Glük, das dem Menschen gegeben ist.« [52] In ihrer Unbedingtheit folgt diese Liebe allein der Selbstevidenz des starken Gefühls, sucht ihre Rechtfertigung in der Intensität und nicht (mehr) in der Moralität der Empfindung. Doch die selbst proklamierte Ich-Autarkie steuert trotz ihrer emphatischen und pathetischen Verteidigung auf eine letztlich in Orientierungslosigkeit endende Paradoxie zu. Im ausschließlichen Vertrauen auf die persönliche Wahrheit einer durch wechselnde (Gefühls- und Empfindungs-) Intensitäten bestimmten Natur legt sich das Ich auf eine negative Haltung zur Gesellschaft fest und setzt sich so unter den Druck einer ständigen Selbstemanation: die innere Natur muß die Gesellschaft aufwiegen. Kann das überhaupt gelingen? Läßt sich einzig im Rückzug auf das eigene Ich »ein allein ausreichendes Prinzip der Generierung von Sozialität und Moral, von Sympathie und Tugend« [53] gewinnen?

Friedrich H. Jacobi kommentiert in seinem nur wenig später zum »Werther« erschienenen »Allwill« dieses Problem mit überraschender Einsicht: Die Radikalisierung provoziert eine Überdehnung des empfindsamen Selbstbezugs:

»Eure Flitter-Philosophie möchte gern alles was Form heißt verbannet wissen; alles soll aus freyer Hand geschehen; die menschliche Seele zu allem Guten und Schönen *sich selbst — aus sich selbst bilden*; und ihr bedenkt nicht, daß menschlicher Charakter einer flüßigen Materie gleicht, die nicht anders als in einem Gefäß *Gestalt* und *Bleiben* haben kann;« [54]

Auch wenn der folgende Vorschlag nichts Neues bringt, sich eindeutig der opponierenden Diskursvariante annähert, ist dennoch festzuhalten, daß man hier gleichsam von der anderen Seite her zur Einsicht in eine notwendigerweise (auch) gesellschaftlich fixierte Natur findet. Ohne gesellschaftliche Konvention muß diese radikale Form empfindsamer Selbstreferenz sich in einer leerlaufenden Tautologie erschöpfen. Die menschliche Natur bedarf auch der externen Bestimmung. Ohne sie fehlt sowohl die zeitliche Konstanz als auch die nötige Erwartungssicherheit für soziale Interaktion. Jacobi sieht die Notwendigkeit gesellschaftlicher Natur, auch wenn er sehr wohl um ihre Mängel und Unvollkommenheit weiß. Die Emphase für die Utopie einer reinen, erfüllten Sozialität wird durch das Wissen um die Unvermeidbarkeit sozialer Korrekturen und Konventionen begrenzt. Man bejaht die Moral, aber unter Vorbehalt: »Unter allen Formen zu Bildung unserer Natur ist freylich die Form eines bloßen moralischen Systems die geringste und zerbrechlichste: aber besser als keine ist sie doch allemahl.« [55]

Doch Werther beharrt auf der Unbedingtheit des Gefühls. Ihm ist die von Jacobi empfohlene Balance von Vernunft und Gefühl unerträglich. Denn die in der technischen — und nicht emphatisch-natürlichen (!) — Metapher der Balance enthaltene Vorstellung von einer mäßigenden und korrigierenden Vernunft widerspricht einer Selbstsicht, die ganz auf der Substantialität des Gefühls aufbaut und sich vor allem aus der Ahnung des ›großen Gefühls‹ als der gänzlich gelungen Verwirklichung aller Selbstwerte speist. Dazu Werthers Beschwörung der Mythos von der ›ganzheitlichen‹ Erfahrung: »Ich habe das Herz gefühlt, die große Seele, in deren Gegenwart ich mir schien mehr zu seyn als ich war, weil ich alles war was ich seyn konnte.« [56] Die Distanz zu diesem ursprünglichen, allein durch die Intensität der Empfindung gerechtfertigten Grund seines Ichs ist ihm unmöglich, sie wäre ihm Selbstaufgabe in einer Gesellschaft, deren dauernde Forderung nach »Einschränkung« Selbstwert und Glücksverlangen verkrüppeln und korrumpieren muß. [57] In der Folge reduziert sich sein ohnehin bereits eingeschränkter Weltbezug: Krankheitsgeschichte und wachsende Selbstisolation gehen parallel, Gesellschaft steht für ihn stets unter einem negativen Vorzeichen oder aber wird nur noch in der Liebe zu Lotte aktualisiert: »und alles in der Welt um mich her« – so Werther in seiner Selbstdiagnose – »sehe ich nur im Verhältnisse mit ihr.« [58]

Das unbedingte Gefühl wie der absolute Genuß können jedoch nur, wie Johann G. Herder das Verlangen nach einer maßlos gesteigerten Sozialität (»Liebe«) kommentiert, eine gefährliche Illusion sein. Werther und Woldemar versuchen Unmögliches, wenn sie in der emphatischen Annäherung an die Freundin oder Geliebte die eigene Individualität (»Selbstheit«) um der größtmöglichen Glückserfahrung willen überwinden wollen. Denn dieses »isolirte einzelne Daseyn« [59] ist die notwendige Voraussetzung für den erstrebten (Selbst-)Genuß aus gesteigerter Sozialität:

>»Wir sind einzelne Wesen, und müßen es seyn, wenn wir nicht den Grund alles Genußes, unser eigenes Bewußtseyn, über dem Genuß aufgeben, und uns selbst verlieren wollen, um uns in einem anderen Wesen, das doch nie wir selbst sind und werden können, wieder zu finden.« [60]

Auch hier läuft es auf den Rat zur Bescheidenheit hinaus: Die »Grenzen, die unserer Liebe und Sehnsucht hienieden bei jedem Genuß gesetzt sind«, müssen beachtet werden. Sozialität als Quelle persönlicher Befriedigung funktioniert nur dann, wenn es bei dem »wechselseitig geniessen wollen« bleibt und niemand auf dem »höchsten Genuß« besteht. Nicht der »Einklang [...] der Seelen« sondern nur das »milde Beisammenseyn« [61] garantiert dauerhaften Selbstgenuß. »Dies macht zwar«, so Herders (auch) melancholisches Eingeständnis, »allen Genuß unvollständig, es ist aber der wahre Takt und Pulsschlag des Lebens.« [62] Bleibt es dennoch bei der Verweigerung, werden weder die Belange der Gesellschaft noch die Forderung nach Selbst-Relativierung akzeptiert, so sind negative Folgen unvermeidlich. Auch dafür steht Werthers Geschichte.

Ganz seine »Krankheit zum Todte« [63] bejahend, schließt sich Werther von allen tugendempfindsamen (d.h. gemäßigteren) Zuneigungs- und Geselligkeitsformen aus und negiert für sich die aufklärerisch-empfindsame Integrationsformel, nach der eine ›vernunft-sinnliche‹ Moral und Gesellschaft aufeinander abgestimmt sind. [64] Das aber macht Verständigung überhaupt zum Problem. Denn auch hier gilt das für gesteigerte Intimität gültige Gesetz der zunehmenden

Unwahrscheinlichkeit der Partnerfindung: Personen mit den je erwarteten Eigenschaften werden selten. [65] Ob erfüllte Kommunikation überhaupt noch möglich ist – darüber gibt weder Werthers noch Woldemars Geschichte eindeutigen Aufschluß. Woldemar interagiert in einem empfindsamen Kreis, der für sich bereits ein weit *überdurchschnittliches* Maß an gegenseitigem Verstehen und zwischenmenschlicher Transparenz erreicht hat. Scheitern muß nur sein Versuch, das jeweils erreichte Niveau stets weiter zu überbieten.

Im »Werther« dagegen ist die Möglichkeit einer emphatischen Kommunikation, einer (fast) uneingeschränkten Mitteilung fraglich geworden. Resignation klingt an, wenn Werther über die gescheiterte Verständigung mit Albert berichtet: [66] »Und wir giengen auseinander, ohne einander verstanden zu haben. Wie denn auf dieser Welt keiner leicht den andern versteht.« [67] Und schon zu Beginn seiner Geschichte heißt es mit einer Entschiedenheit, die bereits alle folgenden Versuche emphatischer Kommunikation überschattet: »Mißverstanden zu werden, ist das Schicksal von unser einem.« [68]

Noch grundsätzlicher ist die Frage, ob jener substantivische, zur Sprache vorgängige Sinn, der für die Radikalempfindsamen der eigentliche Gegenstand zwischenmenschlicher Kommunikation ist, noch mitteilbar ist oder *immer schon* in der je gebrauchten (verbalen) Sprache ein anderer werden muß. Die Sprache Werthers scheint genau von diesem Problemhintergrund ihren Ausgang zu nehmen. Auch sie ist eine emphatische Sprache (vgl. Kap. 6.2.), die jeden Verlust an Unmittelbarkeit vermeiden will. So gibt es auch hier die typischen Kennzeichen der empfindsamen Sprache: der überreichliche Gebrauch von Ellipse bzw. Aposiopese, die Vorliebe für Inversionen und eine geradezu exzessive Verwendung ›ausdrucksmächtiger‹ Satzzeichen, wie Gedankenstrich, Ausrufezeichen oder Leerpunkt, der häufige Rückgriff auf den Unsagbarkeitstopos sowie ein speziell auf die Erfassung psychologischer Vorgänge hin ausdifferenzierter Wortschatz. Dem schließt sich an die Handhabung der Zeit als einem Mittel suggestiver Expressivität. Mit den für Werther typischen ›Wenn ... dann‹-Konstruktionen (vgl. Kap. 6.2.), die das eigentlich schon Vergangene durch einen grammatikalischen Kunstgriff dennoch in die Gegenwart hinüberziehen – und so die Abschwächung des Gefühls durch die Zeitdifferenz von Erlebnis und sprachlicher Artikulation vermeidet – gelingt eine effektvolle Verkürzung vergangener Handlung und aktueller Schreibsituation. [69] Auch die auffällige Betonung von Pantomime und gestischem Ausdruck – unterstützt von spezifischen Losungsworten wie etwa am Beispiel der berühmten »Klopstock«-Szene – fungieren als bedeutungsvolle Zeichen für den vollkommenen, restlosen Gleichklang von körperlichem Empfinden, sinnlichem Gefühl und kommunikativem Ausdruck, stehen für die »most intimate interaction of body and soul.« [70]

Wie weit all dies trägt, wie weit es Werther in der Beziehung zu Lotte gelingt, seine nur ihm eigene Empfindung in einer Sprache mitzuteilen, die doch auf allgemeine Verständlichkeit ausgelegt ist und so kaum dem Anspruch auf Ursprünglichkeit gerecht wird, läßt sich nicht sicher ausmachen. Doch selbst wenn das schon utopische Ideal zwischenmenschlicher Verständigung in glücklichen Momenten erreicht sein mag, so überwiegt eine skeptische Einschätzung, enden doch Werthers Leiden, wie man weiß, mit dem Freitod. Werther, so das Resümee, scheitert am Versuch, seinem Bedürfnis nach gesellig-intimen Austausch feste und dauerhafte Form zu geben. Er bleibt trotz intensiver (Verstehens-)Momente ohne Gesellschaft.

Genau das reflektiert die im »Werther« durchgängig beibehaltene literarische Form von Beginn an. Werthers Briefe stehen ohne Antwort, bilden mehr ein »monologisches Tagebuch« [71], entsprechen also nicht mehr dem dialogischen bzw. polyperspektivischen Briefroman als *der* Form zur Abbildung vertrauter Geselligkeit. So scheint die formale Reduktion des Briefromans (bzw. der brieflichen Kommunikation) bis hin zur Gattungsgrenze eine Vorwegentscheidung über das utopische Projekt einer vollkommenen Verständigung. Das bereits in der literarischen Form vorgegebene monologische Sprechen erlaubt nur noch die maximale Naheinstellung auf das eigene Ich: Das sich nach Mitteilung und Austausch verzehrende Subjekt bleibt ohne Antwort, bringt nur das eigene Ich zur Sprache.

>»Von aller Tyrannei ist die Tyrannei,
> die zum Wohle ihrer Opfer geschieht,
> oft die grausamste.«*

7.3.2. Ausgleich als Harmonisierung:
das philanthropische Projekt einer angepaßten Empfindsamkeit

Bei aller rhetorischen Differenz zur Gegenseite geht es auch in diesem diskursiven Teilausdruck um Probleme der Grenzziehung, um die Frage nach dem zulässigen Geltungsbereich für den Diskurs der Empfindsamkeit. Allerdings sieht man das Geltungsproblem hier aus einer ganz anderen, gerade *nicht* an der experimentellen Steigerung interessierten Perspektive. Hier interessiert allein die Frage, ob und wenn ja, wie weit die Empfindsamkeit mit einer Gesellschaft verträglich ist, die den Anspruch auf ihre Mitglieder zunehmend entschiedener formuliert.

Schon das äußere Bild ist verändert. Autorfunktion, Aussageweise und Textsorte unterscheiden sich erheblich von der radikalen Variante. Überwiegen dort

---

* Ondit – (vielleicht zuerst bekannt geworden bei C. S. Lewis?)

literarische Texte, die sich vor allem durch das (individuelle) Genie und die
›Empfindungstiefe‹ ihrer Autoren legitimieren, so finden sich hier immer noch
die schon aus der »Zärtlichkeit« bekannten moralphilosophischen Traktate. Unter
ihrer kategorischen Ablehnung jeder »maßlosen Empfindelei« gibt es zugleich
(wieder) größeren Raum für eine konservativ-theologische Kritik an einer rein
weltlichen Handlungsorientierung. Zum anderen aber – und das fällt auf –
schreiben hier Autoren, die allenfalls noch partiell von traditioneller Moralphilosophie oder Theologie her argumentieren. Zwar sind auch sie mit dem her-
kömmlichen Argumentationsschema vertraut, doch ihre eigentliche Ausgangs-
basis ist neu. Ihre Legitimation basiert auf jenem wissenschaftlichen Wissen vom
Menschen, wie es gegen Ende des 18. Jahrhunderts vor allem Disziplinen wie
die Medizin oder Psychologie akkumulieren. Bei all dem übernimmt die Pädagogik, die Methoden und Erkenntnisse selbst noch aus disperaten Gebieten für
ihre Zwecke verbindet, die Führung. [72] Ihr Vokabular und ihre Intentionen
bestimmen diese Diskursvariante.

Ihren konzeptionellen Angelpunkt hat diese pädagogisierte Empfindsamkeit
in einer veränderten anthropologischen Grundbeschreibung des Menschen. Bis
dahin hatte man die menschliche Wesensnatur, wenn auch in graduellen Abweichungen, nach dem in der Moral Sense Philosophie entwickelten Muster gesehen. Primäre und bestimmende Eigenschaft war die natürlich-moralische Zuwendung zum Mitmenschen. Von dieser theoretischen Vorentscheidung rückt man
hier jedoch ab. Menschliche Natur meint jetzt vor allem eine grundsätzlich
offene Unterbestimmtheit, die prinzipiell weder eine positive noch negative
Ausprägung fixiert. Offensichtlich hat sich eine durchgängig positive Anthropologie, die ihr Ziel in der Vorstellung gesteigerter Sozialität sieht, nicht allgemein
durchsetzen können. Ihr Geltungsbereich bleibt – und auch da nur mit Einschränkung – auf die radikal-emphatische Variante beschränkt. Das kann kaum
überraschen, da eine derart positive Anthropologie keine den gesellschaftlichen
Verhältnissen adäquate Motivation begründen kann: Bloßes Interesse an Privatheit, an Freundschaft, Liebe, Glück und Geselligkeit muß einer beginnenden
bürgerlich-kapitalistischen Gesellschaft in der Tat »unbrauchbar« sein.

Was folgt daraus für die Definition der Empfindsamkeit? Peter Villaume legt
die Konsequenzen offen. Empfindsamkeit, so der Experte, ist jetzt ›nur‹ noch
eine allgemeine menschliche Disposition, eine (zunächst) unbestimmte Sensitivi-
tät. Sie ist ein für äußere Reize extrem empfindlicher, moralisch jedoch weitgehend *indifferenter* »Trieb«, dessen nähere Spezifikation zum Guten oder Schlechten von den Umständen und der Art der Empfindungen abhängt:

»Die Empfindsamkeit ist ein Trieb zu guten und nützlichen Handlungen, aber auch zu
bösen und schädlichen. Denn so stark der Reitz zum Guten auf sie wirkt, eben so stark
muß auch der Reitz zum Bösen wirken.« [73]

Obwohl man sich hier kritisch gibt, der Empfindsamkeit jede »natürliche«, immer schon geltende Positivität abspricht und sie dabei fast jeder inhaltlichen Bestimmung entleert, [74] hält man an ihr dennoch als Garant humaner Sozialverhältnisse fest. Die Empfindsamkeit ist auch hier die Bedingung für befriedigende Sozialität, die unabdingbare Sensibilität für den Umgang mit dem Mitmenschen. Den Philanthropen ist sie das »feinere Gefühl«, das die »grössere Theilnehmung an den Freuden und Leiden der Menschen« [75] garantiert. Es ist diese Funktion für die Gesellschaft, die die Empfindsamkeit legitimiert: Weder eine politische Klugheit, noch eine auf ein ökonomisches Kalkül verpflichtete Vernunft kann sie ersetzen. Die Empfindsamkeit bleibt unverzichtbar, sie ist die »Haupttugend« der Menschen:

»Eben diese Empfindsamkeit ist es auch, die uns für die Menschen, und den Umgang mit denselben, brauchbar macht. Aus ihr fliessen alle gesellschaftliche Tugenden.« [76]

Im größeren Maßstab gesehen knüpft die am Modell der Unterbestimmtheit orientierte Diskussion an eine schon länger kursierende anthropologische Figur an, wie sie z.B. auch der rationalistische Diskurs innerhalb der Aufklärung favorisierte. Auch dort ermöglichte erst die Negation der stets gefährlichen, d.h. nicht mehr zu kontrollierenden Affekte das vernünftig-redliche Tugendideal. Doch diese argumentationstechnische Parallele meint kein Zurück. Strategisch entscheidend an der vorgeschlagenen Abkoppelung der Selbstreferenz von einer der Empfindsamkeit ›affinen‹ Anthropologie der natürlichen und soziablen Gefühle ist nämlich das so geradezu (heraus-)geforderte Eingreifen der humanwissenschaftlichen Experten. Aus dieser Ausgangsposition heraus, in der das Individuum als eine sich selbst gefährdende, eben dadurch aber auch erziehbare Unterbestimmtheit [77] erscheint, gewinnt diese neue Sozialpädagogik ihre gleichsam selbstevidente Legitimität. Denn verlangt nicht eine wesentlich unbestimmte Wesensnatur, die der Möglichkeit nach immer auch für die Gesellschaft dysfunktional ausfallen kann, geradezu nach Aufsicht und Kontrolle, nach »Sorgfalt und Wachsamkeit«? [78]

Genau auf diese Gefahr hin profiliert sich der Sozialpädagoge. Sein spezielles Wissen soll alle unerwünschten Entwicklungsmöglichkeiten der empfindsamen Natur verhindern oder doch zumindest kurieren.

Alle Aktivität richtet sich auf ein Individuum, dessen empfindsame Naturanlage sich nicht mehr in abwehrender Distanz oder gar kritisch-offensiver Opposition gegenüber der Gesellschaft realisiert, sondern als »wohlproportionierter« Drang den Menschen erst zur Sozialität befähigt und ihn gesellschaftstauglich macht. Die Empfindsamkeit hat das Individuum nicht mehr von der Gesellschaft zu separieren, sondern muß ihm umgekehrt »zur Erfüllung aller seiner Pflichten als Mensch und Bürger« [79] verhelfen. Das aber verlangt, so die philanthropische Konzeption, eine »wohldosierte« Eindämmung dieses Naturtriebs. Geeignet hierfür scheint den Pädagogen vor allem die – wie es heißt – harmonische Ausbildung *aller* natürlichen Kräfte und Anlagen, da so, gleichsam von selbst, der als »einseitig« verworfene empfindsame Charakter, wie ihn bis hin zum Extrem die radikale Diskursvariante in Szene setzt, ausgeschlossen wird. Ziel aller Anstrengung ist das ›ausgewogene‹, allseitig (aus-)gebildete Individuum, das unter den je gegebenen sozialen Bedingungen erfolgreich agiert. Nur diese »*proporzionierte* Ausbildung aller [...] wesentlichen Kräfte und Fähigkeiten der *gesamten* menschlichen Natuhr«[80] kann die sowohl für das »Glück des Individuums« als auch für das »Wohl der Gesellschaft« funktionale Entfaltung der Empfindsamkeit gewährleisten. Dies ist die zentrale Prämisse, nach der der praktische Pädagoge, ohne Zweifel der Hauptverantwortliche für die Disziplinierung der menschlichen Natur, vorzugehen hat:

»Übe, stärke, veredle die Empfindsamkeit deines Zöglings, so sehr du kanst; nur vergiß nicht, alle andere, sowohl körperliche, als geistige Kräfte und Fähigkeiten desselben in völlig gleichem Grade zugleich mit zu üben, zu stärken und zu veredlen; so wird es deiner Bildung gelingen, dem höchsten Ideale menschlicher Volkommenheit am nächsten zu kommen.«[81]

Auch hier nimmt man demnach Perfektionsbegriffe in Anspruch, doch stehen sie nicht mehr für Konzepte einer radikalen, emphatisch (über-)steigerten Sozialität. Ihr Ziel ist jetzt die optimale Kongruenz von individueller Disposition und gesellschaftlicher Organisation. Das Ideal der allseitigen Bildung meint daher auch nicht die vollkommene Harmonie eines gegenüber der Gesellschaft weitgehend autarken Individuums, stünde dies doch in direktem Widerspruch zur geforderten »Brauchbarkeit«. Letztere aber ist nur dann gesichert, wenn sich die Ausbildung der menschlichen Natur an der jeweiligen Funktion des Individuums, seiner Stellung in der Gesellschaft bemißt. Die »Vervollkommnung« als pädagogische Zielperspektive wird abgeschwächt zur graduellen, von ›äußeren‹ Bedingungen begrenzten Vorschrift. Priorität hat demnach nicht das Individuum, sondern die Funktionsgleichung von Gesellschaft und Subjekt. Für den Praktiker formuliert kann das, so Peter Villaume, nur heißen: »Veredelt die Menschen so viel, als es ihre Verhältnisse *erlauben*«[82]

Dies alles heißt nun nicht, daß es gesteigerte Geselligkeit, intensive zwischenmenschliche Bindung nicht mehr geben darf. Solche Formen (und Grade) empfindsamer Sozialität werden vielmehr auch hier ausdrücklich geschätzt – allerdings nur soweit sie reserviert bleiben für Formen »gemäßigter« Institutionalisierung in Ehe und Familie bzw. in einer moderaten Freundschaft. Werden weitergehende Forderungen gestellt, die auch die allgemeinen gesellschaftlichen Verhältnisse einbeziehen, so tritt eine harte Kritik auf den Plan, die jede Abweichung mit der Standardformel von der idealistischen Realitätsferne unterläuft. Solche idealen Vorstellungen, so die typische Argumentation, zeichnen nur ein der Welt entrücktes »Arkadien«, das durch bloße Idealität den Empfindsamen zwar nicht unglücklich [83], aber doch »unbrauchbar und lächerlich mache.« [84] Empfindsame Interaktion als Grundlage allgemeiner gesellschaftlicher Verhältnisse verliert jetzt selbst als utopisches Fernziel ihre Anerkennung. Wer dennoch auf eine empfindsame Gesellschaft (Gemeinschaft!) hofft, sitzt nur einer schlechten Utopie auf, rechnet mit »idealen Empfindungen« [85], die sich in der bestehenden Realität weder verwirklichen lassen, noch überhaupt wünschenswert sein können.

Überdeutlich wird, worauf die Argumentation abzielt. Wieder und wieder setzt man bei der für den Diskurs der Empfindsamkeit essentiellen Distanz zur (eben nicht auf symmetrischen Interaktionen aufgebauten) Gesellschaft an: Sie gilt es zu verkürzen oder doch passend *umzuschreiben* für eine Vermittlung von privatem Glücksanspruch und Gesellschaft, von erfüllter Geselligkeit und der Notwendigkeit einer Steigerung jener »funktionalen Teilnahmevoraussetzungen« [86], die eine sich rapide ändernde Welt auch den Empfindsamen abverlangt.

Wie aber läßt sich diese Abgleichung von Individuum und Gesellschaft durchsetzen? Ein erster Schritt dazu kann man in der auffallenden Perhorreszierung einer nicht mit den sozialen Realitäten konformen Empfindsamkeit sehen. Nun ist die Kritik an einer bloß sinnlichen, letztlich nur zu unsoziablen Leidenschaften führenden Empfindsamkeit ein Topos, der schon die Anfänge des Diskurses begleitet. Hier jedoch geht man über das traditionelle Affektenschema weit hinaus. Statt einfacher Moralappelle korreliert man abweichendes Verhalten mit einer Seele wie Körper erfassenden Pathologie. Falsche Empfindsamkeit macht krank – aber damit ist man noch längst nicht der Verantwortung entzogen... [87] Empfindsamkeit – und das ist das Neue – erscheint nicht mehr nur in den Begriffen von Moralphilosophie und Interaktionstheorie, sondern wird, dank der Erfolge der Humanwissenschaften, auch zum Gegenstand für Medizin, Psychologie und (Sozial-)Pädagogik. Der Topos einer »vernunft-sinnlichen« Balance wird jetzt umgedeutet zu einer ›quantitativen‹ Grundgleichung, nach der sich aus dem jeweiligen Verhältnis von (je individueller) physiologischer Sensibilität und der (situationsspezifischen) Intensität und Quantität äußerer Reize die jeweilige Bewertung des ›Falls‹ errechnet. Der untadeligen ›Mitte‹ korrespondieren die negativ bewerteten Abweichungen: Ist die Sensibilität für den Mitmenschen zu wenig entwickelt, fehlt die rechte Anteilnahme, das notwendige Engagement. Das (kranke) Subjekt versagt als empfindungslose, kalte und stumpfe »Maschine« [88] gegenüber seinen sozialen Pflichten. Zum anderen aber, und dieser Fall scheint sehr viel häufiger, diagnostiziert man eine krankhafte Abweichung in Richtung einer »übersteigerten und maßlosen Empfindelei«, die als Resultat einer übergroßen Reizbarkeit bzw. Reizflut erklärt wird. Einzig legitim, moralische Tugend wie körperliche Gesundheit gleichermaßen garantierend, ist ausschließlich die stets prekäre, dem Rat der Experten wie der ständigen Selbstkontrolle [89] bedürfende Ausgeglichenheit der Mitte – alles andere ist »unnatürliche« Abweichung, ist pathologisch und unmoralisch zugleich.

Mit diesem in ein medizinisch-physiologisches Wissen implementierten Gleichgewichtsmodell läßt sich die Empfindsamkeit noch fallweise genau vermessen und katalogisieren. Aber auch die Moralisierung, wie angedeutet, bleibt Teil der normierenden Sprache, denn im Blick der Experten erscheint das Subjekt als manipulierbarer »innerer Körper«, in dem sich physiologische und moralische Natur durchdringen. [90] Möglich wird so der Doppelschluß: von einer pathologischen Empfindsamkeit auf eine vorausgegangene moralische Verfehlung bzw. von der Unmoral auf körperliche Folgen. Wer an der Empfindsamkeit erkrankt, ist fast immer auch moralisch schuldig, da, so die Logik, erst ein exzessiver Lebenswandel das noch zulässige, d.h. mit der physischen Konstitution noch verträgliche Maß an sinnlichen Reizen überzogen hat. Die Folgen einer solchen »überspannte [n], unverhältnißmäßig ausgebildete [n] und verstärkte [n] Empfindsamkeit« [91] müssen, so jedenfalls die breit ausgemalten Schreckensbilder, »fürchterlich« sein:

»3. Der bekannte fürchterliche Einfluß, den überspannte Empfindungen auf die Nerven, die Werkzeuge der Empfindungen, äußern. Diese werden dadurch geschwächt und zu einer Reitzbarkeit verwöhnt, welche an sich schon eine fortdauernde Krankheit genannt zu werden verdient, weil sie unaufhörliche Leiden verursacht. Aber dabei bleibt es nicht. Aus dieser Schwäche und Reitzbarkeit der Nerven entspringen die schrecklichsten Nervenkrankheiten – Hypochondrie, histerische Zufälle, Krämpfe, Zuckungen u.s.w. – welche in unsern empfindsamen Zeiten so fürchterlich um sich gegriffen haben, daß man grade keinen Beobachtungsgeist, sondern nur ein Paar gesunde Augen nöthig hat, um die verderblichen Folgen einer überspannten Empfindsamkeit [...] schaudernd wahrzunehmen.« [92]

Was den Kapazitätsrahmen einer geordneten Reizaufnahme übersteigt, wird pathologisiert und moralisch verurteilt. Ursache der Krankheit kann dabei von der »sinnlichen Wollust« bis hin zur Lektüre »empfindelnder Romane« geradezu alles und jedes sein – man muß es nur dem »»Unnatürlich‹-Extreme [n]« [93], der Grundformel für jedes abweichende Verhalten, zuschreiben.

Diese zivilisatorische Normalisierung ist eng gekoppelt mit den Praktiken und Diskursen der Medizin bzw. ihrer Hilfswissenschaften: sie geben ihr den theoretischen Horizont. Hier wie dort geht es um das Aufstellen und Durchsetzen einer allgemeingültigen, soziales Handeln und Erleben disziplinierenden Norm. Für deren Einhaltung bedarf es weder theologisch-kosmologischer, in traditionale Machtstrukturen eingelassener Ordnungsbilder, noch des Rechtssystems eines aufgeklärten Absolutismus. Es ist vielmehr eine, wie Michel Foucault sagt, »Disziplinarmacht« neuen Typs, die diese Aufgabe übernimmt. Ihre Bataillone sind die sozial-pädagogischen Experten, ihr strategisches Wissen liegt in den sich formierenden Wissenschaften vom Menschen. Vor allem die – auch an der Empfindsamkeit zu beobachtende – »generelle Medikalisierung des Verhaltens« [94] bereitet hier die nicht mehr ferne »Gesellschaft der Normalisierung« vor, wie sie Foucaults zivilisationsgeschichtliche Arbeiten so überzeugend rekonstruiert haben.

Diese neue Macht(-technik), ihre »subjektkonstituierende Funktion« [95] ist es, die – in diesem Fall – die Empfindsamen zugleich auf homogenisierende wie individualisierende Vorgaben hin ausrichtet. Einerseits nämlich mißt man nach einheitlichen, universell gültigen, eben natürlichen Kriterien, denen sich niemand, allenfalls unter drohender Ausgrenzung, entziehen kann. Andererseits aber zeichnet sich der einzelne gerade durch die jeweilige ›individuelle‹ Ausprägung seiner (empfindsamen) Natur aus, die als persönlicher Unterschied des Charakters, als authentische Individualität wahrgenommen wird. Ein in der Praxis nur schwer zu balancierender Doppelanspruch. Personale Identität wird einerseits hochgeschätzt als genuin natürlich-menschliche Qualität, die das private Glück aus gesteigerter Geselligkeit zu verantworten hat und zugleich andererseits nur toleriert als eine für die Gesellschaft funktionale Fertigkeit, die als solche innerhalb genau kalkulierbarer Toleranzen eingespannt bleiben muß.

Durchsetzung und Überwachung dieser Norm beanspruchen einen nicht unerheblichen Teil der weitgespannten Aktivitäten der Philanthropen. Ihr Erziehungsprogramm, voll auf dem Kurs des zivilisatorischen Normalisierungs- und Subjektivierungsprozesses, schreibt jedem Individuum sein ›individuelles‹ Maß an »nützlicher« und »brauchbarer« Empfindsamkeit zu. Differenziert wird je nach Alter, Geschlecht, vor allem aber nach der jeweiligen Stellung in der Gesellschaft. Durchlaufende Bemessungsgröße ist auch hier wieder die »Brauchbarkeit«:

›Auch den Unterschied des Geschlechts und die persöhnliche Bestimmung eines jeden unserer Zöglinge laßt uns steets vor Augen haben. Das Weib, geboren zum Dulden, darf und sol empfindsamer sein, als der Man, der zum tätigern Leben in einem grössern Wirkungskreise bestimt ist; der friedliche Bürger, der ruhige Besizer eines ländlichen Erbteils, und der spekulirende Gelehrte können eine grössere Dosis Empfindsamkeit ertragen, als der Wundarzt, der Kriger, und der Staatenbeherscher. Der Erziher muß also – wo nicht ganz bestimt, doch ohngefähr – wissen, in welches Erdreich, in welches moralische und politische Klima die Pflanze, deren er wartet, versezt werden sol, um seine Maasregeln darnach zunehmen.‹ [96]

Auch wenn diese Pädagogik der Norm auf den gesamten Sozialkörper abzielt, so gilt das besondere Interesse doch eindeutig zwei Zielgruppen. Zum einen ist das selbstredend die Jugend, kann man doch die neu entdeckte Erziehbarkeit des Menschen an ihr am wirkungsvollsten nutzen. Und zum anderen nimmt man sich, wie die Ausführungen Campes gleich zu Beginn bestätigen, speziell der Frauen an.

Gut dokumentiert ist das in der auch von der Diskussion um die Empfindsamkeit her geführten Kritik an der »Lesesucht«. [97] Ihre häufigsten Opfer findet sie unter Jugendlichen und Frauen. Zwar geht die Kritik allgemein gegen das maßlose Lesen ohne Rücksicht auf praktischen Nutzen und sittliche Vervollkommnung, doch geht der Hauptstoß gegen die – in ihrer Wirkung sicherlich maßlos übertriebene – Lektüre der sogenannten »empfindsamen Moderomane«. Die übertriebene Häufigkeit, die übersteigerte Intensität der in diesen Schriften dargestellten Emotionen und Empfindungen müsse unweigerlich, so die durch ein stark standardisiertes medizinisch-physiologisches Vokabular aufgeladene Kritik am Lesen, die Gesundheit der Leser ruinieren. Ein ständig wiederholtes Argument, das besonders den lesenden Frauen gilt, da sie geschlechtsspezifisch eine größere Sensibilität besitzen. Frauen, so das allgemeine Urteil, [98] haben entsprechend ihrer schwächeren physischen Konstitution auch einen schwankenden, leicht labilen, weil für eine empfindsame Überreizung eher anfälligen Charakter. [99]

Die Therapie fordert zunächst eine radikale Einschränkung des Lektürekonsums. Für die jugendlichen Lesergruppe geht man noch einen Schritt weiter und verlangt erstmals eine eigens nach pädagogischen Prinzipien verfaßte »Jugendliteratur«. Sie soll, so Campe, der selbst zum Jugendbuchautor wird, als Gegenmittel zum »süßen Gift« der falschen Empfindsamkeit, das die Realität nur als eine »Schäferwelt, welche nirgends ist«, [100] schildere, auf die künftigen Aufgaben in der Gesellschaft vorbereiten. Ihr Gegenstand ist zwar auch wieder das »Glück des geselligen Lebens« [101], jedoch, so ausdrücklich Campe in seiner bis weit ins 19. Jahrhundert hinein äußerst erfolgreichen Robinsonadaption [102], »bei allen seinen Mängeln und unvermeidlichen Einschränkungen« [103]. Damit ist die Marschroute klar: Die neue pädagogische Jugendliteratur hat gegenüber der dysfunktionalen Utopie einer empfindsamen Gesellschaft Gegenaufklärung zu betreiben.

Zum zweiten Problemfall. Zwar dürfen auch die Frauen nicht in eine übertriebene Empfindsamkeit verfallen, gefährdet dies doch deren besondere Aufgaben als »beglückende Gattinnen, bildende Mütter und weise Vorsteherinnen des inneren Hauswesens« [104]. Aber eine Frau ganz ohne empfindsame Charaktereigenschaften steht jedoch andererseits genau dieser Funktionsbestimmung für die Familie als *dem* Ort privat-intimen Glücks entgegen. Und hier setzt dann auch das Kalkül für die Pädagogisierung der Frau folgerichtig an. Man konzeptualisiert das Weibliche als einen eigenen Geschlechtscharakter, den gerade eine empfindsame(re) Wesensnatur – und eine ihr entsprechende Funktionsdefinition – auszeichnen. Diese bis heute in ihren Folgen spürbare Definition des Weiblichen enthält in ihrem Kern eine Verschränkung von Physiologie bzw. Biologie und funktionaler, wiederum als ›natürlich‹ ausgegebener Bestimmung, die als allgemeingültiges »Wesensmerkmal in das Innere« [105] der Frau gelegt wird: Natürliches Wesen der Frau und soziale Funktion des Weiblichen decken sich wechselseitig. Nur wenn die Frau ihr »zärtlicheres Herz« [106] in eigenen (geschlechtsspezifischen) Charaktereigenschaften entfaltet, kann sich die (neben der traditionellen Sorge um die Kinder) neue Funktion der Intimgemeinschaft Familie als Ort befriedigender Sozialität verwirklichen.

So kann es auch nur auf den ersten Blick überraschen, daß die inhaltliche Bestimmung dieses »sanfte[n] Wesen[s]« [107] der Frau – immer wieder ist dabei von »Liebe«, »Güte« und »Sympathie«, von »Liebenswürdigkeit« und »Taktgefühl« die Rede, aber auch die Zurücksetzung eigener Interessen (»Ergebung«, »Hingebung«, »Selbstverleugnung«, »Anpassung«) wird ständig betont – fast vollkommen mit den positiven Begriffen der empfindsamen Interaktionssemantik zusammenfällt! [108] Es gibt nur *einen* einzigen Eigenschaftskatalog. Empfindsames Verhalten und Frau-sein sind zur Deckung gebracht. Anders gesagt: Die Institutionalisierung empfindsamer Sozialität gelingt nur mittels einer Subjektrolle, die der Frau das als Natur, als Wesensbestimmung einverleibt, was die gesellschaftliche (Um-)Welt nicht bieten kann.

Die Propaganda für einen empfindsamen (weiblichen) Geschlechtscharakter beschränkt die Geltung der Empfindsamkeit weitgehend auf die Ehe bzw. dann vor allem im 19. Jahrhundert, auf sozial-caritative Einrichtungen, in denen die (meist unverheiratete) Frau ihre ›sanft-sorgenden‹ Qualitäten ausüben kann und soll. Nur in dieser institutionellen Einschränkung toleriert eine zunehmend auf Effizienz und Rentabilität hin organisierte Gesellschaft eine zu ihr gegenstrukturelle Interaktions- und Geselligkeitsform. Jene »sanfte Harmonie« [109], die Sintenis der neuen Familie predigt, steht für die Supplementarität der Charakter- und Funktionseigenschaften der Ehepartner: »Die Natur hat sie [die Frau, N. W.] angewiesen, in diesen zarten Verhältnissen alles mit Liebe und Sanftmuth zu beschicken, während der Mann in seinem ausgebreitetern Weltberufe wol gar – hart und kalt seyn muß, um seinen Charakter als Mann zu behaupten.« [110] Erst in der Komplementarität der Geschlechtscharaktere realisiert sich optimal die geforderte Einbindung und Ausrichtung der Empfindsamkeit auf die Gesellschaft, glänzt doch der Mann gerade durch seine Realitätstüchtigkeit, seine auf »Verstand« und »Vernunft« gegründeten Qualitäten, die ihm zu einem (notwendigen) Erwerbsleben ›draußen‹, in der dem eigentlichen Selbst feindlichen Welt allererst befähigen. Empfindsamkeit, als psychische Mitgift der Frau in die Ehe eingebracht, fungiert hier explizit als – immer dringlicher werdende? – Kompensation für eine zunehmend als fremd und unpersönlich erfahrene Welt. Und nur in dieser Funktion, die das kritische Potential einer Empfindsamkeit, die die gesamte Gesellschaft ihren Maximen einer durchmoralisierten (Interaktions-) Gemeinschaft unterwirft, nachdrücklich ausklammert, hat sich der Anspruch des Diskurses auf eine als Selbstbestätigung und persönliches Glück erlebte gesellige Gemeinschaft zu erfüllen. Was die radikal-emphatische Variante formuliert als antagonistischen Gegensatz von einer ›kalten‹, unpersönlichen Gesellschaft und einem Individuum, das allein an emotional ›warmen‹ Umgangsweisen interessiert ist, fügt sich in dieser Diskursoption zu einer problemlosen, harmonischen Lösung.

Nicht zuletzt liegt in dieser Wendung zur Geschlechterpsychologie der Erfolg der Empfindsamkeit als soziales Orientierungsmuster. Sie bietet eine Antwort für den Strukturwandel der Gesellschaft, speziell für die Definitions- und Stabilisierungsprobleme, die aus der Auflösung des »Ganzen Hauses« zu erwarten sind. Sie kompensiert die wachsenden Ansprüche einer sich funktional organisierenden Gesellschaft, ihr gelingt, was die auf Leistung basierende Erwerbswelt nicht kann. Die Empfindsamkeit, zurückgenommen auf die Familie, entlastet andere Teilbereiche der Gesellschaft – wie z.B. Wirtschaft und Justiz – von individuellen Glücks- und Bedürfnisansprüchen, die einem effizienten Funktionsablauf nur hinderlich sein müssen. Projiziert auf die sozial-evolutionäre Ausdifferenzierung der Gesellschaft erscheint die kasernierte Empfindsamkeit als ein semantisches Potential, das mögliche Umstellungsprobleme und Anpassungsschwierigkeiten überdeckt. Die nun geschlechtsspezifisch zugeordneten Erfahrungs- und Tätigkeitsfelder »Heim« und »Welt« werden in ihrer Gegensätzlichkeit entschärft, ja sogar harmonisiert. Diese zur Alltagserfahrung gewordene Lehre von den Geschlechtscharakteren hat es, so Karin Hausen, ermöglicht, »die Dissonanzen von Erwerbs- und Familienleben als gleichsam natürlich zu deklarieren und damit deren Gegensätzlichkeit nicht nur für notwendig, sondern für ideal zu erachten«. [111]

Auch wenn, wie gesehen, diese Diskursvariante sich sehr viel stärker auf die Gesellschaft bezieht, so bleibt dennoch das Thema Gesellschaft selbst ausgespart. Statt über Strukturänderung, statt über historischen Wandel zu reden, handelt die empfindsame Kommunikation auch hier bevorzugt über die Probleme personaler Interaktion in intimen Privatbeziehungen – vielleicht weil man sich über die diskursive Natur des Empfindsam-Intimen hinwegtäuscht und so glauben kann, daß sich die persönliche Nahwelt nach je eigenen Bedürfnissen und Intentionen gestalten ließe?

An dieser Wertschätzung der Empfindsamkeit als Voraussetzung für ein privates Glück, als Basis für sympathetische Geselligkeit und Friedfertigkeit, ändert sich auch mit Blick auf das 19. Jahrhundert nichts. Auch über die Epochenschwelle hinaus (be)hält der Diskurs seine Bedeutung. Daß Glück sich als Funktion von Sozialität (eine Formulierung von N. Luhmann) einstellt, dafür scheint es keinen Ersatz zu geben.

Und eben dieses erhoffte Glück ist es, das zugleich zur freiwilligen Anpassung und Unterwerfung unter die neuen Verkehrsformen motiviert. Der Macht des Gesetzes bedarf es nicht. Im Gegenteil. Ein staatliches Reglement kann dieser Art von Normalisierung nur hinderlich sein, denn eine verordnete, gar durch Gewalt erzwungene Anpassung ist mit der besonderen Qualität der Empfindsamkeit unvereinbar. Die Norm der empfindsamen Subjektivation erfüllt man aus eigenem Interesse, kann sich doch allein in dieser Freiwilligkeit der Anspruch auf Authentizität und Unmittelbarkeit erfüllen.

Doch diese vermeintliche Selbstbestimmung bleibt angesichts der durchlaufenden Normalisierung nur der für das Gelingen notwendige Schein. Sobald die geforderte (Selbst-)Disziplin fehlt, tritt ein wachsender Normalisierungsapparat auf den Plan, der überall dort korrigierend eingreift, »überwacht« und »straft«, wo die geforderte Anpassung gefährdet scheint.

Zuletzt sei noch einmal erinnert an die zentrale Geltungsbedingung, unter der diese Institutionalisierung des Diskurses gelingt. Empfindsamkeit wird nur toleriert als ›privat-intime‹ Qualität: Gesellschaft und Privates sind strikt geschieden, ja driften gerade im Erfolg des Empfindsamkeitsdiskurses *immer weiter auseinander*. Jeder Bereich folgt je eigenen, auf direkter (Vergleichs-)Ebene inkompatiblen funktionalen Regulativen. Werden dennoch beide Sphären vermischt, wie etwa in dem folgenden, von P. Villaume gegebenen Exempel eines empfindsamen Richters, dann wird die Empfindsamkeit sofort an ihre Grenzen erinnert. Das Verhältnis von Gesellschaft und Empfindsamkeit regelt sich nach dem Prinzip der supplementären Ergänzung – und nicht nach einer zur Gesellschaftskritik ausformulierten (polemischen) Konfrontation oder, wie hier, in der für den gesellschaftlichen Alltag *dysfunktionalen* Mißachtung der dem Diskurs gezogenen Grenzen. Hier Villaumes Kritik an einem »unbrauchbaren«, weil empfindsamen Richter:

> »Wenn alle Thränen, alle Bitten, aller Eifer gerecht wären; gut! Allein, der Verbrecher bittet den Richter um Begnadigung; der Ungehorsame fleht um Erlassung der Strafe; [...] Ich mag ihn, den Weichherzigen, nicht zum Richter haben; denn, wenn meine Parthey sein Freund ist, wenn sie sein Herz zu treffen weiß, so hilft mir mein augenscheinliches Recht nichts, ich muß unterliegen. Als Polizey-Obrigkeit möchte ich ihn auch nicht; ich besorge, daß er sich erbitten, oder ertrotzen lasse, was dem gemeinen Wesen zum Nachtheil gereicht.« [112]

Der hierin enthaltene Schluß ist offensichtlich. Empfindsame Charaktereigenschaften oder Umgangsformen sind fehl am Platz im Rechts- bzw. Justizsystem. Dort zählt nicht gegenseitiges Wohlwollen oder sympathetisches Verständnis, sondern allein die objektive, unbestechliche Entscheidung nach fachinternen, d. h. immer auch unpersönlichen Verfahrensregeln: »kaltes Blut«, so Villaume, »ist in Geschäften ein wünschenswerther Vortheil«. [113]

Eine solche strikte Trennung von empfindsamer Nahwelt und systemfunktionaler, unpersönlicher Gesellschaft verlangt den Individuen ein (historisch) neues Maß ab an Beweglichkeit und Anpassung, das wohl erst in langen Lernprozessen erworben werden kann. Denn der brauchbare Bürger steht jetzt unter einem prinzipiell doppelten Anforderungsdruck: Er muß in allen Funktionsbereichen der Gesellschaft erfolgreich ›arbeiten‹ können und *zugleich* sein Glück in der privaten Welt der empfindsamen Gemeinschaft (lies: der Familie) machen. Empfindsamkeit wird auf einen individuell je angemessenen Platz im Ensemble der menschlichen Naturanlagen und Fähigkeiten verwiesen; sie gilt als eine unter vielen anderen Interaktionskompetenzen, über die man zu verfügen hat. Und erst diese »schöne Totalität des Individuums«[114], die – und hier ist Michel Foucault voll zuzustimmen – weniger durch schlechte Verhältnisse unterdrückt wird, als umgekehrt erst im Zielpunkt der zivilisatorischen Subjektivierung und Individualisierung steht, macht das Subjekt soziabel, befähigt es sowohl zu dem Glück und Liebe verheißenden Selbstbezug des »Herzens« als auch zur system-funktionalen Teilnahme an den Geschäften der »Welt«.

Joachim H. Campe, so richtig gelesen, versteht dann auch genau diese derart perfektionierte Fähigkeit zum flexiblen Selbstbezug als entscheidende Qualifika-tion für das »brauchbare« Subjekt. Eine fortschrittliche Erziehung hat hier ihren Einsatz. Soll das Umschalten von einer, wie Campe sagt, »Wirkungsart« der menschlichen Natur (und dazu zählt jetzt auch die Empfindsamkeit) auf die andere reibungslos gelingen, bedarf es der angeleiteten Eingewöhnung:

»sorge dafür, daß die sämtlichen Kräfte deines Zöglings dergestalt verhältnißmäßig geübt werden, daß sie, jede in ihrer Art, gleich starker und anhaltender Anstrengungen fähig werden mögen, und besonders, daß die Seele des Zöglings eine große Leichtigkeit gewinne, von der einen Wirkungsart zur andern ohne Widerwillen und Ermattung überzu-gehen.«[115]

7.4. *»Die Form ist flüssig, der ›Sinn‹ ist es aber noch mehr ...«*[*]
Kurzer Kommentar zu Empfindsamkeit, Diskursanalyse und Politik nebst einem Ausblick auf das 19. Jahrhundert

Gemessen an einer Literatur- bzw. Kulturwissenschaft, die vor allem an der Entdeckung emphatischer Momente in ihrem Gegenstand interessiert ist, muß diese Re-Konstruktion der Empfindsamkeit enttäuschen: Wo bleibt die kritische Perspektive, wo das Interesse an Aufklärung?

Und in der Tat mag es nicht leicht fallen, dieser Lektüre einer ›alternativen‹ Normalisierung zu folgen und z.B. die hier rekonstruierten Gesten der Verwei-gerung ›nur‹ als negative Kehrseite *einer* allgemeinen Norm zu lesen. Wenn aber die als Revolte des Subjektiven inszenierte Überschreitung zum integralen Mo-ment einer Normalisierungsstrategie wird, fehlt der vertrauten Figur eines freien Subjekts Basis und Entfaltungsraum. Die Eigenmächtigkeit des Individuums wird zur Fiktion, wenn zuerst und vor allem die Ordnung der Sprache domi-

---

[*] F. Nietzsche, Zur Genealogie der Moral, a.a.O., S. 819.

niert, wenn die sprechenden Subjekte nur als nach-geordnete Größen, als systematisch hervorgerufene »Effekte« zählen.

Keine Frage, daß diese Geschichte der Empfindsamkeit nur geringe Chancen sieht für ein Sprechen jenseits diskursiver, einem individuellen Sinn vorgängiger Ordnung. Selbst die emphatische Radikalisierung, die ein in seiner Individualität gesteigertes Subjekt in Szene setzt, ist hier ›nur‹ eine weitere Variante, eine empfindsame Konvention mehr: eine Konvention, die in scheinbarem Widerspruch zur Normalität jetzt das *abweichende* Verhalten schematisiert. Wird aber ein Standort jenseits des Diskurses fragwürdig, so geht dies zugleich gegen jede Kritik, die für sich das ›Ganz-andere‹, das Nicht-vergesellschaftete reklamiert, um dann weit auszuholen zu einer totalisierenden Fundamentalopposition. Absolut gewiß in der Überlegenheit der eigenen Position, manövriert sich eine solche Kritik in eine polemisch bewertete absolute Gegnerschaft zur Gesellschaft. Reflexion auf die Berechtigung der eigenen Position gibt es nur als Moral, nicht als Geschichte.

Die hier favorisierte theoretische Grundorientierung weiß, daß sie provoziert. Denn sollte es zutreffen, daß, wie es Manfred Frank mit starkem Vorbehalt formuliert, diskursive Regularitäten und Systeme gänzlich »das Feld der zwischenmenschlichen Beziehungen beherrschen.«[116] Dann muß jetzt selbst das, was Sympathie, Zuneigung, Liebe und persönliches Glück verheißt, als eine nicht hintergehbare, gerade *nicht* auf den Menschen als Menschen verpflichtete allgemeine Ordnung akzeptiert werden. Die Empfindsamkeit als Diskurs zu rekonstruieren ist hier der Versucht, die (Selbst-)Präsentation der Empfindsamkeit als emphatische Rede über ein soziables und friedfertiges, sich von der Gesellschaft distanzierendes Subjekt zu konterkarieren. Daher die gewollte Einseitigkeit in der Rekonstruktion. Ziel dieser Diskursanalyse war eine Art allgemeiner und verbindlicher Sinn-Grammatik, die einen individuellen Sinn als Stil-Variation nicht eigens thematisiert. Die Macht des Diskurses, weniger der auf seiner eigenen Entfaltung bestehende Einzel-Text, hat hier interessiert.

Bleibt diese Konstruktion einer diskursiven Ordnung und ihrer Geschichte das letzte Wort, das alle weitergehenden Ansprüche auf Kritik und Veränderung nur der Melancholie überläßt? Kritiker der Diskursanalyse würden dem wohl nur zu gern zustimmen.[117] Doch das Verhältnis von Diskursanalyse und Aufklärung erschöpft sich nicht in einer einfachen Negation. Eine Antwort darauf, was die Geschichte der Empfindsamkeit an Möglichkeiten der Kritik bieten kann, könnte zunächst vom Modell der empfindsamen Gesellschaftskritik selbst ausgehen, wie sie vor allem die radikal-emphatische Variante gleichsam als eine für Aktualisierungen offene Schablone vorformuliert hat. Diese emphatische Kritik all dessen, was nicht der geforderten Gleichheit, Sympathie, Pflege des Selbstwertes etc. folgt, besitzt sicherlich noch immer eine nicht zu unterschätzende (naive) Evidenz. Der Grundmechanismus ist einfach: Man totalisiert die eigene, radikal-empfindsame Position, hält sie dem zur Kritisierenden entgegen, bis es zu einem dichotomischen Gegensatz gereicht. Auf den Gegner ›Gesellschaft‹ projiziert, läuft eine solche am polemischen Antagonismus interessierte Rhetorik auf eine uneinholbare Überforderung hinaus. Die eigene Position, auch wenn sie sich in ihrer Moralität so überlegen glaubt wie die empfindsame, kann nicht mehr ernsthaft zum gesamtgesellschaftlichen Maßstab erhoben werden. Daß die Gesellschaft sich in einer einzigen Interaktion abbildet, ist mit dem erreichten Stand sozialer Evolution unwahrscheinlich geworden.

Grundbegrifflich hat diese Kritik gewiß ihre Mängel, was aber nicht heißt, daß sie überholt ist. Aktuellere Beispiele gibt es durchaus. Eher denn an den ›remake‹ des »Werther«[118] wäre dabei an Teile der 68er Studentenbewegung zu erinnern, vor allem an deren Euphorie über die angeblich gesellschaftsverändernde Kraft der Wohn-kommune oder aber auch an die Frauenbewegung. Hat man nicht auch da einer ganz besonderen, um nicht zu sagen empfindsamen Qualität zwischenmenschlichen Verhaltens vertraut, die dann schließlich zum Maßstab der (Gesellschafts-)Kritik hochgerechnet wird?

Trotz ihrer Reflexionsdefizite hat diese emphatische Kritik auch ihre Stärke, vor allem, wenn es um den Schulterschluß, um die Motivierung der eigenen Partei geht. Gemeinsame Emphase, stets präsent gehalten in einer eigenen Art des Umgangs, verbindet, schafft sympathetische Solidarität, die dann durchaus auch politische Wirkung haben kann.

Aber für all dies braucht es kaum einer Diskursanalyse. Ihren eigentlichen kritischen Impetus findet sie in der Konfrontation zu allen Versuchen, einen ursprünglichen Sinn zu behaupten, der sich der Geschichte, dem »materiellen Charakter des Diskursiven«[119] entziehen könnte. Auch diese Arbeit sieht hier ihren strategischen Ausgangspunkt. Sie hat es versucht, die im 18. Jahrhundert wie heute für (selbst) evident gehaltenen, ja in diesem Fall sogar wortwörtlich empfundenen Bedeutungs- und Sinngehalte der ›natürlichen‹ Empfindsamkeit in einer diskursiven Regelmäßigkeit aufzulösen. Für diese genealogische Lektüre, die nach der Herkunft unserer Orientierungsmuster fragt, stellt die hier bewußt gewählte methodologische Grundprämisse – d.i. der Vorrang des Diskurses, der Sprache bzw. Schrift vor der ›schönen‹ Figur eines begründenden Subjekts [120] – ihr kritisches (und d.h. natürlich auch: polemisches) Potential unter Beweis. In der Konsequenz dieser strategischen Wahl verliert jenes ›mythomorphe‹ Denken[121], an dem auch die (historische) Empfindsamkeit, wie gezeigt, ihren Anteil hat, den dank seiner emphatischen Verkleidung wirkungsmächtigen Schein des Wahren. Mit der Auflösung des ›ontologischen‹ Mißverständnisses, das die Empfindsamkeit zum Synonym werden läßt für das Wahre und Gute des (geselligen) Menschen, verweigert die Diskursanalyse der Empfindsamkeit jede Bestätigung auf einen gleichsam durch die Geschichte laufenden objektiven Sinn. [122]

Ob eine solche Kritik sich tatsächlich aus der Tradition der Aufklärung herausschreibt, wie das die Schreckensformel vom »Neuen Irrationalismus« wahrhaben will, ist noch längst nicht ausgemacht. Im Vergleich mit der (eingangs der Arbeit rekonstruierten) Grundbewegung der (historischen) Aufklärung ergibt sich, vielleicht überraschend, vielmehr eine zugegeben partielle Übereinstimmung. Auch im 18. Jahrhundert, vor allem in der Spätaufklärung, konnte man sehen, daß die kritische Negation überkommener, in Metaphysik oder Mythologie abgesicherter Orientierungsmuster erst in einem zweiten Schritt in der neuen Positivität ›rationaler‹, d.i. aufgeklärter Konstruktionen (wieder) aufgefangen wurde. Zuerst aber, und darauf kommt es hier an, zwang die Kritik der Aufklärung zur Erkenntnis, *daß es auch anders sein könnte*. In ihr liegt gleichsam das Gegen-Prinzip zur Macht der Tradition. Man mag dieses Aufkündigen lebensweltlicher Sicherheiten und Evidenzen als genuin aufklärerische Aktivität nicht akzeptieren wollen – etwa mit dem (berechtigten) Verweis auf die Folgen für Fragen der Identitätsbehauptung. Doch erst diese oft kritisierte polemische Radikalität, mit der die Diskursanalyse auf der letztlich kontingenten Entstehungs- und Tradierungsgeschichte von Sinn besteht, verhindert den Rückfall in die Zwänge eines – wie immer im einzelnen ausgeführt – ableitungs- oder identitätslogischen Denkens. Statt weiterhin nach einem zureichenden Grund für unsere moralischen Vorurteile zu suchen, einen substantiellen Anfang und Ursprung finden zu wollen, löst die diskursanalytische Destruktion die unhistorischen Erklärungen über die angeblich unabänderliche und notwendige Natur unserer gesellschaftlichen Verhältnisse auf und schafft so allererst den Raum für einen *freieren* Umgang mit sozialen Orientierungen. Gerade jener *dichotomische* Blick, den die Empfindsamkeit uns angewöhnte und der uns scharf trennen läßt zwischen einem mit Glücksansprüchen aufgeladenen privaten Ort ›warmer‹ Sozialität und einer ›kalten‹, unpersönlichen, uns ›entfremdeten‹ Gesellschaft, verliert an unmittelbarer ›natur-gesetzlicher‹ Gültigkeit, kann nicht mehr letzte Orientierungsgröße sein.

Das kann zu einer Selbstaufklärung inspirieren, die nach den Folgen eines solchen antagonistischen Erfahrungsmusters fragt und nicht immer nur individuelles Versagen und Unvermögen konstatiert. Das Glück der Empfindsamkeit könnte sich relativieren: verspricht sie nicht ein Programm, an dem man nur scheitern kann? Denn wie soll Geselligkeit, die gerade die Distanz zur Welt zu ihrem tragenden Prinzip macht, *in* der Gesellschaft gelingen?

Und was wäre ›wenn‹? Soll man tatsächlich darauf hoffen, daß die gewünschte »sanfte« Ordnung sich überall durchsetzt, alles privatisiert wird, bis schließlich aus der Gesellschaft »eine Ansammlung winziger Gemeinschaften« [123] geworden ist?

In einer solchen intimen Gesellschaft, die, folgt man einem ihrer entschiedensten Kritiker, Richard Sennett, in unserer Gegenwart schon längst wahr geworden ist (!), regiert dann allein die Ideologie der Intimität; soziale Realität wird nur noch nach den Regeln ihrer Moral-Philosophie oder, heute bereits eher, Moral-Psychologie wahrgenommen. Ein folgenschwerer Verlust an öffentlicher Kultur, so Sennetts Urteil, ist die unausweichliche Folge:

›The reigning belief today is that closeness between persons is a moral good. The reigning aspiration today is to develop individual personality through experiences of closeness and warmth with others. The reigning myth today is that the evils of society can all be understood as evils of impersonality, alienation, and coldness. The sum of these three is an ideology of intimacy: social relationships of all kinds are real, believable, and authentic the closer they approach the inner psychological concerns of each person. This ideology transmutes political categories into psychological categories. This ideology of intimacy defines the humanitarian spirit of a society without gods: warmth is our god.‹ [124]

Mängel und Defizite der Gesellschaft als Mangel an menschlichem Umgang zu deuten, ist zur Regel geworden, die selbst die politische Strategie um des Erfolgs willen zu befolgen hat. Gesellschaft, wenn nur verstanden als Interaktionsgemeinschaft, deren Glück sich in der allgemein gewordenen Nähe zum Mitmenschen verwirklicht, wird als eigene Realität verfehlt. Ein später Sieg der Aufklärung auf Kosten einer rationalen Politik?

Bleibt noch die Frage nach dem weiteren Konjunkturverlauf der Empfindsamkeit über das 18. Jahrhundert hinaus. Eine halbwegs befriedigende Antwort erforderte jedoch eine eigene umfangreiche Arbeit. Sicher ist – und das ist auch im allgemeinen Verständnis der Zeitgenossen präsent –, daß die weitere Geschichte der Empfindsamkeit nicht mehr die einer ähnlich *spektakulären* Hochkonjunktur ist. Die Empfindsamkeit kann ihre ausgezeichnete Stellung im Feld der sozialen Orientierungsmuster nicht über die Jahrhundertgrenze hinaus halten. [125] Darin gleicht sie – und das ist natürlich nicht zufällig – der (Erfolgs-) Geschichte der Aufklärung. Beide haben ihre Epoche machende große Zeit hinter sich, ohne jedoch vergessen oder verdrängt zu sein.

So ist auch trotz dieses allmählichen Bedeutungsverlusts die Empfindsamkeit bis »Ende der Biedermeierzeit noch kein sozial gesunkenes Kulturgut« [126], wenngleich sie, was ihre Erscheinung als literarischer Stil angeht, mehr auf »einzelne Höhepunkte« [127] beschränkt ist. Der Diskurs behauptet sich mindestens bis weit ins 19. Jahrhundert hinein, ist doch, so wiederum F. Sengle, das »›gemütvolle‹ Biedermeier (...) auf weiten Strecken vom empfindsamen nicht zu unterscheiden.« [128] Sengles Einschätzung stützt sich, wie bereits angedeutet, vor allem auf die Analyse der literarisch-sprachlichen Dimension, die eben nach wie vor geprägt wird durch den Gebrauch der ›sentimentalen Rhetorik‹, wie sie auch in dieser Arbeit beschrieben wurde: Der realistische Stil dominiert erst nach 1848!

Jenseits der engen Grenzen der Literatur, so der erste Eindruck, ist der

Geltungsverlust größer, zumindest augenfälliger. [129] Vor allem zwei Momente spielen hier eine Rolle: Zum einen ist zu vermuten, daß der Diskurs der Empfindsamkeit als adäquate, d.h. weithin akzeptierte Form der Thematisierung von Gesellschaft an Plausibilität verliert. Dafür spricht schon der Wandel der Gesellschaft selbst, der weitere Umbau in Richtung auf die funktionale Differenzierung als dem primären sozialen Organisationsprinzip. Vor allem die (National-)Ökonomie gewinnt im Vergleich zum ›politischen‹ 18. Jahrhundert an Bedeutung. Ihr Wissen scheint zunehmend allein kompetent für alle Fragen der Gesellschaft. Die Projektion einer Gesellschaft, die sich primär als Gemeinschaft einander sympathetisch verbundener Personen organisiert, wird mehr denn je zur anachronistischen Utopie, deren (schlechte) Realität sich beschränkt auf die Kasernierung der empfindsamen Sozialität – allerdings mit zwei noch zu erwähnenden Ausnahmen – in der Privatheit der Familie bzw. Freundschaft. Eine Betrachtungsweise, die Gesellschaft ganz aus der Perspektive eines emphatischen, natürlichen Subjekts sieht, verliert daher mehr und mehr an Anziehungskraft. Sie kann der Entwicklung zu einer komplexeren und damit immer weniger aus den überschaubaren Verhältnissen einer empfindsamen Gemeinschaft heraus durchschaubaren Welt nicht folgen. Dagegen steht schon die starke Moralisierung der Empfindsamkeit. Gleichheitsmoral als allgemeines Sozialitätsprinzip konnte wohl noch das 18. Jahrhundert (wenn auch schon dort!) als Utopie formulieren. In einer sich rapide entwickelnden kapitalistischen Gesellschaft jedoch verliert sie auch diesen Geltungsanspruch.

Zur Wende des Jahrhunderts versucht dann die Romantik, allen voran Friedrich D. Schleiermacher in seinem »Versuch einer Theorie des geselligen Betragens«, der flachen Begrenzung empfindsamer Geselligkeit auf das »häusliche Leben« zu entkommen. [130] Noch einmal, ganz auf der Extrem-Linie der Empfindsamkeit, gilt allein der intensiv-vertraute zwischenmenschliche Umgang als das ›eigentliche‹ Leben: »Es gibt keinen festen Grund und Boden in der Wirklichkeit«, so Karl W. Solger, »als diesen innigen Umgang mit Freunden«. [131] Aber auch hier wieder muß der breite Erfolg (auch) am zu hohen Formulierungsniveau, an der zu hoch gesetzten Exklusivitätsschwelle scheitern. Romantische Geselligkeit, so sehr man sie dann auch im trauernden Rückblick als eine nicht wahr gewordene Möglichkeit des Zusammenlebens schätzt und preist, bleibt in ihrem Geltungsbereich auf den äußersten Rand der Gesellschaft beschränkt. Auch hier, wie schon in den hoch-literarischen Texten des Empfindsamkeitsdiskurses, kann nur die Kunst (teilweise auch die Philosophie) die nicht-realisierten Erlebnismöglichkeiten, die nicht verbindlich gewordenen Alternativen durch die Zeit tradieren. [132]

Doch dieser fortgesetzte Geltungsverlust, der die Empfindsamkeit die Anerkennung als eine Form der Thematisierung von Gesellschaft kostet, [133] ist nur *eine* Tendenz. Zum anderen – und das sieht man schon um die Jahrhundertwende – verstärkt die zivilisationsgeschichtliche Ausweitung des ›Unpersönlichen‹ in der Gesellschaft das Bedürfnis nach personaler Nähe, nach gegenseitiger Anteilnahme und einer intensiven, auf das eigene Selbst gerichteten Kommunikation. Solche Bedürfnisse nach einem Ort fern von Konkurrenz und Unterordnung, so schreibt Daniel Jenisch am Ende des Jahrhunderts, »werden durch die ermüdende Einförmigkeit unsers Geschäftlebens immer schärfer gereizt: die Menschen suchen sich um desto emsiger in jedem freyern Augenblick, je einsamer sie in jeder Stunde *geschäftiger Gebundenheit* zu leben gezwungen sind«. [134]

Jenischs Einsicht bestätigt nur, daß trotz des tiefreichenden gesellschaftlichen Wandels Freundschaft und (vor allem) Familie als verbindliche Formen empfindsamer Geselligkeit unangetastet bleiben, ja mehr denn je als Kompensation gesucht werden. Als Auffangstellung und Revitalisierungsfeld für das zunehmende Leiden an der Gesellschaft sind sie unverzichtbar. Es sind dann vor allem die Töchter der Bourgeoisie, die nach dem Bild einer selbstlos für ihre Familie sorgenden empfindsamen Gattin und Mutter erzogen werden. In der gemäßigten Intensität eines »temperierten Mitempfinden« [135] kann sich die Empfindsamkeit erfolgreich behaupten als die das Private weitgehend bestimmende soziale Norm: sie ist das Muster, nach dem man den von der Gesellschaft abgetrennten Bereich des Privaten (typischerweise) erlebt.

Auch das 19. Jahrhundert – und ohne allzu großes Risiko ließe sich das wohl auch für das 20. behaupten – kennt keine Alternative zur Empfindsamkeit. Die in der Empfindsamkeit festgeschriebene Polarisierung der Welt nach dem (unverändert gültigen) Metaphernpaar von ›warm‹ und ›kalt‹ strukturiert auch unseren Alltag. So bleibt die Empfindsamkeit ein unverändert essentielles Orientierungsmuster. Auch diese Gesellschaft verlangt (braucht!) Empfindsamkeit. Wer ihre Regeln nicht kennt oder sie verkehrt gebraucht, muß – wie schon immer – mit Disqualifikation in seiner Eigenschaft als ›natürlicher‹ Mensch rechnen.

Ein Wort noch zu den erwähnten Sonderfällen in der Geschichte der (institutionalisierten) Empfindsamkeit. Im 19. Jahrhundert gibt es zwei – erfolgreiche – Versuche, den Geltungsbereich der Empfindsamkeit über die engen Grenzen von Familie und persönlicher Freundschaft hinauszutragen. Gefragt ist einmal (seit der Französischen Revolution?) die Solidarität der Kampfgenossen, ihre emotionale Verbundenheit. Noch mehr aber schätzt man das Gefühl bei der Bindung des einzelnen an das staatliche Gemeinwesen. Als Vaterlandsliebe wird die Empfindsamkeit jetzt auch als *politische* (Gefühls-)Qualität interessant. Ganz auf der Linie der Vorgänger im 18. Jahrhundert argumentiert man nach bekanntem Muster. Auch hier wirft man einer falsch verwerteten Empfindsamkeit ihren »unproduktiv [en] […] Kultus des Individuums« vor, da dies zwangsläufig zu der dem Gemeinwesen abträglichen Vernachlässigung in der »Teilnahme an den öffentlichen Dingen« [136] führen muß. Notwendig wird so die Umformulierung der Empfindsamkeit zur *universalen Gemeinschafts-Tugend*, die in ihrem explizit politischen Anspruch sowohl die völkische Gemeinschaft als auch die häusliche Familie umgreift. Die Empfindsamkeit findet sich wieder als ein besonderer Zug des Nationalcharakters der Deutschen, als »Schatz« der nationalen Identität:

>»Doch den notwendigen Schatz an Empfindsamkeit hat sich das deutsche Volk bis auf den heutigen Tag gerettet. Trotz aller die alte Zucht beeinträchtigenden Einflüsse hat es sich ein tiefes Gefühl für Ehre, Recht und Sitte gewahrt [...] Diese Trefflichkeit des Volkes scheint in eigentümlicher Färbung in den Geschlechtern und Altersstufen wieder: der deutsche Mann ist voller Biederkeit und Treue [...] die deutsche Hausfrau, das Juwel aller Frauen auf Erden und die deutsche Jungfrau [...] haben das deutsche Haus zu einer Stätte traulicher Gemütlichkeit geschaffen.« [137]

Unschwer zu erkennen, daß die Geschichte der Empfindsamkeit, trotz gravierender Veränderungen der Gesellschaft, auch die Gegenwart erreicht hat – dafür braucht es nicht erst den vordergründigen Verweis auf die »Neue Empfindsamkeit« in Politik und Kulturszene. Was bleibt – ist nur die Chance auf einen beweglicheren Umgang mit diesem unvermeidlichen Erbe. Weder die überzogene Emphase der Radikalempfindsamen noch die rein defensive Anpassung an eine von Emotionalität freigehaltene Welt, wie sie die Philantropen propagieren, kann überzeugen. Eher schon ließe es sich mit einer Empfindsamkeit leben, die sich als eine (natürlich nicht unbegrenzt) variable Größe versteht, als eine Stegreifrolle für einen Spieler, der auf Variation, auf Abweichung und Ideenreichtum setzt und sich zugleich in der Gewißheit des Spiels doch nur zu einem ›nüchternen Engagement‹ hinreißen läßt – auch wenn die Spielregeln, denen er folgt, Emphase und bewußtlose Unmittelbarkeit verlangen. So lautete die Empfehlung – (also doch...) – auf das dem Empfindsamen ›eigentlich‹ undenkbare Paradox, es mit Ironie und Emphase *zugleich* zu versuchen. Oder, in den Worten Luke Rhinehartts, des »Würflers«, der sich der Normalität wie auch seinen Identitätsproblemen durch den gehorsamen Glauben an die kontingente Macht des Würfels entzieht: »Ah [...] A new option.« [138]

ANMERKUNGEN

1. Die Strategie der Aufklärung

[1] Aus der Unzahl der möglichen Belegstellen hier eine relativ späte aus Theodor Heinsius' ›Volkstümlichen Wörterbuch der deutschen Sprache‹: synonym mit ›aufklären‹ gilt bezeichnenderweise ›klar machen‹ und ›deutlich machen‹. Bd. 1, A-E, Hannover 1818.

[2] Die meteorologische Metaphorik mit der des Lichts – die Metapher für Wahrheit par excellence – verbindend, präsentiert sich der Aufklärer als ›Akteur des Lichts‹ (vgl. ›Enlightenment‹ im Englischen). Wahrheit zeigt sich nicht (mehr) gleichsam von selbst, sondern, so das aufklärerische Selbstbewußtsein, muß jetzt mittels einer ›perspektivischen Beleuchtung‹, eben der klärenden Kritik, erst entdeckt werden. Vgl. zur charakteristischen Metaphorik der Aufklärung: Hans Blumenberg, Licht als Metapher der Wahrheit, in: Studium generale 10 (1957), S. 432–447 und Horst Stuke, Artikel ›Aufklärung‹, in: Geschichtliche Grundbegriffe. Historisches Lexikon zur politisch-sozialen Sprache in Deutschland, hrsg. v. O. Brunner/W. Conze/R. Koselleck, Stuttgart 1972ff., Bd. 1, S. 243–343.

[3] Reinhart Koselleck, Kritik und Krise. Eine Studie zur Pathogenese der bürgerlichen Welt, Frankfurt/M. ³1979, S. 99.

[4] Max Horkheimer/Theodor W. Adorno, Dialektik der Aufklärung (Fischer-Tb-Ausgabe), S. 11.

[5] Koselleck, a.a.O., S. 83.

[6] Hannelore und Heinz Schlaffer, Studien zum ästhetischen Historismus, Frankfurt 1975, S. 13.

[7] ebda., S. 12f.

[8] Vgl. auch Rolf Grimminger, Absolutismus und bürgerliche Individuen, Einleitung zu: Hansers Sozialgeschichte der deutschen Literatur, Bd. 3, Deutsche Aufklärung bis zur Französischen Revolution 1680–1789, hrsg. v. Rolf Grimminger, München 1980, S. 13–99, hier: S. 27.

[9] Uwe Japp, Aufgeklärtes Europa und natürliche Südsee. Georg Forsters Reise um die Welt, in: H.J. Piechotta (Hrsg.), Reise und Utopie. Zur Literatur der Spätaufklärung, Frankfurt 1976, S. 10–56, hier: S. 10.

[10] Vgl. Hans Sckommodau, Thematik des Paradoxes in der Aufklärung, in: Sitzungsberichte der wissenschaftlichen Gesellschaft der J.W. Goethe Universität Frankfurt/M., Jg. 1971, Bd. 10, Nr. 2, S. 48ff. Offensichtlich hat die von Sckommodau nachgewiesene besondere Konjunktur der rhetorischen Figur des Paradoxes im 18. Jahrhundert genau mit der ihr eigenen argumentationsfördernden, die Annahme von Innovativem und Unkonventionellem vorbereitenden Wirkung zu tun.

[11] Christian Wolff, Vernünftige Gedanken von den Kräften des menschlichen Verstandes und seinem richtigen Gebrauche in Erkenntnis der Wahrheit (Logik), hrsg. und bearbeitet von H.W. Arndt (Bd. 1 der Gesammelten Werke), Hildesheim und New York 1978, S. 115.

[12] Das meint zunächst einmal nicht mehr als die Auflösung traditionaler, in Ontologie und Theologie gesicherter Ordnungsmuster – ohne daß diesen jetzt ›aufgeklärten‹ Weltbildern gleich wieder neue Sicherheiten des alten Begründungstyps folgen. Eine Sicht von Welt, die diesen Zustand fehlender Letztbegründung aushält und statt neuer Spekulationen sich mit der Einsicht bescheidet, nach der die Grundlagen einer Gesellschaft in letztlich Kontingentem liegen, läßt jedoch die Legitimation bestehender Ordnung problematisch werden: die Erweiterung des Möglichkeitshorizonts macht Widerspruch wahrscheinlich.

[13] Kontinuität mit der Aufklärung kann Gesellschaftstheorie dann auch – wie Niklas Luhmann beweist – genau aus diesem ›gemeinsamen‹ Problembewußtsein behaupten. Luhmann fundiert sein Konzept ›Soziologischer Aufklärung‹ wesentlich auf dieser Problemvorgabe: »Große Theorie ist jetzt nur noch möglich als Vorschlag zur Lösung *dieses* Problems – nicht mehr als eine immer entlarvende Aufklärung, [...] sondern als Abklärung der Aufklärung.« Niklas Luhmann, Soziologische Aufklärung, in: ders., Soziologische Aufklärung (Bd. 1), Opladen 1970, S. 66–91, hier: S. 68.

[14] Christian M. Wieland, Ueber den Hang der Menschen, an Magie und Geistererscheinung zu glauben, in: ders., Sämmtliche Werke, Leipzig 1853ff., Bd. 29, S. 89–108, hier: S. 97 (Erstdruck 1781).

[15] Herbert Dieckmann, Religiöse und metaphysische Elemente im Denken der Aufklärung, in: ders., Studien zur europäischen Aufklärung, München 1974, S. 258–274, hier: S. 266; vgl. auch U. Japp, a.a.O., bes. S. 158.

[16] N. Luhmann, Macht, Stuttgart 1975, S. 70.

[17] Kommunikationsmedium (in der Weiterentwicklung Parsons durch Luhmann) und Diskurs (so wie ihn M. Foucault gebraucht) teilen demnach diese funktionale, problemorientierte Ausgangsdefinition. Beide Konzepte stehen für eine im Zuge der ›Zivilisierung‹ unserer Gesellschaft an Geltung gewinnende Kommunikationsweise, die die Generalisierung von (Handlungs-)Normen und Orientierungsmustern garantiert. Sie fixieren weder anthropologische noch ontologische Basisgehalte, sondern letztlich kontingente »moralische Vorurteile,« über deren Akzeptanz die evolutionierende Gesellschaft entscheidet. Die Unterschiede jedoch sind schwieriger zu benennen. Über die offensichtlich unterschiedliche Interessenlage hinaus – Foucault geht es mehr um die mögliche Entropie und Chancen auf Dissidenz eröffnende Ineffektivität eines Diskurses als um eine globale Gesellschaftstheorie – scheint vor allem eine Klärung der internen Struktur von Diskurs und Kommunikationsmedium dringend erforderlich. Fraglich, ob nicht Luhmann die binäre Schematisierung in ihrer Wirkung überschätzt. Eine literaturwissenschaftlich orientierte Diskursanalyse jedenfalls sollte versuchen, analytischen Gewinn aus der rhetorischen Qualität von Sprache zu ziehen. Sehr informativ zu dieser noch am Anfang stehenden Diskussion zwischen beiden Lagern die Dissertation von Klaus Lichtblau, Die Politik der Diskurse, Bielefeld 1980, insb. S. 17–99; zum gegenwärtigen Stand der (französischen) Diskursanalyse als einem Verfahren der (bundesrepublikanischen) Literaturwissenschaft vgl. die Bibliographie von Claudia Albert, Diskursanalyse in der Literaturwissenschaft der Bundesrepublik. Rezeption der französischen Theorien und Versuch der De- und Rekonstruktion, in: Das Argument 140, 25. Jg., Juli/August 1983, S. 550–561 und: Diskurstheorien und Literaturwissenschaft, hrsg. von Harro Müller und Jürgen Fohrmann, Frankfurt 1987 (voraussichtlich).

[18] Michel Foucault, Über verschiedene Arten Geschichte zu schreiben. Ein Gespräch mit R. Bellour, in: A. Reif (Hrsg.), Antworten der Strukturalisten, Hamburg 1973, S. 157–176, hier: S. 170.

[19] Peter Pütz, Die Deutsche Aufklärung (Erträge der Forschung Bd. 81), Darmstadt 1978, S. 170.

[20] Erstaunlich, wie weit Habermas und Luhmann in der Beschreibung des Zivilisationsprozesses – zumindest soweit es den hier angesprochenen Wandel von der Alltagskommunikation bzw. Lebenswelt hin zur ›technischen‹ Kommunikation der Kommunikationsmedien betrifft – übereinstimmen. Vgl. dazu insbesondere Jürgen Habermas, Kommunikatives Handeln, 2 Bde., Frankfurt 1981, bes. Bd. 2, S. 272; ders., Handlung und System – Bemerkungen zu Parsons' Medientheorie, in: Schluchter, W. (Hrsg.), Verhalten, Handeln, System, Frankfurt 1980, S. 68–106; zu N. Luhmanns Position vgl. Anmerkung 16.

[21] Georg Christoph Lichtenberg, Sudelbücher, Eintragung K-170, in: G.C.L., Schriften und Briefe, hrsg. v. W. Promies, München 1968, Bd. 2, S. 429.

[22] Johann Carl Wezel, Einige Gedanken und Grundsätze meines Lehrers, des großen Euphrosinopatorius, in: ders., Satirische Erzählungen, Bd. II, Leipzig 1778, S. 87 ff., hier bes. S. 95 f. In der gleichen Erzählung auch die (traditionsreiche) Würfel-Metapher für die Bezeichnung der kontingenten Welt: ›Ja die Welt und alle Sachen in der Welt, und also auch die menschliche Seele, sind Würfel mit einer unendlichen Menge Seiten‹; ebda, S. 107.

[23] Vgl. zum komplexen Verhältnis von Skepsis und (Spät-)Aufklärung: Detlev Kremer, Wezel. Über die Nachtseite der Aufklärung. München, o.J. (1985).

[24] Vgl. vor allem die Arbeiten von Rolf Engelsing zur Lesergeschichte, insbesondere: Analphabetentum und Lektüre. Zur Sozialgeschichte des Lesens in Deutschland zwischen feudaler und industrieller Gesellschaft, Stuttgart 1973, sowie: Der Bürger als Leser. Lesergeschichte in Deutschland 1500–1800, Stuttgart 1974, speziell zur Genealogie des freien Schriftstellers: Hans-J. Haferkorn, Zur Entstehung der bürgerlich-literarischen Intelligenz und des Schriftstellers in Deutschland zwischen 1750 und 1800, in: B. Lutz (Hrsg.), Deutsches Bürgertum und literarische Intelligenz 1780–1800, Stuttgart 1974 (= Literaturwissenschaft und Sozialwissenschaften Bd. 3). Brauchbar, weil eine Vielzahl von Einzeluntersuchungen zusammenstellend: Helmuth Kiesel/Paul Münch, Gesellschaft und Literatur im 18. Jahrhundert. Voraussetzungen und Entstehung des literarischen Markts in Deutschland, München 1977.

[25] So Jacques Derrida, Signatur Ereignis Kontext, in: ders., Randgänge der Philosophie, Frankfurt/Berlin/Wien 1976, S. 124–155, hier: S. 127.

[26] siehe Kiesel/Münch, a.a.O., S. 162.

[27] dazu Engelsing, Analphabetentum und Lektüre, a.a.O., Kap. 9, S. 45 ff.

[28] Die Zahlen sind entnommen aus: Rolf Schenda, Volk ohne Buch. Studien zur Sozialgeschichte der populären Lesestoffe 1770–1910, München 1977, S. 444.

[29] Vgl. Kiesel/Münch, a.a.O., S. 198 f. Das Latein blieb zwar nach wie vor im universitären Bereich dominant, verliert aber, gemessen an der Gesamtproduktion aller Drucke, bis 1800 erheblich an Bedeutung. Nach Rudolf Jentzsch, Der deutsch-lateinische Büchermarkt nach den Leipziger Ostermeß-Katalogen, Leipzig 1912, machen die lateinischen Schriften nur noch knapp 4 % des Marktvolumens aus.

[30] Vgl. Dieter Breuer, Geschichte der literarischen Zensur in Deutschland, Heidelberg 1982.

[31] Reichs-Abschiede, Neue und vollständigere Sammlung der Reichs-Abschiede (...) in Vier Theilen, Franckfurt am Mayn 1747, hier: Teil IV, S. 337 (zitiert nach Kiesel/ Münch, a.a.O., S. 11).

[32] Erst gegen Ende des Jahrhunderts setzte sich die Konzentration aller Kompetenzen in der Hand einer einzigen Behörde durch. Das berühmt-berüchtigte ›OCC‹, das Ober-Censur-Collegium in Württemberg, datiert z.B. erst von 1809!

[33] So Kiesel/Münch, a.a.O., S. 125.

[34] Das wird auch an der rapiden Zunahme der Lesegesellschaften deutlich: gab es

zwischen 1760 und 1770 nur 8 Neugründungen, so steigt die Zahl der Lesegesellschaften schon ein Jahrzehnt später auf 50 an, um sich dann zwischen 1780 und 1790 mehr als zu verdreifachen (ca. 170 Neugründungen). Vgl. die entsprechende Statistik in: Kiesel/Münch, a.a.O., S. 175.

[35] Gunter Birtsch, Zur sozialen und politischen Rolle des deutschen, vornehmlich preußischen Adels am Ende des 18. Jahrhunderts, in: R. Vierhaus (Hrsg.), Der Adel vor der Revolution, Göttingen 1971, S. 77–95, hier: S. 91.

[36] Werner Conze/Christian Meier, Artikel ›Adel/Aristokratie‹, in: Geschichtliche Grundbegriffe, a.a.O., Bd. 1, S. 1–49, hier S. 5.

[37] Allgemeines Landrecht für die Preußischen Staaten von 1794, Textausgabe Frankfurt/Berlin 1970, S. 534 (›Von den Pflichten und Rechten des Adelsstandes‹).

[38] Vgl. zur politischen Situationsgebundenheit der Aufklärung Koselleck, a.a.O., S. 29ff.

[39] Vgl. hierzu Kap. 5.

2. Literaturgeschichte und die Kontingenz ihres Gegenstandes

[1] Exemplarisch dafür etwa die 1925 erschienene Literaturgeschichte Albert Kösters. Für ihn zeigt sich das 18. Jahrhundert als ein »Kampf zweier Einseitigkeiten«, als Auseinandersetzung von Vernunft und Gefühl, in der die Empfindsamkeit – jedenfalls zu ihrem überwiegenden Teil –, weil unvereinbar mit einer rationalistisch definierten Aufklärung, sich aus der überliefernswerten Tradition ausschließt. Das Beispiel ist antiquiert, das Muster ist es nicht. Siehe A. Köster, Die deutsche Literatur der Aufklärungszeit, Heidelberg 1925, bes. S. 146f. und S. 268ff.

[2] Ausnahmen zeichnen sich dort ab, wo man Gesellschaft unter primär ökonomischer Perspektive sieht, etwa bei den Physiokraten oder insbesondere im (ökonomischen) Liberalismus.

[3] Die analytische Trennung erfolgt erst im 19. Jahrhundert. Vgl. dazu Manfred Riedel, Artikel ›Gesellschaft, Gemeinschaft‹, in: Geschichtliche Grundbegriffe, a.a.O., Bd. 2, S. 801–862.

[4] Christian Wolff, De Notionibus Directricibus (1729), hier in der deutschen Übersetzung aus: ders., Gesammelte kleine Schriften, Halle 1736–1740), zitiert nach: Wolfgang Neusüß, Gesunde Vernunft und Natur der Sache. Studien zur juristischen Argumentation im 18. Jahrhundert (= Schriften zur Rechtsgeschichte Heft 2), Berlin 1970.

[5] C. Wolff, Anfangsgründe aller mathematischen Wissenschaften, 3. Auflage von 1725, zitiert nach Eric A. Blackall, Die Entwicklung des Deutschen zur Literatursprache 1700–1775, Stuttgart 1966, S. 21.

[6] Karl Daniel Küster, Artikel ›Empfindsam‹, in: ders., Sittliches Erziehungs-Lexikon [...], 1. Probe, Magdeburg 1773, S. 47, zitiert nach W. Doktor/G. Sauder (Hrsg.), Empfindsamkeit. Theoretische und kritische Texte, Stuttgart (Reclam) 1976, S. 9.

[7] So Daniel Jenisch mit Bezug auf Pfeffel: D.J., Geist und Charakter des achtzehnten Jahrhunderts, politisch, moralisch, ästhetisch und wissenschaftlich betrachtet, T. 1: Cultur-Charakter des 18. Jahrhunderts [...], zitiert nach Doktor/Sauder (Hrsg.), Empfindsamkeit, a.a.O., S. 173.

[8] Leo Balet/E. Gerhard, Die Verbürgerlichung der deutschen Kunst, Literatur und

Musik im 18. Jahrhundert (Erstdruck 1936), hrsg. u. eingel. v. G. Mattenklott, Frankfurt/Berlin/Wien 1979, S. 306.

[9] Wolfgang Doktor, Die Kritik der Empfindsamkeit (= Regensburger Beiträge zur deutschen Sprach- und Literaturwissenschaft Reihe B, Bd. 5), Bern/Frankfurt 1975, S. 494.

[10] ebda. S. XIII.

[11] Viktor Žmegač (Hrsg.), Geschichte der deutschen Literatur vom 18. Jahrhundert bis zur Gegenwart, Königstein/Ts. 1978 ff., Bd. 1/2: 1700–1848, S. 86.

[12] ebda.

[13] ebda.

[14] Lothar Pikulik, ›Bürgerliches Trauerspiel‹ und Empfindsamkeit, Köln/Graz 1966, S. 102.

[15] L. Pikulik, Leistungsethik contra Gefühlskult. Über das Verhältnis von Bürgerlichkeit und Empfindsamkeit in Deutschland, Göttingen 1984.

[16] ebda., S. 14.

[17] Bislang zwei erschienene Bände: Gerhard Sauder, Empfindsamkeit. Voraussetzungen und Elemente, Stuttgart 1974 und Empfindsamkeit Bd. III, Texte, Stuttgart 1980. Weitere Hinweise zur (internationalen) Forschungslage siehe Bd. I, S. 12–50.

[18] Wie schnell diese in unzähligen Arbeiten tradierten und ›bewährten‹ Kategorien ihre Evidenz verlieren können, hat in brillanter Manier Michel Foucault mit seiner Frage »Was ist ein Autor?« gezeigt. Vgl. den gleichnamigen Aufsatz in: M.F., Schriften zur Literatur, München 1974, S. 7–32.

[19] Ob das auch eine mangelnde Berücksichtigung des Details bedeuten muß, bleibt abzuwarten.

[20] Über alle Differenzen hinweg ist es dann auch diese Grundprämisse, die die Arbeiten Luhmanns mit denen von Foucault theoriepolitisch vergleichbar gemacht.

[21] Diese Formulierung hält sich nah an eine Stelle aus Luhmann, Weltzeit und Systemgeschichte. Über Beziehungen zwischen Zeithorizonten und sozialen Strukturen gesellschaftlicher Systeme, in: P. Ludz (Hrsg.), Soziologie und Sozialgeschichte, Opladen o. J., S. 81–115, hier: S. 85. Zu einer weiteren evolutionstheoretischen Umformulierung des Naturbegriffs vgl. vom selben Autor: Die Unwahrscheinlichkeit der Kommunikation, in: N.L., Soziologische Aufklärung Bd. 3, Opladen 1981, S. 25–35, S. 26: »Wenn man die Natur als überwundene Unwahrscheinlichkeit begreift, gewinnt man ein anderes Maß für die Beurteilung des Erreichten und des zu Verbessernden; dann wird zumindest klar, daß jede Auflösung einer Ordnung in die Unwahrscheinlichkeit einer Rekombination zurückführt.«

[22] Vgl. dazu direkt: N. Luhmann, Differentiation of Society, in: Canadian Journal of Sociology 2 (1977), S. 29–53, und ders., Geschichte als Prozeß und die Theorie sozio-kultureller Evolution, in: ders., Soziologische Aufklärung Bd. 3, a.a.O., S. 178–197.

[23] M. Foucault, Archäologie des Wissens, Frankfurt 1973, S. 235.

[24] ebda.

[25] Hier – in doppelter Ausführung – die Grundregel einer solchen nicht-substantialistischen Geschichtsschreibung. »Für alle Art Historie«, so Friedrich Nietzsche, gebe es »gar keinen wichtigeren Satz als jenen [...], daß nämlich die Ursache der Entstehung eines Dings und dessen schließliche Nützlichkeit, dessen tatsächliche Verwendung und Einordnung in ein System von Zwecken *toto coelo* auseinanderliegen; daß etwas Vorhandenes, irgendwie Zustande-Gekommenes immer wieder von einer ihm überlegenen Macht auf neue Absichten ausgelegt, neu in Beschlag genommen, zu einem neuen Nutzen umgebildet und umgerichtet wird«; Zur Genealogie der Moral (2. Ab-

handlung), in: Fr. Nietzsches Werke in 3 Bden, hrsg. v. K. Schlechta, München (8. Aufl.) 1977, Bd. 2, S. 818; die zweite Formulierung: »›Zufall‹ heißt hier natürlich nicht: Ursachenlosigkeit, auch nicht Fehlen jeder gesellschaftlichen Bedingtheit. Gemeint ist nur [...], daß kein systematischer Zusammenhang besteht zwischen dem Auftreten einer Variation und dem Gebrauchswert der neu entstandenen Formen.« N. Luhmann, Subjektive Rechte. Zum Umbau des Rechtsbewußtseins für die moderne Gesellschaft, in: ders., Gesellschaftsstruktur und Semantik. Studien zur Wissenschaftssoziologie, Bd. 2, Frankfurt 1981, S. 45–105, hier: S. 100.

[26] Michel Foucault, Archäologie des Wissens, a.a.O., S. 235.

[27] Theodor W. Adorno, Negative Dialektik (Sonderausgabe), Frankfurt 1970, S. 315.

[28] N. Luhmann, Selbstreferenz und binäre Schematisierung, in: ders., Gesellschaftsstruktur und Semantik, Bd. 1, Frankfurt 1980, S. 301–314, hier: S. 301.

[29] ebda, S. 303.

[30] R. Koselleck, Der Zufall als Motivationsrest in der Geschichtsschreibung, in: ders., Vergangene Zukunft. Zur Semantik geschichtlicher Zeiten, Frankfurt 1979, S. 158–176, hier: S. 175.

[31] N. Luhmann, Einführende Bemerkungen zu einer Theorie symbolisch generalisierter Kommunikationsmedien, in: ders., Soziologische Aufklärung Bd. 2, Opladen 1975, S. 170–193, hier: S. 170.

[32] Nicht zufällig, daß einer der anregendsten Beiträge zu den Theorieproblemen der Literaturgeschichtsschreibung in der ›Relationierung‹ das tragende Prinzip einer – noch zu schreibenden – Literaturgeschichte sieht. Vgl. dazu das stark von Nietzsche und Foucault beeinflußte Buch Uwe Japps, Beziehungssinn: Ein Konzept der Literaturgeschichte, Frankfurt 1980.

[33] N. Luhmann, Weltzeit und Systemgeschichte, a.a.O., S. 85.

[34] Gut zu beobachten ist dieser Trend an den Verstehens- und Deutungsbemühungen der etablierten Kultur gegenüber den neuen Jugendbewegungen: Dieter E. Zimmer, Expedition zu den wahren Gefühlen. Träume, Hoffnungen, Utopien – eine Bewegung der neuen Empfindsamkeit, in: DIE ZEIT, 3.7.1981, S. 41f., Jürgen Rohmeder, Am Ende des Individualismus? Beobachtungen zu einer neuen Gefühlskultur, in: Frankfurter Allgemeine Zeitung vom 12.1.1982, S. 19.

[35] Erich Trunz, Seelische Kultur. Eine Betrachtung über Freundschaft, Liebe und Familiengefühl im Schrifttum der Goethezeit, in: DVjs 24 (1950), S. 214–242, hier: S. 241.

[36] F. Nietzsche, Zur Genealogie der Moral, a.a.O., S. 819.

3. Zur Formierung des Diskurses

[1] Zu diesen methodologischen Vorbehalten vgl. M. Foucault, Die Ordnung des Diskurses, Frankfurt/Berlin 1977, S. 32ff.

[2] Allerdings ist dieser oft zitierten Ergebnis-Formel nur dann zuzustimmen, wenn sie sich von allen mythisierenden Darstellungen des Ganzen Hauses distanziert. Die Rede von der vorkapitalistischen Großfamilie, der schnell das Bild vom einträchtigen Zusammenleben bei der Hand ist, verführt leicht zu einer schematischen Konfrontation von traditionalem Leben und ›kapitalistischer‹ Kleinfamilie. Entscheidend ist jedoch nicht so sehr ein – so gar nicht belegter – Wandel in der Zahl der Familienmitglieder, als die neue *inhaltliche* Bestimmung der Familie: genau hier

hat die Empfindsamkeit ihre Bedeutung. Vgl. dazu: Heidi Rosenbaum, Die Bedeutung historischer Forschung für die Erkenntnis der Gegenwart – dargestellt am Beispiel der Familiensoziologie, in: M. Mitterauer (Hrsg.), Historische Familienforschung, Frankfurt 1982, S. 40–64, insb. S. 46ff.

[3] Dieter Schwab, Artikel ›Familie‹, in: Geschichtliche Grundbegriffe, a.a.O., Bd. 2, S. 253–303, hier: S. 263.

[4] ebda.

[5] C. Wolff, Vernünfftige Gedanken von dem Gesellschaftlichen Leben der Menschen und insonderheit dem gemeinen Wesen zu Beförderung der Glückseligkeit des menschlichen Geschlechts, 4. Auflage Franckfurt und Leipzig 1736 (= Bd. 5 der I.Abteilung der Gesammelten Werke, hrsg. v. Ecole/Hofmann/Thoman/Arndt), Hildesheim/New York 1975, § 214, S. 162.

[6] Otto Brunner, Das ›Ganze Haus‹ und die alteuropäische ›Ökonomik‹, in: ders., Neue Wege der Verfassungs- und Sozialgeschichte, Göttingen 1956, S. 102ff., hier: S. 111.

[7] Daher findet sich in den ökonomischen Schriften auch kein besonderes Vokabular zur Bezeichnung der zwischenmenschlichen Beziehungen. Auch dafür benutzt man ein rechtlich-politisches, ganz auf Zwecke und Pflichten ausgelegtes Begriffsfeld. Der Hausvater z.B. geht ganz in seinen ›Ämtern‹, seinen ›Funktionsrollen‹, auf, sei es als ›Richter‹, ›Schulmeister‹ etc.; vgl. dazu auch ebda, S. 262.

[8] Vgl. D. Schwab, Artikel ›Familie‹, a.a.O., S. 272.

[9] N. Luhmann, Interaktion in Oberschichten. Zur Transformation ihrer Semantik im 17. und 18. Jahrhundert, in: ders., Gesellschaftsstruktur und Semantik Bd. 1, a.a.O., S. 72–162, hier: S. 72. Aus heutiger Perspektive dagegen urteilt H.W. Arndt über den gleichen Sachverhalt. Ihm erscheint das Persönliche, die Individualität im Ganzen Haus in einer ›monoton verkümmerte(n) biologisch-soziale(n) Funktionalität‹. Einleitung zum Nachdruck C. Wolffs ›Vernünfftige Gedancken von dem menschlichen Leben […], a.a.O., S. V–LI, hier: S. XXIV.

[10] Vgl. O. Brunner, a.a.O., S. 103.

[11] Karl Ludwig Pöschke, Vorbereitung zu einem populären Naturrechte, Königsberg 1795, S. 230f., hier zitiert nach: D. Schwab, Artikel ›Familie‹, a.a.O., S. 281.

[12] Ich beziehe mich hier auf die Arbeiten von Hans-Jürgen Fuchs zur Wortgeschichte von ›amour-propre‹: Entfremdung und Narzißmus. Semantische Untersuchungen zur Geschichte der ›Selbstbezogenheit‹ als Vorgeschichte von französisch »amour-propre« (= Studien zur Allgemeinen und Vergleichenden Literaturwissenschaft 9), Stuttgart 1977; und den Artikel ›amour-propre‹ in: J. Ritter (Hrsg.), Historisches Wörterbuch der Philosophie, Basel/Stuttgart 1971ff., Bd. 1, Sp. 206–209. Schon bei Aristoteles gibt es die Unterscheidung von philautos/to philauton (meist negativ konnotiert) und heauto philos (positiv besetzt). Im christlich geprägten Mittelalter dominierte jedoch lange Zeit allein die rein negative Form, die die religiösen Tugenden des Gehorsams, der Demut und der Askese bekämpfen und zurück zur reinen Liebe Gottes führen sollten.

[13] Fuchs, Artikel ›amour-propre‹, a.a.O., Sp. 207.

[14] Rousseaus Begriffsverwendung bringt ein zusätzliches, ein gesellschaftskritisches Potential dieses Konzepts ins Spiel. Das rein egoistische, sich selbst entfremdete Selbst wird von ihm als Folge einer zivilisationsgeschichtlichen Depravation interpretiert. Vgl. Iring Fetscher, Rousseaus politische Philosophie, Frankfurt ³1978, bes. S. 65ff.

[15] Die Aufwertungstendenzen setzen nicht erst im 18. Jahrhundert ein. H.-J. Fuchs bringt zahlreiche Belege, die die Rehabilitation der Selbstliebe in die erste Hälfte des 17. Jahrhunderts setzen. Vor allem in Verbindung mit dem sozialen Wertqualität der höfisch-aristokratischen Persönlichkeit – zu deren Zentralbegriffen »gloire« und »hon-

nêteté« zählen – gibt es mehr und mehr positive Formulierungen eines gesteigerten Selbstbezugs. Vgl. Fuchs, Entfremdung und Narzißmus, a.a.O., S. 217ff. und S. 303.

[16] John Locke, An Essay Concerning Human Understanding, ed. by A.C. Fraser, New York, N.Y. (Dover Edition) 1959, vol. 1, S. 340.

[17] Johann C. Gottsched, Der Biedermann, Faksimiledruck der Ausgabe Leipzig 1727–1729 (= Deutsche Neudrucke), hrsg. v. W. Martens, Stuttgart 1975, S. 5 (= Ausgabe vom 8. May 1727).

[18] Vgl. Robert Spaemann, Artikel ›Glück‹, in: Historisches Wörterbuch der Philosophie, a.a.O., Bd. 3, Sp. 701.

[19] Gottsched, Der Biedermann, a.a.O., ebda.

[20] Michael I. Schmidt, Die Geschichte des Selbstgefühls, Frankfurt und Leipzig 1772, S. 184f.

[21] Claude David, Einige Stufen in der Geschichte des Gefühls, in: Miscellanea di Studi in onore di Bonaventura Tecchi, Rom 1969, S. 162–181, hier: S. 163.

[22] Was aber »Entsprechung« hier meinen soll bleibt – typisch für eine weitverbreitete Sorte von Wissenssoziologie – unausgeführt. Jürgen Freses Kritik an einem solchen Vorgehen kann man daher nur zustimmen (nur darf die Kritik am unscharfen Metapherngebrauch nicht gleich auf die metaphorische Ausdrucksweise überhaupt zielen): Wissenssoziologie auf diese Art betrieben »bringt Strukturen ausgebildeter Theorien mit Schichtungs- und Klassenstrukturen von Gesamtgesellschaft in Analogieverhältnisse, die über metaphorische Wendungen wie Ausdruck, Spiegelung, Entsprechung, Prägung, Herkunft, Einfluß u.a. nicht analysiert, sondern nur als ›irgendwie‹ bestehend behauptet werden.« J.F., Prozesse im Handlungsfeld, 2. Auflage der vervielfältigten Habilitationsschrift, Bielefeld 1976, S. 311.

[23] Klaus Dockhorn, Die Rhetorik als Quelle des vorromantischen Irrationalismus in der Literatur- und Geistesgeschichte, in: Nachrichten der Akademie der Wissenschaften Göttingen [...], Göttingen 1949, S. 109–150, hier: S. 140; wieder abgedruckt in: ders., Macht und Wirkung der Rhetorik, Hamburg/Berlin/Zürich 1968.

[24] Gert Ueding, Einführung in die Rhetorik. Geschichte, Technik, Methode, Stuttgart 1976, S. 94.

[25] Dockhorn, a.a.O., S. 112.

[26] Sehr informativ dazu: Hans-J. Gabler, Machtinstrument statt Repräsentationsmittel: Rhetorik im Dienste der ›Privatpolitic‹, in: J. Dyck u.a. (Hrsg.), Rhetorik. Ein internationales Jahrbuch, Bd. 1, Stuttgart 1980, S. 9–25.

[27] Dazu nur: Erwin Rotermund, Der Affekt als literarischer Gegenstand: Zur Theorie der Darstellung der Passion im 17. Jahrhundert, in: H.R. Jauß (Hrsg.), Die nicht mehr schönen Künste (= Poetik und Hermeneutik III), München 1968, S. 239–269.

[28] Siehe: Hans R.G. Günther, Psychologie des deutschen Pietismus, in: DVjs 4, 1926, S. 144–176.

[29] »Gegen die übliche Ableitung der Empfindsamkeit aus dem Pietismus: I. Empirisch: 1) Empfindsamkeit ist eine gesamteuropäische Erscheinung; in England und Frankreich gibt es keinen Pietismus. 2) Sie ist in der Poetik der Züricher Bodmer/Breitinger vorbereitet; Zürich ist calvinistisch. 3) Der Pietismus ist in sich heterogen. Er besteht aus religiös-verinnerlichter Subjektivität und dem harten Rationalismus von Pflicht und Nutzen; [...] II. Grundsätzlich: Die Religion ist auch im 18. Jahrhundert nicht die Ursache praktisch gelebter Verhaltensformen, sondern ihre Legitimation, die sich zu einer eigenen Macht verselbständigen kann.« R. Grimminger, Aufklärung, Absolutismus und bürgerliche Individuen, a.a.O., S. 837, Anmerkung 23.

[30] Zwar gibt es in Frankreich und England keinen Pietismus – aber sehr wohl die Rhetorik-Tradition!

[31] Endgültiger Konsens wohl seit der römischen Rednertradition (Cicero, Quintilian).

[32] Dockhorn, a.a.O., S. 125.

[33] Diese spezielle affektive Wirkung – wie überhaupt die gesamte ethos-Dimension – ist zugleich auch (noch) *unbestimmter*, weit weniger schon im Detail ausgeführt als dies in der bislang dominierenden Tradition des pathos der Fall ist. So lokalisiert auch G. Ueding (im Anschluß an Dockhorn) eine für mögliche Innovationen günstige Offenheit bzw. ›Unterbestimmtheit‹: »In seinem Inhalt unbestimmt, in der Richtung, die damit angegeben ist, eindeutig, ist das rhetorische ethos daher besonders tauglich für Erweiterungen«, in: G.U., a.a.O., S. 142.

[34] C.P. Iffland, Über die Empfindsamkeit. Ein Fragment einer Abhandlung über die heroischen Tugenden, in: Hannoverisches Magazin, 21. und 22. Stück, Montag, den 13ten und Freytag, den 17ten März 1775, S. 321–336 und S. 337–340, hier: S. 330.

[35] ebda, S. 332.

[36] ebda.

[37] Christian Fürchtegott Gellert, Abhandlung über das rührende Lustspiel, übersetzt von G.E. Lessing (Erstveröffentlichung in Latein: pro comoedia commovente, 1751), im Anhang zu: C.F.G., Die zärtlichen Schwestern, hrsg. v. H. Steinmetz, Stuttgart 1975, S. 117–137, hier: S. 123.

[38] Vgl. Dockhorn, a.a.O., S. 120.

[39] Gellert, a.a.O., S. 123.

[40] ebda, S. 133.

[41] Gotthold Ephraim Lessing, Hamburger Dramaturgie, 14. St., (16.1.1767), zitiert nach: Gesammelte Werke, hrsg. v. K. Wölfel, Bd. 2, Schriften, Frankfurt 1967, S. 177.

[42] So Lessing nach Marmontel, ebda. – Zugegeben, hier zugleich Lessing und Gellert zu zitieren ist nicht selbstverständlich. Beider Anschluß an die ethos-Tradition ist nicht deckungsgleich. Schon allein das Interesse an der Tragödie, die ja kaum ohne pathos, ohne Bewunderung und Furcht (etc.) gelingen kann, trennt Lessing von Gellerts Rührstücktheorie. Letzterem geht es ja nicht um das ›tragische Vergnügen‹, sondern um die direkte, identifikatorische Selbstverwechslung mit den im Rührstück dargestellten sanften Tugenden, den, so Gellert, »Zierden des Privatlebens«. Aber auch Lessing – und hierauf kam es an – wendet sich entschieden gegen die pathos-Tradition der klassischen Tragödie: seine Mitleidstheorie deckt in einer empfindsamen Um-schreibung auch die (eigentlich) notwendigen pathetischen Affekte ab. Statt der traditionellen heroischen Tugenden, der stoischen Standhaftigkeit und Unempfindlichkeit, arbeiten seine Tragödien mit dem neuen Tugendideal einer ›empfindsamen Humanität, das Mitleid erregen kann, weil es Leiden empfindet.« Auch das Argument von G. Mattenklott und K. Scherpe, daß hier zwei sehr verschiedene Definitionen des Empfindsamen vorliegen – Gellert pflege eine »reflexive, autistische Form«, Lessing dagegen insistiere korrekterweise auf der sozialen Funktion – hat Berechtigung, widerspricht aber nicht der hier vertretenen These. Vgl. zu diesem Themenkomplex (zur Tragödientheorie Lessings): G.E. Lessing, Briefwechsel mit Mendelssohn und Nicolai über das Trauerspiel, hrsg. v. R. Petsch, Nachdruck Darmstadt 1967 und Hans Jürgen Schings, Der mitleidigste Mensch ist der beste Mensch. Poetik des Mitleids von Lessing bis Büchner, München 1980, insbes. S. 40f. Zur Differenz Lessing – Gellert: Gert Mattenklott/Klaus Scherpe, Westberliner Projekt: Grundkurs 18. Jahrhundert (Analysen), (= Literatur im historischen Prozeß 4/1), Kronberg/Ts. 1976, S. 141, Anmerkung 56.

[43] Lothar Pikulik sieht daher auch im Bürgerlichen Trauerspiel *vor allem* ein »Familiendrama«. Siehe: L.P., ›Bürgerliches Trauerspiel‹ und Empfindsamkeit, Köln/Graz 1966, bes. S. 94 u. 175.

[44] Gellert, a.a.O., S. 123.

[45] Exemplarisch der Universalgelehrte Albrecht von Haller; naturwissenschaftliche und literarische, sozialphilosophische und methodologische Schriften bilden *ein* Werk.

[46] David Hume, An Abstract of a Treatise of Human Nature (1740), im Anhang zu: ders., An Inquiry Concerning Human Understanding, ed. C.W. Hendel, Indianapolis/New York 1955, S. 181–198, hier: S. 183f. – Hume sieht sich bereits als Teil einer forschungspraktischen Neuorientierung: »He mentions, on this occasion, Mr. Locke, my Lord Shaftesbury, Dr. Mandeville, Mr. Hutchinson, Dr. Butler, who [...] seem all to agree in founding their accurate disquisitions of human nature entirely upon experience.« (ebda., S. 184)

[47] Vgl. dazu die Arbeit R. Toellners, Albrecht von Haller. Über die Einheit im Denken des letzten Universalgelehrten, Wiesbaden 1971.

[48] So Toellner, a.a.O., S. 192.

[49] Carl Friedrich Pockels, Materialien zu einem analytischen Versuche über die Leidenschaften, in: C.Ph. Moritz, Magazin zur Erfahrungsseelenkunde [...], Bd. V, 3, 1787, S. 52–56, hier: S. 52; hier zitiert nach Sauder, Empfindsamkeit Bd. I, a.a.O., S. 110.

[50] Justus Möser, Patriotische Phantasien Nr. 60, ›Über die verfeinerten Begriffe‹, in: ders., Ausgewählte Werke, Leipzig und Weimar 1978, S. 288.

[51] Siehe zur Einordnung der Fiberntheorie in die Geschichte der Physiologie: K.E. Rothschuh, Vom Spiritus Animalis zum Nervenaktionssystem, in: CIBA Zeitschrift, Wehr 1958, S. 2948–2976.

[52] Franz Hutchesons Untersuchungen unsrer Begriffe von Schönheit und Tugend in zwo Abhandlungen [...], übersetzt v. J.H. Merck, Frankfurt und Leipzig 1762, S. 112f.; hier zitiert nach Sauder, Empfindsamkeit Bd. I, S. 77.

[53] Anthony Earl of Shaftesbury, Characteristics of Men, Manners, Opinions, Times, ed. by J.M. Robertson, Indianapolis/New York 1964, Vol. 1, S. 258 (Erstveröffentlichung 1711).

[54] C.F. Gellert, Von den natürlichen Empfindungen des Guten und Bösen, des Löblichen und Schädlichen (= 2. moralische Vorlesung), in: ders., Sämmtliche Schriften, sechster Theil, Leipzig 1770, Faksimiledruck Hildesheim 1968, S. 44f.

[55] T.A. Roberts, The Concept of Benevolence. Aspects of Eighteenth Century Moral Philosophy, London 1973, S. 8.

4. Die Ausdifferenzierung des Empfindsamkeitsdiskurses unter dem Schlagwort der Zärtlichkeit

[1] Zum Problem einer allgemeinen Bestimmung der Ausdifferenzierung von Diskursen, allerdings beschränkt auf wissenschaftliche, d.h. durch einen höheren Grad an Kohärenz ausgezeichnete Formationen vgl. Gernot Böhme, Zur Ausdifferenzierung wissenschaftlicher Diskurse, in: N. Stehr/R. König, Wissenschaftssoziologie. Studien und Materialien (= Sonderheft 18 der Kölner Zeitschrift für Soziologie und Sozialpsychologie), Opladen 1975, S. 231–253.

[2] Vgl. dazu den Abschnitt zur Wortgeschichte, Kap. 7.2.

[3] Michael Ringeltaube, Von der Zärtlichkeit, Breslau und Leipzig 1765, S. 131.

[4] ebda, S. 133.

[5] ebda.

[6] (anonym), Gedanken von der Zärtlichkeit, in: Der Freund, Bd. 2, 45. Stück, Anspach 1755, S. 695–714, hier: S. 702.
[7] So Stendhal, Über die Liebe (ca. 1822), Frankfurt 1974.
[8] Christian Nicolaus Naumann, Von der Zärtlichkeit, Erfurt 1753, S. 33.
[9] Für die erotisch-sinnliche Liebe ist das Konzept der Passion entscheidend. Passion, wenn erst – so N. Luhmann in »Liebe als Passion« (!) – »als eine Art Institution anerkannt«, gibt die Chance, sich von »gesellschaftlicher und moralischer Verantwortung frei zu zeichnen«. Von daher subsumiert die leidenschaftliche Liebe auch ganz andere Sinnmomente als die viel näher an der »typischen Handlungsrationalität« angelehnte zärtliche Liebe; sie steht für: »willenloses Ergriffensein und krankheitsähnliche Besessenheit, der man ausgeliefert ist, Zufälligkeit der Begegnung und schicksalhafte Bestimmung füreinander, unerwartbares (und doch sehnlichst erwartetes) Wunder und höchste Freiheit der Selbstverwirklichung [...]«. (N. Luhmann, Liebe als Passion, unveröffentlichtes Manuskript, Bielefeld 1969). Vgl. auch: N. Luhmann, Liebe als Passion, Zur Codierung von Intimität, Frankfurt/M. 1982, Kap. 6; weitere, hier nicht immer als Zitat wiederholbare Anregungen verdankt diese Arbeit auch einem im Sommersemester 1981 gehaltenen Seminar Luhmanns an der Universität Bielefeld über »Liebe als Kommunikationsmedium«.
[10] Naumann, Von der Zärtlichkeit, a.a.O., S. 33.
[11] ebda., S. 34.
[12] Über die Folgen für eine *literarische* Zärtlichkeit braucht man nicht lange zu spekulieren: Langeweile!
[13] Ringeltaube, Von der Zärtlichkeit, a.a.O., S. 43.
[14] ebda, S. 44.
[15] ebda.
[16] Zum Begriffskomplex der Menschenliebe und seiner Geschichte siehe: Dagobert de Levie, Die Menschenliebe im Zeitalter der Aufklärung, Bonn/Frankfurt 1975, bes. S. 38, sowie der kurze Abriß der Wortgeschichte S. 51ff.
[17] (anonym), Gedanken von der Zärtlichkeit, a.a.O., S. 700.
[18] ebda, S. 701.
[19] Ringeltaube, Von der Zärtlichkeit, a.a.O., S. 97.
[20] ebda, S. 16.
[21] ebda, S. 97.
[22] ebda, S. 96 (korrigierte Paginierung S. 99).
[23] ebda.
[24] Peter Uwe Hohendahl, Der europäische Roman der Empfindsamkeit (= Athenaion Studientexte Bd. 1), Wiesbaden 1977, S. 80.
[25] C.F. Gellert, Zärtliche Schwestern, Stuttgart 1975, S. 17.
[26] Ringeltaube, Von der Zärtlichkeit, a.a.O., S. 196.
[27] C.F. Gellert, Die schwedische Gräfin von G*** (Erstdruck 1749), Stuttgart ²1975, S. 35; ähnlich vernunftgeleitet – und entsprechend schematisiert – empfindet und handelt auch die Gräfin: sie lernt mit 15 einen Mann kennen, streicht ihn dann über das Jahr seiner Abwesenheit aus ihren Gedanken und Wünschen, um sich dann doch, nach einem plötzlichen und unerwarteten Werbebrief seinerseits, für die Liebe zu entscheiden: »Nunmehr aber fing mein Herz auf einmal an zu empfinden. Mein Graf war zwar auf etliche vierzig Meilen von mir entfernt; allein die Liebe machte mir ihn gegenwärtig.« ebda, S. 10.
[28] Vgl. Dieter Kimpel, Bericht über neue Forschungsergebnisse 1955–1964, in: Eric A. Blackall, Die Entwicklung des Deutschen zur Literatursprache von 1700–1775, Stuttgart 1966, S. 477–523, hier: S. 498.

[29] Jörg U. Fechner, Nachwort zur ›Schwedischen Gräfin‹, a.a.O., S. 161–175, hier: S. 171.

[30] Daß es überhaupt zum Inzest kommen konnte, beweist die Unzuverlässigkeit der sinnlichen Natur: ohne die Kontrolle der Vernunft-Moral ist sie als Basis selbstreferentieller Entscheidungen nicht zulässig. Denn entgegen der Meinung eines Beteiligten, daß es doch schon in der Natur angelegt sein müsse, ›daß ein paar so nahe Blutsfreunde einander nicht als Mann und Frau lieben könnten‹ (Schwedische Gräfin, S. 44), ist es zur sündigen Ehe gekommen. Ja selbst noch nach der Aufklärung über die wahre ›Natur‹ der Beziehung will sich die Einsicht nicht einstellen: ›Ich bin eure Schwester. Doch nein! Mein Herz sagt mir nichts davon. Ich bin Euer, ich bin Euer. Uns verbindet die Ehe.‹ (ebda, S. 467) (Diese Beobachtung geht zurück auf einen Hinweis von C. David, Einige Stufen in der Geschichte des Gefühls, a.a.O., S. 168.)

[31] Gellert, Schwedische Gräfin von G***, a.a.O., S. 46.

[32] Naumann, Von der Zärtlichkeit, a.a.O., S. 35.

[33] Ringeltaube, Von der Zärtlichkeit, a.a.O., S. 73.

[34] Zu der für den Diskurs typischen Form des Selbstbezugs siehe bes. Kap. 6.2.

[35] Ringeltaube, Von der Zärtlichkeit, a.a.O., S. 73.

[36] ⟨›F‹⟩, Zeichen und Mittel-Lehre der Zärtlichkeit (?), in: Der Gesellige, 129. Stück, Halle 1749, S. 273–278, hier: S. 273.

[37] ebda, S. 274.

[38] ebda, S. 276.

[39] Ringeltaube, Von der Zärtlichkeit, a.a.O., S. 74; die besondere expressive Qualität der Musik ist einer der topoi der Empfindsamkeit. Auch Ringeltaube bezieht sich hier nur auf einen vorgängigen (und ungleich berühmteren) Text – die ›Julie‹ von Rousseau. Dort kann man dann auch erfahren, daß längst nicht jede Musik sich gleichermaßen zur Seelensprache eignet. Nur die italienischen Musik, wie man Saint-Preux erklärt, die die Melodie über alles stelle, erreiche jene so gewaltvolle Evokation affektiver Seelenzustände. Eine solche Musik, so der Hauslehrer dann weiter an seine Geliebte, sei nur ganz oder gar nicht verständlich: ›Nie lassen sich dergleichen Eindrücke halb fühlen; man empfindet sie ganz oder gar nicht, niemals schwach oder mittelmäßig [...] entweder hört man ein leeres Geräusch einer unverstandnen Sprache, oder man fühlt sich vom Ungestüm der Empfindung hingerissen, dem die Seele unmöglich widerstehen kann.‹ J.J. Rousseau, Julie oder die neue Heloise (1761), München o.J., 48. Brief, S. 133.

[40] Gotthold Ephraim Lessing, Hamburgische Dramaturgie, 8. Stück, 26. Mai 1767, in: ders., Werke, hrsg. v. K. Wölfel, 2. Bd., Frankfurt 1967, S. 155.

[41] Lessings Anweisungen für eine ›natürliche‹ Sprechweise auf der Bühne zeigen bereits eine hoch elaborierte Rhetorik des ethos: ›So ist es der Natur gemäß, daß die Stimme die geringfügigem (Silben, N.W.) schnell herausstößt, flüchtig und nachlässig darüber hinwegschlupft; auf den beträchtlichern aber verweilet, sie dehnet und schleift [...]. Die Grade dieser Verschiedenheit sind unendlich; und ob sie sich schon durch keine künstliche Zeitteilchen bestimmen und gegeneinander abmessen lassen, so werden sie doch auch von dem ungelehrtesten Ohre unterschieden, sowie von der ungelehrtesten Zunge beobachtet, wenn die Rede aus einem durchdrungenen Herzen und nicht bloß aus einem fertigen Gedächtnisse fließet.‹ (ebda.)

[42] C.F. Gellert, Die epistolographischen Schriften, Faksimiledruck der Ausgaben von 1742 und 1751 (= Reihe Deutsche Neudrucke, Texte des 18. Jahrhunderts), Stuttgart 1971, S. 78.

[43] Naumann, Von der Zärtlichkeit, a.a.O., S. 36.

[44] Zur paradigmatischen Funktion des Briefs bzw. der Briefpoetik für eine gleichzeitig

Individualität und Geselligkeit steigernde empfindsame Kommunikationsweise vgl. ausführlich Kap. 6.1.

[45] Eine auch nur annähernd vollständige Liste der angesprochenen Arbeiten wäre entsprechend lang: angefangen von Kurt May, Das Weltbild in Gellerts Dichtung, Frankfurt 1928, über Eric Blackalls Buch über die Herausbildung der deutschen Literatursprache bis hin zu (z. B.) Paul Mog, Ratio und Gefühlskultur. Studien zur Psychogenese und Literatur im 18. Jahrhundert (= Studien zur deutschen Literatur, Bd. 48), Tübingen 1976.

[46] Vgl. ausführlich dazu Kap. 4.4.

[47] Ringeltaube, Von der Zärtlichkeit, a.a.O., S. 125.

[48] ebda.

[49] Luhmann, Interaktion in Oberschichten, a.a.O., S. 143.

[50] Ringeltaube, Von der Zärtlichkeit, a.a.O., S. 129.

[51] ebda, S. 104.

[52] Balthasar Gracian, Handorakel und Kunst der Weltklugheit, übersetzt v. A. Schopenhauer, Leipzig o.J., S. 12; zum Kontext: »Das Leben des Menschen ist ein Krieg gegen die Bosheit des Menschen. Die Klugheit führt ihn unter Anwendung von Kriegslisten. Sie tut nie das, was sie zu tun wollen vorgibt«. Zum besonderen Verhältnis von strategischer Klugheitslehre und empfindsamer Interaktion vgl. Kap. 5.

[53] Angesichts der historischen Zeitfolge gilt jedoch eher der umgekehrte Schluß, so daß – wie im Kap. 5 getan – die empfindsame Interaktion als Umkehrung der politischen Klugheits- und Verhaltenslehre zu lesen ist.

[54] Thomas Abbt, Vom Verdienste, Faksimiledruck der 2. Auflage Goslar und Leipzig 1766 (= Scriptor Reprints Sammlung 18. Jahrhundert), Königstein/Ts. 1978, S. 147.

[55] ebda, S. 156.

[56] ebda, S. 142.

[57] ebda, S. 140f.

[58] Christian Friedrich Sintenis, Das Buch für Familien. Ein Pendant zu den Menschenfreunden, Wittenberg und Zerbst 1779, S. 32f.

[59] Gellert, Schwedische Gräfin, a.a.O., S. 37.

[60] ebda, S. 38.

[61] Selbst die Religion (zumindest als Institution) hat sich jetzt dem Prioritätsanspruch einer auf rein personalen Beziehungen aufbauenden Gesellschaft unterzuordnen. Nur dann hat die Religion ihr Recht, wenn sie sich (auch) die Gleichheitsmoral und das allgemeine Zuwendungsgebot zu eigen macht: »Eine Gesellschaft, eine Religion, ist daher vortrefflich und wahr, welche die Beziehungen, die uns von der Natur gegeben sind, nicht aufhebt, nicht einschränket, sondern sie vielmehr bestärket«. Das Kriterium der Religionszugehörigkeit dagegen ist zu exklusiv, wäre das doch eine »eingeschränktere Benennung und Beziehung, als es die große und ausgebreitete der Menschen ist (...) Denn die wahre Religion muß die Menschenliebe bestätigen, muß das Wohlwollen zum Vergnügen, und das Wohltun zur Freude machen.« Abbt, Vom Verdienste, a.a.O., S. 203.

[62] Abbt, Vom Verdienste, a.a.O., S. 120.

[63] Gellert, Die zärtlichen Schwestern, a.a.O., S. 67.

[64] ebda, S. 73.

[65] ebda, S. 84.

[66] Vgl. z.B. das Selbstbewußtsein der »Schwedischen Gräfin«: »Was geht die Vernünftigen die Ungleichheit des Standes an?« Gellert, Schwedische Gräfin, a.a.O., S. 36.

[67] Johann Ludewig Buchwitz, Betrachtung über die Liebe, Berlin und Potsdam 1754, S. 20ff.

[68] ebda.
[69] ebda.
[70] ebda.
[71] ebda.
[72] Friedrich G. Klopstock, Von der Freundschaft (Erstdruck: Norddeutscher Aufseher 1759), hier zitiert nach: ders., Ausgewählte Werke, hrsg. v. K.A. Schleiden, München 1962, S. 936.
[73] So Gert Ueding in der Paraphrase eines zeitgenössischen Theoretikers; vgl. G.U., Rhetorik und Popularphilosophie, in: Rhetorik. Ein Internationales Jahrbuch, a.a.O., S. 122–135, bes. S. 129 und, nur leicht verändert, in: Grimminger (Hrsg.), Hansers Sozialgeschichte der deutschen Literatur, a.a.O., den entsprechenden Abschnitt ›Popularphilosophie‹, S. 605–635.

5. Politische Empfindsamkeit? Der Diskurs der Empfindsamkeit als polemische Umkehrung höfisch-politischer Interaktionsrationalität

[1] Wolf Lepenies, Melancholie und Gesellschaft, Frankfurt 1972. Lepenies greift in seiner Arbeit an entscheidender Stelle auf einen Grundgedanken von Norbert Elias' Zivilisationstheorie zurück, wonach sich ein Machtverlust sozial- und individualpsychologisch in einer entsprechenden ›resignativen‹ Umgestaltung des Affekthaushalts der betreffenden Schichten konkretisiere – ob nun der französische Fronde-Adel oder das deutsche Bürgertum des 18. Jahrhunderts, beides nur Anwendungsfälle einer These!
[2] Renate Krüger, Das Zeitalter der Empfindsamkeit. Kunst und Kultur des späten 18.Jahrhundert in Deutschland, Leipzig/Wien/München 1972, S. 10; konsequenterweise hat die Autorin direkt im Anschluß Rechtfertigungsprobleme: warum überhaupt noch die Beschäftigung mit diesem Gegenstand? Zunächst die weniger wichtigen Gründe: »weil es (das Zeitalter der Empfindsamkeit, N.W.) reich an interessanten Einzelheiten ist, weil sich eine Beschäftigung mit dieser kurzen Kulturperiode lohnt.« So sei dies die Zeit der ›noch heute gern besuchten Parks‹ oder der erstmals entstehenden ›Andenkenindustrie‹. Am Ende aber müssen doch wieder die ›Klassiker‹, das große Legitimationsparadigma der DDR-Germanistik, herhalten: »Und schließlich ist das Zeitalter der Empfindsamkeit ein Teil des Lebensraums der großen deutschen Klassiker, es war ihre Umgebung, ihre Umwelt‹, so daß eben die »Kenntnis‹ der Empfindsamkeit letztlich den Klassikerheroen zugute kommt, indem sie deren Werke ›lebendiger werden läßt‹. Schlechte, ›reaktionäre‹ Politik dagegen ist als eigener Gegenstand indiskutabel. (Zitate S. 10f.).
[3] Dagegen ist an Carl Schmitt und den schon berühmt gewordenen ersten Satz seiner Schrift über das Politische zu erinnern: »Der Begriff des Staates setzt den Begriff des Politischen voraus.« (C. Sch., Der Begriff des Politischen, Text von 1932 mit einem Vorwort und 3 Corollarien, Berlin 1979, S. 20).
[4] Ganz anders dagegen die kluge Argumentation Klaus Lichtblaus, Die Politik der Diskurse. Studien zur Politik- und Sozialphilosophie, Diss. Bielefeld 1980, S. 91, Anm. 121.
[5] Koselleck, Kritik und Krise, a.a.O., S. 86. Ein Gedanke, der wohl (auch) auf Carl Schmitt zurückgeht; vgl. C. Sch., Über den Begriff des Politischen, a.a.O., S. 72f.
[6] Vgl. dazu die noch immer maßgebliche Darstellung bei Norbert Elias, Die höfische

Gesellschaft. Untersuchungen zur Soziologie des Königtums und der höfischen Aristokratie mit einer Einleitung (= Soziologische Texte 54), Darmstadt/Neuwied ³1979; sowie den ›Prozeß der Zivilisation‹ (s. u.); material- und detailreich, wenn auch ungleich weniger souverän im historischen Zusammenhang: Egon Cohn, Gesellschaftsideale und Gesellschaftsroman des 17. Jahrhunderts, Berlin 1921; Ulrich Wendland, Die Theoretiker und Theorien der sogenannten galanten Stilepoche in der deutschen Sprache, Leipzig 1930; Barbara Zaehle, Knigges Umgang mit Menschen und seine Vorläufer. Ein Beitrag zur Geschichte der Gesellschaftsethik, Heidelberg 1933.

[7] So Claudia Henn-Schmölders in der Einleitung der von ihr herausgegebenen Textsammlung: Die Kunst des Gesprächs. Texte zur Geschichte der europäischen Konversationstheorie, München 1979, S. 26; die Autorin paraphrasiert hier die in ihrem Halbtitel bereits erwähnte Schrift von Nicolas Faret, L'Honneste homme ou l'art de plaire à la court, Paris 1634.

[8] Emphatische Freundschaften oder Liebesverhältnisse scheinen hier allenfalls Ausnahmen. Die Berechnung, das egoistische Kalkül als Filter allen Verhaltens gilt ja gerade auch für die (Standes-, nicht Liebes-) Heirat: sie ist eines der wirkungsvollsten Mittel zur Mehrung und Sicherung von Prestige und Einfluß. Selbst noch die (zeitlich) begrenzte Affaire unterliegt diesen gesellschaftlichen Zwängen.

[9] Elias, Über den Prozeß der Zivilisation. Soziogenetische und psychogenetische Untersuchungen, 2 Bde., Frankfurt 1978 (Erstdruck 1939), hier Bd. 2, S. 416.

[10] Gracian, Handorakel, a. a. O., S. 7.

[11] ebda, S. 17.

[12] ebda.

[13] ebda, S. 30.

[14] Christian Weise, Politischer Redner: das ist kurtze und eigentliche Nachricht, wie ein sorgfältiger Hofmeister seine Untergebenen zu der Wohlredenheit anführen soll, Faksimiledruck der Ausgabe von 1683 (= Scriptor Reprints), Kronberg 1974, S. 828.

[15] Henn-Schmölders, Die Kunst des Gesprächs, a. a. O., S. 30.

[16] So Christian Thomasius in der Selbstanzeige seines – für die strategische Grundausrichtung des höfisch-klugen Verhaltens bezeichnenden – Forschungsprojekts: »... die neue Erfindung einer wohlgegründeten und für das gemeine Wesen höchstnötigen Wissenschaft Das Verborgene des Herzens anderer Menschen auch wider ihren Willen aus der täglichen Konversation zu erkennen.« Abgedruckt in: F. Brüggemann (Hrsg.), Aus der Frühzeit der Aufklärung. Christian Thomasius und Christian Weise (Deutsche Literatur in Entwicklungsreihen, Reihe Aufklärung Bd. 1), Neudruck Darmstadt 1966, S. 61–80, hier: S. 62.

[17] Daß Thomasius vorgebliche »Erfindung« keineswegs nur ein Kuriosum ist, beweist die Einrichtung eines neuen Lehrstuhls speziell zur Pflege dieser für das ›glückliche Fortkommen‹ wichtigen (strategischen) Rhetorik in Halle 1731. Vgl. dazu auch Gabler, Machtinstrument statt Repräsentationsmittel, a. a. O., insb. S. 10f.

[18] Thomasius, Erfindung einer [...] Wissenschaft a. a. O., S. 70.

[19] ebda.

[20] Johann Heinrich Zedler, Großes vollständiges Universal-Lexikon, Leipzig und Halle 1739, Reprint Graz 1961, hier: Bd. 30 (1741), Stichwort ›Rede‹, Sp. 1603.

[21] Thomasius, Erfindung einer [...] Wissenschaft a. a. O., S. 73f.

[22] ebda., S. 73.

[23] Wilfried Barner, Barockrhetorik, Tübingen 1970, S. 173.

[24] Thomasius, Erfindung einer [...] Wissenschaft, a. a. O., S. 78.

[25] C. Henn-Schmölders, Ars conversationis. Zur Geschichte des sprachlichen Umgangs,

in: Arcadia, Zeitschrift für vergleichende Literaturwissenschaft, (10) 1975, S. 17–33, hier: S. 29.

[26] Christian A. Heumann, Der politische Philosophus, Das ist vernunfftmässige Anweisung zur Klugheit im gemeinen Leben, Faksimiledruck der Ausgabe Franckfurt und Leipzig 1724 (= Athenäum Reprints), Frankfurt 1972, Erste Vorrede, S. 4b f.

[27] A. Fr. Müller, Balthasar Gracians Oracul, Das man mit sich führen, und stets bey der hand haben kan. Das ist: Kunst-Regeln der Klugheit, Leipzig ²1733, hier zit. nach H.-J. Gabler, Machtinstrument statt Repräsentationsmittel, a.a.O., S. 22.

[28] Und zugleich auch eine Neuaktualisierung eines noch sehr viel älteren abendländischen Topos. Schon die antike Bukolik setzte ihr pazifiziertes, sittlich-sittsames Arkadien der lauten, moralisch verderbten Zivilisation entgegen. Umgekehrt zieht dann auch Richard Faber die – wenngleich sehr assoziative – Linie von Vergil, dem ›politischen Idylliker‹, zur deutschen Empfindsamkeit des 18. Jahrhunderts; vgl. R.F., Politische Idyllik. Zur sozialen Mythologie Arkadiens (= Literaturwissenschaft und Gesellschaftswissenschaften 26), Stuttgart 1976, bes. S. 77 f.

[29] Gellert, Die Schwedische Gräfin von G***, a.a.O., S. 22.

[30] Seine Autorin macht er mit einem Schlag berühmt. Sophie La Roche gilt als die Empfindsame schlechthin: eine Publikumserwartung, die nicht mehr zwischen Autorfunktion und realer Person trennen will. Wie schwer nur – und unter welchen Kosten – die Autorin diese Gleichsetzung ausfüllen konnte, macht S. Bovenschens Kommentar in ihrem Buch ›Die imaginierte Weiblichkeit‹, a.a.O., deutlich; vgl. Kap. II C 5, Fräulein von Sternheim contra Mme de La Roche, S. 190 ff.

[31] Das bestätigt schon der ›Herausgeber‹ dieser Briefsammlung in seiner Vorrede mit dem Hinweis auf die – aus diesem Grunde wohl zu erwartende – ›verhaltene‹ Aufnahme der Tugendsamen in der Hofgesellschaft: ›In der Tat, die Singularität unsrer Heldin, ihr Enthusiasmus für das sittliche Schöne, ihre besondern Ideen und Launen [...] und, was noch ärger ist als dies alles, der beständige Kontrast, den ihre Art zu empfinden, zu urteilen, zu handeln mit dem Geschmack, den Sitten und Gewohnheiten der großen Welt macht – scheint ihr nicht die günstigste Aufnahme in der letztern vorherzusagen.‹ Und auch wenn die einseitige Zuspitzung dieses Kontrasts schon hart auf die Satire zugeht, so wird sie dennoch in ihrer wertenden Ausrichtung explizit bejaht: ›Und wenn auf der einen Seite ihr ganzer Charakter mit allen ihren Begriffen und Grundsätzen als eine in Handlung gesetzte Satire über das Hofleben und die große Welt angesehen werden kann, so ist auf der andern ebenso gewiß, daß man nicht billiger und nachsichtiger von den Vorzügen und von den Fehlern der Personen, welche sich in diesem schimmernden Kreise bewegen, urteilen kann als unsre Heldin.‹ Ch.M. Wieland in der ›Vorrede des Herausgebers‹ der Erstausgabe von Sophie La Roche, Geschichte des Fräuleins von Sternheim (1771), hrsg. v. F. Brüggemann (DLE Reihe Aufklärung Bd. 14, Neudruck der Ausgabe von 1938), Darmstadt 1964, S. 24.

[32] Wenngleich der Gegensatz nicht bis hin zum Antagonismus von Ständeordnung und natürlicher Gleichheit getrieben wird – das wäre wohl zu ›politisch‹!

[33] v. La Roche, Geschichte des Fräuleins von Sternheim, a.a.O., S. 59.

[34] ebda.

[35] ebda, S. 60.

[36] ebda.

[37] ebda.

[38] ebda, S. 121.

[39] ebda, S. 136.

[40] Eine Konstellation, die an das zur gleichen Zeit formulierte Prinzip der (parlamentari-

schen) politischen Öffentlichkeit – das ja allein schon wegen seiner Öffentlichkeit zur Wahrheit verhelfen soll – erinnert. Doch wie im interpersonalen Umgang so auch in der Politik ist die Forderung nach Einsicht, Transparenz, Offenheit etc. wesentlich *relativ*. Eine Einsicht, die zwar die von Jürgen Habermas gezogene Verbindungslinie von privater Intimität und Öffentlichkeit bestätigt, jedoch ohne die Emphase um eine hier angeblich zugleich errungene ›gattungsgeschichtliche‹ (oder auch nur bürgerliche) Emanzipation. Vgl. Jürgen Habermas, Strukturwandel der Öffentlichkeit, Neuwied/Berlin 1976, bes. S. 110; und dagegen: C. Schmitt, Die geistesgeschichtliche Lage des heutigen Parlamentarismus, Berlin ⁵1979, bes. S. 47f.

[41] Und diese polemische Qualität der Empfindsamkeit ist – entgegen der suggestiven Rhetorik ihrer Manifeste – selbst in den von ihr inszenierten Momenten höchster Unmittelbarkeit und Empfindungstiefe nicht zu vergessen.

[42] Schmitt, Der Begriff des Politischen, a.a.O., S. 55.

[43] ebda, S. 56 – oder, verkürzt auf ein von Proudhon geprägtes Wort: »Wer Menschheit sagt, will betrügen.« (ebda)

[44] Koselleck, Kritik und Krise, a.a.O., S. 157.

[45] Als ein Beispiel: Pikulik, ›Bürgerliches Trauerspiel‹ und Empfindsamkeit, a.a.O. (siehe auch Kapitel 2, S. 29).

[46] Peter Uwe Hohendahl, Empfindsamkeit und gesellschaftliches Bewußtsein. Zur Soziologie des empfindsamen Romans am Beispiel von ›La vie de Marianne‹, ›Clarissa‹, ›Fräulein von Sternheim‹ und ›Werther‹, in: Schiller-Jahrbuch 1972 (XVI), S. 176–207, hier S. 181.

[47] ebda, S. 205.

[48] ebda.

[49] Exemplarisch für diese im Diskurs der Empfindsamkeit geprägte Metaphorisierung des Politischen ist das Oppositionspaar ›warm‹ und ›kalt‹: Der warmen Anteilnahme als Prinzip empfindsamer Sozialität steht die ›kalte‹ (›kaltherzige‹, ›kaltsinnige‹ etc.) – und d.h. unpersönliche – Welt gegenüber. Eine Metaphorisierung differenter Handlungsprinzipien (personaler versus nicht-personaler Umgang), die selbst heute – mit wachsender Gültigkeit? – unmittelbare Evidenz behauptet.

[50] Vgl. dazu: Gotthardt Frühsorge, Der politische Körper. Zum Begriff des Politischen im 17. Jahrhundert und in den Romanen Christian Weises, Stuttgart 1974.

[51] ebda, S. 53.

6. Ausformulierung, Expansion, Geltungsgewinn – das Feld der empfindsamen Rede

[1] Vgl. Peter Michelsen, Laurence Sterne und der deutsche Roman des achtzehnten Jahrhunderts, Göttingen ²1972, S. 74f. (»Nachahmungen«).

[2] Sauder sieht in der Empfindsamkeit nur in sehr begrenztem Umfang einen eigenständigen Stil; die Empfindsamkeit, so die vorsichtige Formulierung, sei kein ›Stilbegriff im umfassenden Sinn‹. G. Sauder (zusammen mit W. Doktor), Nachwort zu: Empfindsamkeit. Theoretische und kritische Texte, hrsg. v. W. Doktor/G. Sauder, Stuttgart 1976, S. 197–216, hier: S. 208.

[3] Adolf Muschg, Goethe als Fluchthelfer, Rede anläßlich der 8. Römerberggespräche in Frankfurt zu dem Thema: ›Innerlichkeit – Flucht oder Rettung?‹, in: Die ZEIT, Nr. 23 (29. Mai 1981), S. 39.

[4] Auch in der ständisch-feudalabsolutistischen Gesellschaft gab es – worauf M. Foucault zurecht hinweist – ein in seinen personalen Besonderheiten stärker hervorgehobenes ›individualisiertes‹ Subjekt, allerdings ausschließlich in der höchsten Spitze der sozialen Hierarchie. Individualisierung fungiert hier als Element von Repräsentation: »In den Gesellschaften, für die das Feudalsystem nur ein Beispiel ist, erreicht die Individualisierung ihren höchsten Grad in den höheren Bereichen der Macht und am Ort der Souveränität. Je mehr Macht oder Vorrechte einer innehat, um so mehr wird er durch Rituale, Diskurse oder bildliche Darstellungen als Individuum ausgeprägt«. M. Foucault, Überwachen und Strafen. Die Geburt des Gefängnisses, Frankfurt 1976, S. 248.

6.1. Selbst-Offenbarung und Geselligkeit: Der Brief als Medium von Individualisierung und Interpersonalität

[1] Norbert Miller, Der empfindsame Erzähler. Untersuchungen an Romananfängen des 18. Jahrhunderts, München 1968, S. 190.

[2] Georg Steinhausen, Geschichte des Deutschen Briefes, Zur Kulturgeschichte des Deutschen Volkes, 2 Teile, Nachdruck der 1. Ausgabe von 1889, Dublin/Zürich 1968, S. 245.

[3] ebda.

[4] ebda.

[5] ebda, S. 332.

[6] Reinhard M. G. Nickisch, Die Stilprinzipien in den deutschen Briefstellern des 17. und 18. Jahrhunderts. Mit einer Bibliographie (= Palaestra Bd. 254), Göttingen 1969, S. 152.

[7] Dazu ein Beispiel, noch aus dem Jahr 1750 (die Braut an ihren geliebten Zukünftigen): »Mein Herz haben mir mit Deren angenehmen Schreiben ein großes Vergnügen verursacht, da ich gesehen, daß sich Dieselben Deren häufige Verrichtungen, welche mich leicht vergessend machen können, nicht abhalten lassen, an mich gütigst zu gedenken, daß wegen Ihnen meinem Geliebten den allerverpflichtetsten Dank abstatte.« Das hier nach Steinhausen zitierte Briefbeispiel stammt aus G. Freytag, Bilder aus der deutschen Vergangenheit, 5. Aufl. 4. Bd.; Steinhausen, Geschichte des deutschen Briefes, a.a.O., S. 350.

[8] G. F. Gellert, Gedanken von einem guten deutschen Briefe, an den Herrn F. H. v. W. – in: Belustigungen des Verstandes und des Witzes. Et prodesse volunt & delectare. – Horat. auf das Jahr 1742, Leipzig, S. 178; hier zitiert nach Nickisch, a.a.O., S. 158.

[9] Wilhelm Voßkamp, Dialogische Vergegenwärtigung beim Schreiben und Lesen. Zur Poetik des Briefromans im 18. Jahrhundert, in: DVjs 45 (1971), S. 80ff., hier: S. 85.

[10] So erscheinen in einem einzigen Jahr – 1751 – gleich 3 epistolographische Abhandlungen, die unabhängig voneinander in Richtung auf einen stärker personalisierten Brief weisen (vgl. auch Nickisch, a.a.O., S. 161ff.); im einzelnen: Johann C. Stockhausen, Grundsätze wohleingerichteter Briefe, Helmstedt 1751 (bis 1765 vier Neuauflagen); C. F. Gellert, Briefe nebst einer praktischen Abhandlung von guten Geschmacke in Briefen, Leipzig 1751 (zahlreiche Neuauflagen); J. W. Schaubert, Anweisungen zur Regelmäßigen Abfassung Teutscher Briefe, Jena 1751.

[11] Gellert, Epistolographische Schriften, a.a.O., S. 79.

[12] ebda.

[13] Voßkamp, Dialogische Vergegenwärtigung, a.a.O., S. 85.

[14] Siehe Nickisch, Die Stilprinzipien, a.a.O., S. 237f.; für ihn ist die Vollendung erreicht mit der allgemeinen Stiltheorie von Karl Philip Moritz, vgl. S. 195ff.

[15] Beleg aus Steinhausen, Geschichte des deutschen Briefes, a.a.O., S. 288 (aus einem Brief Herders an Lavater).

[16] ebda.

[17] ebda, S. 302.

[18] ebda, S. 304.

[19] ebda, S. 304 (zitiert aus einem Brief der Demoiselle Lucius an Gellert).

[20] Daß dann auch verwandte Schreibformen wie das Tagebuch und die Autobiographie prosperieren, ist nur folgerichtig.

[21] Hans-Rudolf Picard, Die Illusion der Wirklichkeit im Briefroman des 18. Jahrhunderts (= Studia Romanica 23), Heidelberg 1971, S. 21.

[22] So definiert bereits die antike Briefpoetik des Artemon den Brief als schriftlich fixiertes Gespräch. Vgl. Voßkamp, Dialogische Vergegenwärtigung, a.a.O., S. 82.

[23] Stockhausen, Grundstäze wohleingerichteter Briefe, a.a.O., hier zitiert nach Nickisch, Die Stilprinzipien in den deutschen Briefstellern, a.a.O., S. 163.

[24] Vgl. zur rhetorischen und tropologischen Struktur der empfindsamen Rede Kap. 6.2. dieser Arbeit.

[25] Adam Berghofer, Briefe an Cleis, in: ders., Schriften, Bd. 2, Wien 1783, S. 45; hier zitiert nach G. Sauder, Empfindsamkeit Bd. III, Quellen und Dokumente, Stuttgart 1980, S. 233.

[26] Picard, Die Illusion der Wirklichkeit, a.a.O., S. 22.

[27] Vgl. Steinhausen, a.a.O., S. 323 (zitiert aus Gellerts Briefe an Frl. v. Schönfeld).

[28] Das in der Briefform angelegte Interesse für den (eigenen) psychologischen Binnenraum geht über die selbstreflexive Erforschung der eigenen Psyche immer schon wesentlich hinaus: »Das psychologische Interesse wächst von Anbeginn in der doppelten Beziehung auf sich selbst und auf den anderen: Selbstbeobachtung geht eine neugierige teils, teils mitfühlende Verbindung ein mit den seelischen Regungen des anderen Ichs.« Jürgen Habermas, Strukturwandel der Öffentlichkeit, Darmstadt (8. Aufl.) 1976, S. 66f.

[29] Vgl. Marianne Beyer-Fröhlich, (Hrsg.), Empfindsamkeit, Sturm und Drang (DLE Reihe Deutsche Selbstzeugnisse Bd. 9), Leipzig 1936, hier zitiert nach dem Reprint Darmstadt 1970, S. 153.

[30] Vgl. Steinhausen, Geschichte des deutschen Briefes, a.a.O., S. 324.

[31] So Zollikofer an Garve – zitiert nach Steinhausen, Geschichte des deutschen Briefes, a.a.O., S. 324.

[32] Hella Jäger-Mertin hat Begriff und Konzept durch das 18. Jahrhundert verfolgt. Ihre textnahen Analysen der entsprechenden Schriften von Gellert, Klopstock, Wieland, Mendelssohn und Schiller belegen die kritisch-utopische Reichweite dieser (Sprach-) Stil wie zwischenmenschlichen Umgang umgreifenden Kategorie; H. J.-M., Naivität. Eine kritisch-utopische Kategorie in der bürgerlichen Literatur und Ästhetik des 18. Jhrd., Kronberg/Ts. 1975.

[33] Johann Georg Sulzer, Allgemeine Theorie der schönen Künste [...], zweyte vermerte Auflage, Leipzig 1793, 3. Theil, Stichwort »naiv«, S. 502ff.; allerdings verlangt das »eigentlich« nach einem Kommentar. Wieland – er ist, obwohl hier nicht ausdrücklich genannt, der Verfasser des Artikels – formuliert seine gesamte Konzeption unter dem Rousseauschen Vorzeichen einer Zivilisationskritik, ja schon Zivilisationsklage. Die Diskrepanz von realer Sprachverwendung und empfindsam-naiven Ideal ist ihm bewußt: »Jedermann weiß, daß die Sprache von den itzigen Menschen meisthenteils gebraucht wird, andern zu sagen, was sie nicht denken noch empfinden, so daß die

Rede demnach sehr selten ein Zeichen ihrer Gedanken ist. Diese große Veränderung muß unstreitig die Folge einer wichtigen Veränderung im Inwendigen der Menschen seyn. Diese müssen Empfindungen, Gedanken und Absichten haben, welche sie einander nicht zeigen dürfen.« Den Grund für diese Veränderungen sieht Wieland, wie auch anders bei seinen Prämissen, in der veränderten menschlichen Natur, deren moralische Qualität sich im Laufe der Zivilisation zum Negativen gewandelt habe: »In der That ist die menschliche Natur von ihrer Bestimmung und schönen Anlage so stark abgewichen, daß in dem Innern des Menschen, an die Stelle der liebenswürdigen Neigung, anstatt der Unschuld, Gerechtigkeit [...] Unbilligkeit, Unmäßigkeit, Neid und Haß getreten«.

[34] ebda.

[35] ebda, S. 499.

[36] Berghofer, Briefe an Cleis, a.a.O., S. 233.

[37] De Man, mit Nietzsche gut vertraut, sieht in der Rhetorik das Paradigma von Sprache überhaupt. Ein ›Dahinter‹ gibt es nicht: »The trope is not a derived, marginal, or aberrant form of language but the linguistic paradigm par excellence. The figurative structure ist not one linguistic mode among others but it characterizes language as such.« P. de Man, Allegories of Reading, Figural Language in Rousseau, Nietzsche, Rilke, and Proust, New Haven and London (Yale University Press) 1979, S. 105. Doch auch der Riese, auf dessen Schultern de Man hier steht, soll zu Wort kommen: »Was ist also Wahrheit? Ein bewegliches Heer von Metaphern, Metonymien, Anthropomorphismen, kurz eine Summe von menschlichen Relationen, die, poetisch und rhetorisch gesteigert, übertragen, geschmückt wurden und die nach langem Gebrauch einem Volke fest, kanonisch und verbindlich dünken [...] Nietzsche, Über Wahrheit und Lüge im außermoralischen Sinn, in: Werke, Bd. III, K. Schlechta (Hrsg.), a.a.O., S. 1022.

[38] Vincent B. Leitch, Deconstructive Criticism. An Advanced Introduction, New York (Columbia University Press) 1983, S. 47.

[39] Friedrich E.D. Schleiermacher, Monologen, a.a.O., S. 443.

[40] Diese Beobachtung korrespondiert mit einer Beobachtung G. Sauders und W. Doktors; es sei typisch »daß empfindsame Passagen nur in Kurzform möglich sind.« Eine plausible Erklärung sehen die Autoren in der Entsprechung von ästhetischer Kürze und der »Vorstellung von moralischem Gefühl, das schnell über Gut und Böse einer Situation oder Handlung urteilt.« Zitiert aus: Empfindsamkeit. Theoretische und kritische Texte, hrsg. v. G. Sauder und W. Doktor, a.a.O., S. 197–216, hier: S. 208.

[41] Sulzer, Allgemeine Theorie der schönen Künste, a.a.O., S. 501.

[42] Jenny von Voigts an Fürstin Luise von Anhalt-Dessau, aus: William und Ulrike Sheldon: Im Geist der Empfindsamkeit. Freundschaftsbriefe der Mösertochter Jenny von Voigts an die Fürstin Luise von Anhalt-Dessau 1780–1808. Osnabrück 1971 (= Osnabrücker Geschichtsquellen und Forschungen. Herausgegeben vom Verein für Geschichte und Landeskunde) Osnabrück, S. 51ff.; hier zitiert nach Sauder, Empfindsamkeit, Bd. III, a.a.O., S. 223.

[43] Aus Steinhausen, Geschichte des Deutschen Briefes, a.a.O., S. 364.

[44] Jürgen Stenzel, Zeichensetzung. Stiluntersuchungen an deutscher Prosadichtung (= Palaestra Bd. 241), Göttingen 1970, S. 47.

[45] Auch das ist eine der (wenigen) typischen Metapherngruppen im Wortschatz der Empfindsamen: man vergleicht bzw. begreift die angestrebte affektiv-sinnliche – und nicht intellektuelle – Verständigung mit musikästhetischen und/oder musikakustischen termini, also z.B. (einzelnen) Musikinstrumenten, Saiten-anschlag, Schwingungen, Gleichklang, Harmonie etc.

[46] Das sieht dann z. B. so aus: »Wenn ich des Morgens mit Sonnenaufgange hinausgehe nach meinem Wahlheim, und dort im Wirthsgarten mir meine Zukkererbsen selbst pflükke, mich hinsezze [...] Wenn ich denn in der kleinen Küche mir einen Topf wähle, mir Butter aussteche, meine Schoten an's Feuer stelle [...]. Da fühl ich so lebhaft, wie die herrlichen übermüthigen Freyer der Penelope Ochsen und Schweine schlachten [...] Es ist nichts, das mich so mit einer stillen, wahren Empfindung ausfüllte, als die Züge patriarchalischen Lebens, die ich [...] in meine Lebensart verweben kann.« Johann W. v. Goethe, Die Leiden des jungen Werther, Leipzig 1774 (Faksimile der Erstausgabe Leipzig), Dortmund 1978, S. 47 f.

[47] Stenzel, Zeichensetzung, a.a.O., S. 52 f.

[48] Im Fall von Johann Martin Millers »Siegwart«, der nur zwei Jahre nach dem »Werther« erscheint, lohnt sich gar die statistische Auszählung: Martin Greiner, so A. Fauré in seinem Nachwort, komme dabei zu folgenden »Tränenfrequenzen«: Fließen im ersten Band 117mal die Tränen, so im zweiten Band dann schon 165mal und im dritten endlich – die bedeutenden Handlungen steigern sich – gar 273mal! Vgl. A. F., Nachwort zu J. M. Miller, Siegwart. Eine Klostergeschichte, Faksimile der Ausgabe von 1776 (= Deutsche Neudrucke Reihe 18. Jahrhundert), Stuttgart 1971, S. 1*– 42*, hier bes. S. 20*.

[49] D. Hildebrandt, Die Dramaturgie der Träne, in: Das weinende Saeculum. Colloquium der Arbeitsstelle 18. Jahrhundert (= Beiträge zur Geschichte der Literatur und Kunst des 18. Jahrhunderts, Bd. 7), Heidelberg 1983, S. 83–89, hier: S. 84.

[50] (J.), Gedanken über die Gefahr empfindsamer und romanenmäßiger Bekanntschaften. In: Hannoversches Magazin, 16. Jg. vom Jahre 1778, Hannover 1779, 33.tes und 34.tes Stück, Sp. 513–530, hier: Sp. 514.

[51] Welchen Gefahren ›man‹ – besser: sie – sich dabei zu erwehren hat, zeigt Wezels satirischer Roman »Wilhelmine Arend oder die Gefahren der Empfindsamkeit« mit vergnüglicher Ausdauer. Trotz allem Enthusiasmus für die lautere Empfindsamkeit schleichen sich in Wezels Figuren doch immer wieder handfeste Interessen ein, seien es ökonomische oder erotische. So auch im Fall des jungen Dithmar, der seine Wilhelmine in die Vergnügungen der »Mondwallfahrten« einweiht, ihr die Wunder eines nächtlichen Mondspazierganges für die empfindsame Seele vordeklamiert – und dann doch handgreiflich werden muß. Gerade ist man sich einig, daß das »letzte Viertel« (nächst dem Vollmond) das »empfindsamste« sei – als des Jünglings Rechte »um den Nacken seiner Nachbarin herumfuhr und nach dem Halstuche spazierte, um, gleich dem Bewohner des Erdplanets, in Luna's halbenthüllte Scheibe zu greifen.« J. C. Wezel, Wilhelmine Arend oder die Gefahren der Empfindsamkeit, Faksimile der Ausgabe Leipzig 1782 o.O., 1970, S. 368.

[52] (J.) Gedanken über die Gefahr empfindsamer und romanenmäßiger Bekanntschaften, a.a.O., Sp. 513.

[53] Eine sehr ausführliche Auflistung des entsprechenden Wortmaterials gibt die – ansonsten jedoch wegen ihrer konzeptionellen Mängeln leider wenig brauchbare – Arbeit von Claus Lappe zum Wortschatz der empfindsamen Sprache. Vgl. C. L., Studien zum Wortschatz, empfindsamer Prosa, (Diss.) Saarbrücken 1970, insbes. Kap. C II, S. 302 ff. »Die sakrale Sprache«. Weitergehende Hinweise gibt dazu August Langen, der den Pietismus als »wichtigste, aber natürlich nicht die einzige Quelle der Gefühlssprache« der Empfindsamkeit sieht. Vgl. A. Langen, Der Wortschatz des deutschen Pietismus, Tübingen ²1968, bes. S. 432 ff., hier: S. 434.

[54] Karl Franz v. Irwing, Erfahrungen und Untersuchungen über den Menschen, Bd. I–IV, Berlin 1777–1785, hier: Bd. II, (1777) S. 216 f., zitiert nach Sauder, Empfindsamkeit, Bd. 1, a.a.O., S. 212.

[55] Wolfgang Binder, ›Genuß‹ in Dichtung und Philosophie des 17. und 18. Jahrhunderts, in: ders., Aufschlüsse. Studien zur deutschen Literatur, Zürich/München 1976, S. 7–32, hier: S. 10.

[56] ebda.

[57] Der dafür bekannteste Begriff kommt aus dem Englischen: ›joy of grief‹, die ›Wonnen der Wehmut. Vgl. dazu zuletzt: G. Ricke, Die empfindsame Seele mit der Fackel der Vernunft entzünden. Die Kultivierung der Gefühle im 19. Jahrhundert, in: Ästhetik und Kommunikation, Heft 53/54, Dez. 1983, S. 5–23, bes. S. 10f.

[58] Binder, ›Genuß‹ in Dichtung und Philosophie, a.a.O., S. 18.

[59] Ernst F. Ockel, Ueber die Sittlichkeit der Wollust, Mietau, Hasenpoth und Leipzig 1772, S. 38.

[60] Johann D. Salzmann, Über die Liebe, in: ders., Kurze Abhandlungen über einige wichtige Gegenstände aus der Religions- und Sittenlehre, Faksimile der Erstausgabe von 1776, Stuttgart 1966, S. 29–48, hier: S. 36.

[61] Einen reinen Sensualismus, der allein auf den angeborenen moral sense setzt, gibt man hier keine Chancen: ein effizientes Gemeinwesen stellt höhere Anforderungen, verlangt genauer kalkulierbare Verhaltenskontrollen.

[62] Michael I. Schmidt, Die Geschichte des Selbstgefühls, Frankfurt und Leipzig 1772, S. 191.

[63] ebda, S. 175.

[64] Dietrich Tiedemann, Aphorismen über die Empfindnisse, in: Deutsches Museum 1777 (II), S. 505–519, hier: S. 518, LXXIII.

[65] ebda.

[66] Ockel, Über die Sittlichkeit der Wollust, a.a.O., S. 10.

[67] Schmidt, Die Geschichte des Selbstgefühls, a.a.O., S. 194.

[68] Vgl. Salzmann, Über die Liebe, a.a.O., S. 33; Zum wichtigen Themenkomplex ›Empfindsamkeit als Selbstgefühl der Vollkommenheit‹ vgl. die sehr detaillierten und materialgesättigten Ausführungen von Sauder, Empfindsamkeit, Bd. 1, a.a.O., S. 211–226, hier insbes. S. 212.

[69] N. Luhmann, Theoriesubstitution in der Erziehungswissenschaft. Von der Philantropie zum Neuhumanismus; in: ders., Gesellschaft und Semantik, Bd. 2, Frankfurt 1981, S. 105–194; hier: S. 131.

[70] ebda, S. 132, Anmerkung 63.

[71] Ein in dieser Richtung vielversprechender Text ist wohl Wilhelm Heinses ›Ardinghello‹. Der Roman klingt aus mit einer deutlich hedonistische Züge zeigenden utopischen Staatsverfassung. Selbst die Sexualität (allein daß sie hier schon thematisiert ist!) zählt jetzt zu den notwendigen Glücksbedingungen und wird als solche weitgehend freigegeben. Von vernunftgemäßer Moral, sittlicher Vollkommenheit ist hier nur wenig die Rede – dafür aber um so mehr von sinnlichen Genuß: ›Wirkliche (nicht bloß eingebildete und erträumte) Glückseligkeit besteht allezeit in einem unzertrennlichen Drei: die Kraft, zu gnießen, Gegenstand und Genuß.‹ W. Heinse, Ardinghello und die glückseligen Inseln (1787), Berlin o.J., S. 365.

[72] Besonders zu erwähnen die Aufsätze: Interaktion in Oberschichten: Zur Transformation ihrer Semantik im 17. und 18. Jahrhundert, a.a.O. und: Wie ist soziale Ordnung möglich? in: N. Luhmann, Semantik und Gesellschaftsstruktur, Bd. 2, a.a.O., S. 195–285, bes. S. 212ff. und S. 244ff.

[73] Salzmann, Über die Liebe, a.a.O., S. 35.

[74] ebda.

[75] ebda, S. 39.

[76] ebda.

[77] Obwohl Landschaftsgärten durchaus im 18. Jahrhundert verwirklicht wurden, es nicht nur bei einer theoretischen Reflexion blieb, hat man es letztlich doch eher mit einer Konzeptkunst zu tun. Im Kern dieses ›englischen‹ Gartens steht nämlich ein jeder Realisation entgegenstehendes Paradox: Gärten sollen jetzt wie unberührte Landschaft sein – aber genau das widerspricht der (Minimal-)Definition des Gartens als künstlich geordnete und gepflegte (und d.h. immer auch abgeschlossene) Natur! Vgl. dazu: Michael Thompson, Die Theorie des Abfalls. Über die Schaffung und Vernichtung von Werten, Stuttgart 1981, bes. S. 188ff.

[78] Gartenbau war im 18. Jahrhundert noch allgemein anerkannt als eine wichtige und weitgehend selbständige Kunstform. In der hier diskutierten Verbindung mit der Naturbegeisterung der Empfindsamen habe der Landschaftsgarten – so Siegmar Gerndt – ›einen exorbitanten Stellenwert unter den Künsten gewonnen‹. S. G., Idealisierte Natur. Die literarische Kontroverse um den Landschaftsgarten des 18. und frühen 19. Jahrhunderts in Deutschland, Stuttgart 1981, S. 70.

[79] Vgl. Robert Spaemann, Genetisches zum Naturbegriff des 18. Jahrhunderts, in: Archiv für Begriffsgeschichte, Bd. XI (1967), S. 59–74; ›Die Eindeutigkeit des Naturbegriffs wird durch die Eindeutigkeit seines Gegensatzes gewährleistet‹. (S. 59)

[80] Vgl. Heinrich Schippers, Artikel ›Natur‹, in: Geschichtliche Grundbegriffe, a.a.O., S. 215–244. Zur ›Natur als ästhetisch gegenwärtige Landschaft‹ vgl. Joachim Ritters einflußreichen Essay: Landschaft. Zur Funktion des Ästhetischen in der modernen Gesellschaft, Münster (1962) ²1978. Hier geht es jedoch weniger um eine geschichtsphilosophische Deutung, die in der neuzeitlichen Naturerfahrung einen Ersatz für den Verlust der Totalität von Mensch und ihn umgreifender Natur sieht. Thema ist allein die typologische Entsprechung von empfindsamer Wesensnatur und Natur als Landschaft(sgarten) bzw. Natur als naturale Zeit.

[81] Vgl. z.B. den Aufsatz ›Über Baummalerei, Garteninschriften, Clumps und Amerikanischen Anpflanzungen‹, abgedruckt in dem herausgegebenen Magazin: Genius der Zeit, Jahrgang 1797, S. 10–43; Der obskure Titel sei, wie S. Gerndt meint, eine aus Gründen der Zensur erforderliche ›bewußte Verschleierung‹. Zur ausführlichen Besprechung dieses Artikels vgl. Gerndt, Idealisierte Natur, a.a.O., S. 116ff.

[82] Entwickelt in: R. Koselleck, ›Erfahrungsraum‹ und ›Erwartungshorizont‹ – zwei historische Kategorien, in: R. K.; Vergangene Zukunft, a.a.O., S. 349–376; hier bes. Abschnitt II: ›Erfahrungsraum und Erwartungshorizont als historische Kategorien‹, S. 34ff.

[83] Christian C. L. Hirschfeld, Theorie der Gartenkunst, 5 Bde, Nachdruck der Ausgabe Leipzig 1779 in 2 Bdn, Hildesheim/New York 1973, Bd. I, S. 117.

[84] J. J. Atzel, Ideal eines teutschen Gartens, in: Würtembergisches Repertorium, 3. Stück 1783, S. 394ff., hier zitiert nach Gerndt, Idealisierte Natur, a.a.O., S. 106.

[85] Hirschfeld, Theorie der Gartenbaukunst, a.a.O., S. 139.

[86] (F. C. W. Vogel), Kurze Theorien der empfindsamen Gartenkunst, oder Abhandlung von denen Gärten nach dem heutigen Geschmack, Leipzig, 1786, S. 8.

[87] Hirschfeld, Theorie der Gartenbaukunst, a.a.O., S. 138f.

[88] Amand Berghofer, Gefühle der Liebe und Menschlichkeit, in: Schriften, Bd. 1, 2. Theil, Wien 1783, S. 40; hier zitiert nach Sauder, Empfindsamkeit, Bd. III, a.a.O., S. 231.

[89] Leo Maduschka, Das Problem der Einsamkeit im 18. Jahrhundert im besonderen bei J. G. Zimmermann (Diss.), München 1932, S. 36.

[90] Vgl. Helmut J. Schneider, Die sanfte Utopie. Zu einer bürgerlichen Tradition literarischer Glücksbilder, in: Idyllen der Deutschen, hrsg. v. H. J. Schneider, Frankfurt 1981, S. 335–442, hier bes. S. 364; und, vom selben Autor: Naturerfahrung und Idylle in

der deutschen Aufklärung. In: Erforschung der deutschen Aufklärung, hrsg. v. P. Pütz, Königstein/Ts. 1980 (= Neue wissenschaftliche Bibliothek 94), S. 289ff.

[91] Vgl. Schneider, Die sanfte Utopie, a.a.O., S. 373.

[92] Die Akteure sind nicht weniger stark typisiert. Dem noch vorsichtig formulierten Urteil von Andreas Müller (im Fall der Geßnerschen Idyllen) ist daher nur zuzustimmen: »Die Gefühle, die in dieser Welt zutage treten, sind nicht allzu unterschiedlicher Art.« A. M., Landschaftserlebnis und Landschaftsbild. Studien zur deutschen Dichtung des 18. Jahrhunderts und der Romantik, Hechingen 1955.

[93] C. C. L. Hirschfeld, Das Landleben, dritte verbesserte Auflage Leipzig 1771, S. 38.

[94] Ockel, Ueber die Sittlichkeit der Wollust, a.a.O., S. 3ff.

[95] ebda, S. 6.

[96] ebda.

[97] Hirschfeld, Theorie der Gartenkunst, a.a.O., S. 161.

[98] R. Koselleck, ›Neuzeit‹, Zur Semantik moderner Bewegungsbegriffe, in: ders., Vergangene Zukunft, a.a.O., S. 300–348, hier: S. 336.

[99] ebda, S. 333.

[100] ebda, S. 345.

[101] ebda.

[102] (F. C. W. Vogel), Kurze Theorie der empfindsamen Gartenkunst, a.a.O., S. 9; hier zitiert nach Sauder, Empfindsamkeit, Bd. III, a.a.O., S. 111.

[103] ebda.

[104] Franz G. Ryder, Season, Day, and Hour – Time as Metaphor in Goethe's Werther, in: Journal of English and Germanic Philology, Bd. 63 (1964), S. 389–407, hier S. 393; Ryder hebt zu Recht hervor, daß die Zeitmetapher im Werther nicht so sehr im Kontext christlich-religiöser Bedeutungen steht. Eindeutiger ist der hier favorisierte Bezug zur Natur-Zeit. Vgl. spez. dazu S. 392 f.

[105] Vgl. ebda, S. 392 sowie Anmerkung 7.

[106] ebda, S. 400.

[107] ebda, S. 394.

[108] ebda, S. 397.

[109] Johann W. v. Goethe, Die Leiden des jungen Werther (Fassung von 1787) in: Werke (Hamburger Ausgabe), Bd. VI, Hamburg 1960; hier zitiert nach F. G. Ryder, a.a.O., S. 397.

[110] Die Natur evoziert hier nicht mehr nur die angenehm-sanften Empfindungen, sondern umgreift jetzt auch – wieder – die unter der Systemstelle des pathos der passiones animi in der Rhetorik verzeichneten heftig-leidenschaftlichen Affektanlagen; auch der Tod als Teil der Natur ist hier in die (Selbst-)Erfahrung miteingeschlossen.

[111] Ryder, Season, Day, and Hour, a.a.O., S. 400.

[112] Goethe, Werther, a.a.O., S. 402 (Hamburger Ausgabe S. 76).

[113] ebda, S. 402 (Hamburger Ausgabe, S. 39).

[114] Helmut Rehder, Die Philosophie der unendlichen Landschaft, Halle 1932, S. 3.

7. Extrem und Normalität:
Institutionalisierung als komplementäre Alternative

[1] M. Foucault, Die Ordnung des Diskurses, a.a.O., S. 27.

[2] Um es nochmals zu betonen: ein Diskurs ist keineswegs ein autonomes, im geschichtsleeren Raum schwebendes Gebilde – auch wenn das gelegentlich bei einigen post-strukturalistischen Autoren anklingt. So lädt auch Riffaterres Rede von einem »selfsufficient Text« zu Mißverständnissen geradezu ein (vgl. seinen Artikel in Diacritics, 3 : 3 (1973), S. 44ff.). Gegenüber solchen Lesearten, die in der Ablehnung repräsentativer Referentialität überziehen, besteht Edward W. Said, hierin M. Foucaults Konzept des »Historischen Apriori« verpflichtet, auf der nicht hintergehbaren Geschichtlichkeit des Diskurses. Vgl. dazu E. W. Said, The Text, the World, the Critic, in: Textual Strategies, ed. and with an Introduction by J. V. Harari, Ithaca, N. Y. 1979. S. 161–189.

[3] Vor allem in der amerikanischen Soziologie hat sich diese Unterscheidung durchgesetzt – vgl. die speziell dazu aufgeführte Literatur bei N. Luhmann, Rechtssoziologie, 2 Bde, Reinbek 1972, Bd. 1, S. 140, Anmerkung Nr. 9.

[4] Und zwar gerade wegen der notwendigen Partikularität eines jeden Diskurses bzw. (Sub-)Systems: »Alle Einzelsysteme entwerfen infolge ihrer abstrahierten Funktionsperspektive in ihrer generalisierten Indifferenz einen zu weiten Horizont von Möglichkeiten.« N. Luhmann, Gesellschaft, in: ders., Soziologische Aufklärung Bd. 1, Opladen ⁴1974, S. 137–153, hier: S. 148; Weiter auf den Begriff gebracht hat Luhmann diesen für alle Kommunikation wesentlichen Sachverhalt einer notwendigen Beschränkung von an sich Möglichem im Konzept der Limitationalität: »Damit ist gemeint, daß gegen an sich Denkmögliches Grenzen (Horizonte) gesetzt werden müssen, damit Operationen produktiv werden können und nicht in die Leere eines ewigen Und-so-weiter auslaufen. Die Formen, in denen solche Limitierungen überzeugen können, hängen mit den Formen der Differenzierung des Gesellschaftssystems zusammen und gewinnen durch diesen Zusammenhang ihre Plausibilität.« N. L., Gesellschaftliche Struktur und semantische Tradition, in: ders., Gesellschaftsstruktur und Semantik, Bd. 1, a.a.O., S. 9–72, hier: S. 40.

[5] Erik Erämetsä, Pionier in der Erforschung der Wortgeschichte der Empfindsamkeit, spricht hier dann auch bezeichnenderweise vom »großen Wirrwarr« – vgl. E. E., Sentimental-sentimentalisch-empfindsam, in: E. Öhmann zu seinem 60. Geburtstag, Helsinki 1954, S. 665.

[6] Gemeint ist: Georg Jäger, Empfindsamkeit und Roman. Wortgeschichte, Theorie und Kritik im 18. und frühen 19. Jahrhundert, Stuttgart 1969.

[7] (annonym), Gedanken über die Gefahr empfindsamer und romanenmäßiger Bekanntschaften, a.a.O., S. 513.

[8] Vgl. ebda.

[9] Das Beispiel ist aus G. Jägers ausführlicher Dokumentation der Wortgeschichte; vgl. G. J., Empfindsamkeit und Roman, a.a.O., S. 33f.

[10] Vgl. ebda, S. 29.

[11] Siehe auch Sauder, Empfindsamkeit Bd. I, a.a.O., S. 5.

[12] Mistelet, Ueber die Empfindsamkeit in Rücksicht auf das Drama, die Romane und die Erziehung (aus dem Französischen von A. Chr. Kayser), Altenburg 1778, S. 1/2.

[13] Johann Chr. Adelung, Ueber den deutschen Styl, 2. u. 3. Tl. (Warnung vor Empfindeley), Berlin 1785, S. 142; hier zitiert nach Jäger, Empfindsamkeit und Roman, a.a.O., S. 25.

[14] Vgl. zur Rezeptionsgeschichte von Goethes Roman: Klaus Scherpe, Werther und

Wertherwirkung, Bad Homburg 1970. Weitere Literatur in: J. W. v. Goethe, Werke in 14 Bdn. (Hamburger Ausgabe), Bd. 6, 10. neubearbeitete Auflage, München 1981, S. 762.

[15] Johann C. Bährens, Ueber den Werth der Empfindsamkeit, Halle 1786, S. 110.

[16] Peter Villaume, Ob und in wie fern bei der Erziehung die Vollkommenheit des einzelnen Menschen seiner Brauchbarkeit aufzuopfern sey? in: J. H. Campe (Hrsg.), Allgemeine Revision des gesamten Schul- und Erziehungswesens von einer Gesellschaft praktischer Erzieher, Hamburg, Wolfenbüttel, Wien, Braunschweig 1785–1792, Teil 3, Hamburg 1785 (unveränderter Nachdruck der Ausgabe Hamburg 1785), Vaduz 1979, S. 435–607, hier: S. 531.

[17] Joachim H. Campe, Ueber Empfindsamkeit und Empfindelei in pädagogischer Hinsicht, Hamburg 1779, S. 33 f.

[18] Zum Konzept einer ›funktionalen Identität‹ siehe: Helmut Dubiel, Wissenschaftsorganisation und politische Erfahrung. Studien zur frühen Kritischen Theorie, Frankfurt 1978, besonders S. 17–24; auch die historischen Arbeiten N. Luhmanns wie die M. Foucaults gehen von diesem Kohärenzkriterium aus: Kommunikationsmedien wie Diskurse bzw. Dispositive gewinnen ihre Konturen letztlich als funktionale Elemente.

[19] Nach Jan Mukařovský ist diese Differenz vor allem in der nicht-pragmatischen, genauer: ent-pragmatisierenden Wirkung der ästhetischen Funktion zu suchen. Über diese Funktion wird der literarische Text aus einem (mehr oder weniger) eindeutigen Verweisungszusammenhang herausgelöst. Er erscheint als ein autonomes, d.h. nicht auf übergeordnete Referenzen verkürztes Kunstwerk. Vgl. J. Mukařovský, Kapitel aus der Ästhetik, Frankfurt ²1974, bes. S. 7 ff.

[20] J. W. v. Goethe, Die Leiden des jungen Werthers, Faksimile der Erstausgabe Leipzig 1774, a.a.O., S. 17.

[21] ebda, S. 19.

[22] ebda, S. 11.

[23] Friedrich Heinrich Jacobi, Eduard Allwills Papiere, Faksimile der erweiterten Fassung von 1776 aus dem ›Teutschem Merkur‹, mit einem Nachwort von H. Nicolai, Stuttgart 1962, S. 87 (fortlaufende Paginierung).

[24] ebda, S. 3.

[25] Jacobi, Woldemar, S. 188.

[26] ebda.

[27] Jacobi, Allwill, S. 77. Auch Werther zeigt eine extreme Mitempfindungsfähigkeit gegenüber seiner Umwelt: ›Und wie sie mich [...] schalt, über den zu warmen Antheil an allem! und daß ich drüber zu Grunde gehen würde! Daß ich mich schonen sollte!‹, Goethe, Werther, S. 59.

[28] Jacobi, Woldemar, S. 52. Wohlgemerkt: Hier geht es nicht um einen Fall von erotischer Leidenschaft, sondern nur – wie man sieht ist über dieses ›nur‹ im 18. Jahrhundert noch nicht entschieden – um eine Freundschaft, allerdings eine in höchster Intensität. Einem heutigen Leser jedoch muß dieser vorgeblich ›begierdelose Zustand‹ (ebda, S. 32) reichlich unglaubwürdig vorkommen!

[29] ebda, S. 20.

[30] ebda, S. 14.

[31] ebda, S. 42.

[32] Goethe, Werther, S. 45.

[33] Jacobi, Allwill, S. 50.

[34] Jacobi, Woldemar, S. 239.

[35] Goethe, Werther, S. 80.

[36] Victor Lange, Die Sprache als Erzählform in Goethes Werther, in: W. Müller-Seidel/W. Preisendanz (Hrsg.), Formenwandel. Festschrift zum 65. Geburtstag von Paul Böckmann, Hamburg 1964, S. 261–273; hier S. 270. Im übrigen ist Lange voll zuzustimmen, wenn er den »zentralen Gegenstand« des Romans im »Problem der Verständigung« sieht; vgl. dazu bes. S. 271f.

[37] Goethe, Werther, S. 75.

[38] Jacobi, Allwill, S. 21.

[39] Rainer Meyer-Kalkus, Werthers Krankheit zum Tode. Pathologie und Familie in der Empfindsamkeit, in: F. A. Kittler/H. Turk (Hrsg.), Urszenen. Literaturwissenschaft als Diskursanalyse und Diskurskritik, Frankfurt 1977, S. 76–139, hier: S. 84.

[40] Umgekehrt ist natürlich auch eine Wechselwirkung seitens der Empfindsamkeit anzunehmen. Extreme Individualisierung, Überwindung von Moral als Formulierungsgrenze etc. liegen ja auch in der Logik einer sich radikalisierenden Empfindsamkeit. Über diesen ›Beitrag‹ der Empfindsamkeit zur »Entstehung der modernen Dichtung« vgl. die schon 1932 gehaltene Rede von R. Alewyn: Die Empfindsamkeit und die Entstehung der modernen Dichtung, Kurzzusammenfassung in der Zeitschrift für Ästhetik und allgemeine Kunstwissenschaft, Jg. 26 (1932), S. 394–395.

[41] Goethe, Werther, S. 83.

[42] Jacob M. R. Lenz, Werke und Schriften, hrsg. v. B. Titel/H. Haug, Bd. I, Stuttgart 1966, S. 383ff., hier: S. 384.

[43] Nicolai, Nachwort zum ›Woldemar‹, a.a.O., S. 1*–19*, hier: S. 11*.

[44] Jacobi, Woldemar, S. 144.

[45] ebda, S. 70.

[46] ebda, S. 58.

[47] Goethe, Werther, S. 91.

[48] Jacobi, Woldemar, S. 158. Schon Friedrich Schlegel in seiner Besprechung der »neuen verbesserten Ausgabe« des Woldemar (Königsberg 1796) sieht hier nur leere Idealität, ohne jede Chance auf Realisierung: »Der allgemeine Ton, der sich über das Ganze verbreitet, und ihm eine Einheit des Kolorits gibt, ist Überspannung; eine Erweiterung jedes einzelnen Objekts der Liebe oder Begierde über alle Grenzen der Wahrheit, der Gerechtigkeit und Schicklichkeit ins unermeßliche Leere hinaus.« F. Schlegel, Charakteristiken und Kritiken I (1796–1801), Kritische F. Schlegel Ausgabe, hrsg. v. E. Behler, Bd. 2, München/Paderborn/Wien 1967, S. 57–77, hier: S. 76.

[49] Jacobi, Woldemar, S. 233.

[50] ebda, S. 234f.

[51] Goethe, Werther, S. 122.

[52] ebda, S. 45.

[53] N. Luhmann, Frühneuzeitliche Anthropologie: Theorietechnische Lösungen für ein Evolutionsproblem der Gesellschaft, in: ders.: Gesellschaftsstruktur und Semantik, Bd. 1; a.a.O., S. 162–235, hier: S. 229.

[54] Jacobi, Allwill, S. 105 (Hervorhebung N. W.).

[55] ebda.

[56] Goethe, Werther, S. 15.

[57] Entsprechend sein Verhältnis zur Arbeit: jegliche fremdbestimmte Arbeit ist ihm unmöglich: »Und ein Kerl, der um anderer willen, ohne daß es seyne eigene Leidenschaft ist, sich um Geld, oder Ehre, oder sonst was, abarbeitet, ist immer ein Thor.« ebda, S. 70.

[58] Goethe, Werther, S. 100.

[59] Johann Gottfried Herder, Liebe und Selbstheit. Ein Nachtrag zum Briefe des Dr. Hemsterhuis über das Verlangen (1782), in: Herders Sämmtliche Werke, hrsg. v. B. Suphan, Bd. 15, Berlin 1888, S. 304ff., hier: S. 320.

[60] ebda, S. 321.

[61] ebda, S. 305.

[62] ebda, S. 322.

[63] Vgl. Goethe, Werther, z.B. S. 85.

[64] Gesteigerte Individualität, Anspruch auf Einzigartigkeit etc. erzwingt den Selbstausschluß aus der geselligen Gemeinschaft: »Bezweifelt wird nicht das Freundschaftsideal als solches, sondern seine praktische Funktionsfähigkeit, seine behauptete absolute sozial-integrative Leistungsfähigkeit angesichts differenzierterer psychischer Realität.« Eckhard Meyer-Krentler, ›Kalte Abstraktion‹ gegen ›versengte Einbildung‹. Destruktion und Restauration aufklärerischer Harmoniemodelle in Goethes Leiden und Nicolais Freuden des jungen Werthers, in: DVjs 56 (1982), S. 65–91, hier: S. 72.

[65] Vgl. dazu N. Luhmann, Liebe als Passion, a.a.O., S. 123 ff. (Kapitel 10: Auf dem Wege zur Individualisierung: Gärungen im 18. Jahrhundert).

[66] Daß die gesamte Gesellschaft in Richtung auf eine gesteigerte empfindsame Geselligkeit verändert werden könnte – das ist hier schon längst kein Thema mehr!

[67] Goethe, Werther, S. 89.

[68] ebda, S. 15. Eine Erfahrung, die auch Woldemar erleidet: »Ich erfuhr, daß ich ein Herz im Busen trug, welches mich von allen Dingen schied« und » ... aber ich glaubte zu sehen, daß überhaupt die Menschen im Grunde keinen rechten Sinn für einander haben.« Jacobi, Woldemar, S. 126 f.

[69] Vgl. dazu: G. Sauder, Subjektivität und Empfindsamkeit im Roman, in: Sturm und Drang. Ein literaturwissenschaftliches Studienbuch, hrsg. v. W. Hinck, Kronberg/Ts. 1978, S. 163–175, hier bes. S. 166.

[70] Max Diez, The Principle of the Dominant Metaphor in Goethe's Werther, in: PMLA, LI (1936), S. 821–841 und S. 985–1006; hier: S. 1004.

[71] Miller, Der empfindsame Erzähler, a.a.O., S. 212.

[72] M. Foucault spricht dann auch treffend von den Philantropen als »Verbindungsagenten« – vgl. M. F., Macht und Körper. Ein Gespräch mit der Zeitschrift ›Quel Corps?‹, in: ders., Mikrophysik der Macht. Über Strafjustiz, Psychiatrie und Medizin (= Internationale Marxistische Diskussion 61), Berlin 1976, S. 99–108; hier bes. S. 93.

[73] P. Villaume, Etwas über die Empfindsamkeit, in: Halberstädtische gemeinnützige Blätter, 44. Stück, den 25. Februar 1785, S. 344.

[74] Die Kritik geht dabei feinsinniger vor als angesichts ihres popular-philosophischen Duktus zu erwarten wäre. J. A. Eberhard sieht in der unkontrollierten Selbstevidenz positiver Gefühle als dem »neue(n) Naturrecht der Empfindsamkeit« den Grund für die Mißachtung sozialer Konvention: »Die Empfindsamkeit will, daß alles nach einem blinden Gefühle entschieden werde, und dieses sieht die Gegenstände in den ihm eigenen Lichte. Blind gegen die Rechte der Menschen, die seinem schwachen Blicke nicht einleuchten, gegen die Vortheile und Nachtheile, die von seinem Kreise zu entfernt liegen, entscheidet es nach launischem Haß und eigensinniger Liebe; hat einen falschen Maaßstab, und wendet ihn aufs Geradewohl an.« J. A. Eberhard, Nachschrift über den sittlichen Werth der Empfindsamkeit, in: J. C. Bährens, Über den Werth der Empfindsamkeit besonders in Rücksicht auf die Romane, a.a.O., S. 127 f.

[75] Villaume, Etwas über die Empfindsamkeit, a.a.O., S. 341.

[76] ebda, S. 342.

[77] Vgl. N. Luhmann, Frühneuzeitliche Anthropologie: Theorietechnische Lösungen für ein Evolutionsproblem der Gesellschaft, a.a.O., S. 179 ff.

[78] J. H. Campe, Von der nöthigen Sorge für die Erhaltung des Gleichgewichts unter den menschlichen Kräften. Besondere Warnung vor dem Modefehler die Empfindsamkeit

zu überspannen, in: Allgemeine Revision des gesamten Schul- und Erziehungswesens..., a.a.O., S. 291–434; hier: S. 413. An gleicher Stelle die natürlich nur rhetorische Frage – andernfalls hätte sich ja der Pädagoge selbst überflüssig gemacht –, ob man dieses Problem einer richtig proportionierten Empfindsamkeit nicht sich selbst überlassen kann, ob man die Ausbildung der Empfindsamkeit nicht »dem Zufalle und den unvermeidlichen Eindrücken überlassen (sollte), welche das in Gesellschaft verfeinerter Menschen aufwachsende Kind ohne unser Zuthun erhalten wird?« Die Antwort verweist auf eine zu weit fortgeschrittene »Verweichlichung«: es gibt zuviel, was den »Menschen weich, schwach und ungebührlich reizbar« (S. 416) macht. Bei so viel Sorge scheint die ›Professionalisierung‹ des Problems nichts weniger als zwangsläufig!

[79] ebda, S. 411.

[80] J. H. Campe, Ueber Empfindsamkeit und Empfindelei in pädagogischer Hinsicht, Hamburg 1779, S. 20.

[81] ebda, S. 21.

[82] P. Villaume, Ob und in wie fern bei der Erziehung die Vollkommenheit des einzelnen Menschen seiner Brauchbarkeit aufzuopfern sey?, a.a.O., S. 577.

[83] Auffällig ist – und das ist zugleich ein Beweis dafür, daß man trotz aller Kritik von den Prämissen der Empfindsamkeit her argumentiert –, daß die Erfüllung des privaten Glücks ausdrücklich von der Schelte ausgespart bleibt.

[84] Campe, Von der nöthigen Sorge..., a.a.O., S. 410.

[85] ebda, S. 424.

[86] So Michael Wolf, System und Subjekt. Aufbau und Begrenzung von Subjektivität durch soziale Strukturen, Frankfurt 1977. Wolf unternimmt in seiner Arbeit den Versuch, aus strukturellen Erfordernissen des (kapitalistischen) Gesellschaftssystems die Herausbildung moderner Subjektstrukturen und ihre (typische) Realisation im sozialen Alltag abzuleiten. Begriffe wie ›Person‹, ›Individuum‹, ›Subjektivität‹, ›Charakter‹ etc. stehen demnach nicht für Substanzen oder evolutionäre ›Errungenschaften‹, sondern repräsentieren eine für den Bestand und das Funktionieren der Gesellschaft funktionale Bestimmung menschlicher Natur. – Soweit teilt auch diese Arbeit die Wolfsche Prämisse, wonach personale und interaktionale Strukturen nicht mehr aus einer ›humanizistischen‹ Perspektive rekonstruiert werden. Allerdings scheint Skepsis angebracht, wenn, wie hier nicht zu übersehen, das ökonomische System zur zentralen Referenzgröße überdehnt wird: In langen Ableitungsketten führt man dann den Untersuchungsgegenstand auf eine vorgängige Realität zurück.

[87] Ganz im Gegensatz zur passionierten Liebe. Dort fällt man in einen gewissen Zustand der Unzurechnungsfähigkeit (»Liebe macht blind«) und gerade in diesem Zustand, der den Blick für die Realität trübt, gewinnt der Liebende – zumindest für eine gewisse Zeit – Abstand von gesellschaftlicher Konvention, ist er von der Verantwortung für sein Handeln entlastet.

[88] Vgl. Villaume, Etwas über die Empfindsamkeit, a.a.O., S. 342.

[89] Fehlende Selbstbeherrschung ist dann auch umgekehrt bereits ein Symptom für eine falsche und kranke Empfindsamkeit; vgl. Eberhard, Nachschrift über den sittlichen Werth der Empfindsamkeit, a.a.O., S. 133.

[90] Die hier sichtbare Interdependenz zwischen einem moralischen und medizinischen Vokabular in der wissenschaftlichen Beschreibung des menschlichen Körpers bestätigt die von M. Foucault aufgedeckte Allianz von Moral und Medizin im letzten Drittel des 18. Jahrhunderts. Jener »innere Körper«, der die empfangenen sinnlichen Reize zu verarbeiten hat »ist der Ort, an dem sich eine bestimmte Art den Körper vorzustellen und seine inneren Bewegungen zu entziffern, und eine bestimmte Art

moralische Werte hineinzulegen, treffen.« M. Foucault, Wahnsinn und Gesellschaft. Eine Geschichte des Wahns im Zeitalter der Vernunft, Frankfurt ²1977, S. 299.

[91] Campe, Von der nöthigen Sorge..., a.a.O., S. 411.

[92] ebda, S. 412f.

[93] Klaus Dörner, Bürger und Irre. Zur Sozialgeschichte und Wissenschaftssoziologie der Psychiatrie, Frankfurt 1975, S. 72.

[94] M. Foucault, Recht der Souveränität/Mechanismus der Disziplin. Vorlesung vom 14. Januar 1976, in: ders., Dispositive der Macht. Über Sexualität, Wissen und Wahrheit, Berlin 1978, S. 75–96; hier: S. 94.

[95] So der für M. Foucaults Arbeiten zentrale Begriff. Vgl. (z.B.) ebda, S. 81.

[96] Campe, Ueber Empfindsamkeit und Empfindelei in pädagogischer Absicht, a.a.O., S. 38f.

[97] Diese Debatte um das (zuviele) Lesen – nur eine Neuauflage des z.B. auch wieder gegen Ende des 19. Jahrhunderts (›Schundliteratur‹) aufgelegten Für und Wider um das Lesen – ist ausführlich behandelt in folgenden Arbeiten: G. Erning, Das Lesen und die Lesewut, Beiträge zu Fragen der Lesergeschichte; dargestellt am Beispiel der schwäbischen Provinz, Bad Heilbronn 1974; D. v. König, Lesesucht und Lesewut, in: Buch und Leser, Vorträge des 1. Jahrestreffens des Wolfenbütteler Arbeitskreises für die Geschichte des Buchwesens, H. G. Göpfert (Hrsg.), Hamburg 1977, S. 89–125; Jaeger, Empfindsamkeit und Roman, a.a.O. und R. Schenda, Volk ohne Buch. Studien zur Sozialgeschichte der populären Lesestoffe 1770–1910, Frankfurt 1970, bes. S. 50ff.

[98] Zur wissenschaftlichen Lehrmeinung der Zeit vgl. Dörner, Bürger und Irre, a.a.O., S. 38.

[99] Um nur eine Stimme zu zitieren: »Die Sympathie des Weibes [...] befindet sich gleichsam in einer fortwährenden Vibration, und empfängt alle Eindrücke mit einer blitzschnellen Leichtigkeit und Reizbarkeit. Ihr Gefühl reißt sie hin...« So Carl F. Pockels, der Frauenkenner in seinem Buch über den Mann: Der Mann. Ein anthropologisches Charaktergemälde seines Geschlechts. Ein Gegenstück zu der Charakteristik des weiblichen Geschlechts, 4 Bde, Hannover 1806; hier: Bd. 2, S. 343.

[100] J. H. Campe, Robinson der Jüngere. Ein Lesebuch für Kinder, (Erstdruck Hamburg 1779), Faksimile der 58(!) Auflage Braunschweig 1860 Dortmund 1978, S. VIII.

[101] ebda.

[102] Zur Gattungsgeschichte der Robinsonaden vgl. Jürgen Fohrmann, Abenteuer und Bürgertum. Zur Geschichte der deutschen Robinsonaden im 18. Jahrhundert, Stuttgart 1981, bes. S. 122ff. (›Erziehung als Substitut des Abenteuers – die Robinsonade als Kinderbuch‹).

[103] Campe, Robinson der Jüngere, a.a.O., S. VIIIf.

[104] J. H. Campe, Väterlicher Rath für meine Tochter, in: ders., Sämmtliche Kinder- und Jugendschriften, Ausgabe letzter Hand, 29 Bdchen, Braunschweig 1809; hier zitiert nach v. Dominik, Lesesucht und Lesewut, a.a.O., S. 98.

[105] Karin Hausen, Die Polarisierung der ›Geschlechtscharaktere‹ – Eine Spiegelung der Dissoziation von Erwerbs- und Familienleben, in: Sozialgeschichte der Familie in der Neuzeit Europas. Neue Forschungen hrsg. v. W. Conze (= Industrielle Welt. Schriftenreihe des Arbeitskreises für moderne Sozialgeschichte Bd. 21) Stuttgart 1976, S. 363–393, hier: S. 369f.; im übrigen eignet sich die neue Kinderliteratur auch als Medium der Popularisierung des neuen Frauenbildes. Vgl. dazu die bereits erwähnte Arbeit von S. Bovenschen, Die imaginierte Weiblichkeit, a.a.O., S. 161ff.

[106] Sintenis, Das Buch für Familien, a.a.O., S. 37.

[107] D. M. Roussel, Physiologie des weiblichen Geschlechts, (aus dem Französischen von

C. F. Michaelis), Berlin 1786, S. 29. An gleicher Stelle eine Definition des Weiblichen, deren Begrifflichkeit gleichzeitig Charaktereigenschaften wie (empfindsame) Interaktionsregulative anführt: »Warmes Gefühl, rührendes Mitleiden, wohltätige Theilnehmung, zärtliche Liebe, sind lauter Empfindungen, die dem schönen Geschlechte eigen sind und welche es auch selbst bei anderen öfters erweckt.«

[108] Sämmtliche Attribute entstammen K. Hausens Artikel; sie repräsentieren die typischen Merkmalkatalog des weiblichen Geschlechtscharakters wie ihn Lexika und ähnliches Material der Zeit definieren.

[109] Sintenis, Das Buch für Familien, a.a.O., S. 36.

[110] Pockels, Der Mann, a.a.O., S. 339.

[111] Hausen, Die Polarisierung der Geschlechtscharaktere, a.a.O., S. 378.

[112] Villaume, Etwas über die Empfindsamkeit, a.a.O., 390f.

[113] ebda.

[114] Foucault, Überwachen und Strafen, a.a.O., S. 278f.

[115] Campe, Von der nöthigen Sorge für die Erhaltung des Gleichgewichts..., a.a.O., S. 306.

[116] Manfred Frank, Das Sagbare und das Unsagbare. Studien zur neuesten französischen Hermeneutik und Texttheorie, Frankfurt 1980, S. 11.

[117] Dafür nur zwei – zugegeben schon sehr polemische – Kommentare: es geht weniger um einen vollständig-repräsentativen Überblick über diese Kritik am Strukturalismus und – noch mehr – Poststrukturalismus als um das Herausstellen mehr oder weniger typischer Vorwürfe. Jean Améry sieht so z.B. in Foucaults Schriften eine »nachgerade terroristische Offensive gegen die klassische Aufklärung«, ja Foucault sei sogar der (fast schon) Urvater alles Bösen, der »Erzvater aller wuchernden anarchistischen Anthropologien«. J. A., Neue Philosophie oder alter Nihilismus. Politisch-Polemisches über Frankreichs enttäuschte Revolutionäre, in: Der neue Irrationalismus, (= Literaturmagazin 9), hrsg. v. N. Born u.a., Reinbek 1978, S. 52–66, hier: S. 57; Wilfried Gottschalch macht es sich noch einfacher: ihm ist Foucaults Philosophie schlichtweg »irrational« und »obskur«... W. G., Foucaults Denken – eine Politisierung des Urschreis?, ebda, S. 66-74, hier: S. 66.

[118] Ein sehr gemäßigter Anti-Konventionalismus zwischen dem Preislied auf die (richtige) Blue Jeans, dem hohen Lob auf die Arbeiter-Brigade und einer scheinbar verunglückten Liebe, das ganze dann noch im Jugend-Slang – und fertig wär' die Kurzformel für Ulrich Plenzdorfs ›Die neuen Leiden des jungen W.‹, Frankfurt 1975 (Erstausgabe Rostock 1973).

[119] Ernesto Laclau, Diskurs, Hegemonie und Politik. Betrachtungen über die Krise des Marxismus, in: W. F. Haug (Hrsg.), Neue soziale Bewegungen und Marxismus, Berlin 1982, hier zitiert nach: C. Albert, Diskursanalyse in der Literaturwissenschaft, a.a.O., S. 550.

[120] Man kann, wie z.B. M. Frank, auf der Anarchie des Individuums insistieren oder doch zumindest mit ihr sympatisieren und daran festhalten wollen, daß die Ordnung des Systemischen niemals die volle, noch allerkleinste Aktualisierungen determinierende Kontrolle innehat: »Die Abweichung mag minimal sein. Es genügt, daß sie niemals gleich Null ist«. M. F., Das Sagbare und Unsagbare, a.a.O., S. 10; Doch Vorsicht scheint geboten gegenüber diesem Argumentationsversuch zugunsten eines – vielleicht ja doch – schöpfungsmächtigen Individuums: Dem Idealismus geschichtsphilosophischer Subjektphilosophie kann der kleinste Türspalte groß genug sein. Bevor man wieder zum ›Dennoch‹ übergeht und in der Aufwertung des »subjektiven Faktors« Zuflucht sucht, sollte man sich zuerst über die besonderen politischen und kritischen Möglichkeiten der Diskursanalyse verständigen.

[121] Erinnert sei nur an die hier geprägte Vorstellung von einem natürlichen Subjekt, das ganz in seiner ursprünglichen Güte, Friedfertigkeit und Zuwendung zum Mitmenschen aufgeht, an den Glauben an eine reine Form der Geselligkeit, die, allen ›weltlichen‹ Formen überlegen, nur einer Gleichheitsmoral und selbstlosen Sympathie verpflichtet ist oder auch an das Bild einer wahren, vollkommen verlustfreien Privat-Kommunikation, in der man sich ohne Gefahr des Miß-Verstehens in seiner ›Natürlichkeit‹ austauscht. Alles zweifellos schöne Mythen, jedoch sprach schon Walter Scott – gemünzt auf die Helden der Richardsonschen Romane – von ›fehlerfreien Ungeheuern‹…

[122] Vgl. zu den grundbegrifflichen Problemen wie produktiven Chancen einer genealogischen Diskursanalyse: Harro Müller/Nikolaus Wegmann, Tools for a Genealogical Literary Historiography, Poetics 14 (1985), S. 229–241.

[123] Vgl. Bruckner/Finkielkraut, Das Abenteuer gleich um die Ecke, a.a.O., S. 89ff., hier S. 102.

[124] Sennett, The Fall of Public Man, a.a.O., S. 259.

[125] Seit den 80er Jahren mehren sich die Stimmen, die das Ende, mindestens aber das Abklingen der Empfindsamkeit behaupten, jedoch bleiben einschlägige Schriften, die sich schon in ihrem Titel der verkaufsfördernden Werbung der Empfindsamkeit bedienen, am Markt. Vgl. dazu die vollständige Liste aller Titel, die den Begriff der Empfindsamkeit (oder davon abgeleitete) aufgenommen haben in: Jäger, Empfindsamkeit und Roman, a.a.O., S. 36.

[126] Friedrich Sengle, Biedermeierzeit: Deutsche Literatur im Spannungsfeld zwischen Restauration und Revolution 1815–1848, Bd. 1 (Allgemeine Voraussetzungen, Richtungen, Darstellungsmittel), Stuttgart, 1971, S. 239.

[127] ebda, S. 240.

[128] ebda.

[129] Mit einer Ausnahme jedoch: die Lehre von den supplementären Geschlechtscharakteren dürfte im gesamten Verlauf des 19. Jahrhunderts – nicht zuletzt durch die Vermittlung der Schule – an Bedeutung gewinnen.

[130] Friedrich D.E. Schleiermachers Werke, Auswahl in vier Bdn, hrsg. v. O. Braun, Leipzig 1927, Bd. 2, S. 3ff.

[131] Karl W. Solgers Briefwechsel, Bd. I, zitiert nach: Lebenskunst, hrsg. v. Paul Kluckholm (= DLE Reihe Romantik Bd. 4), Reprint der Ausgabe Leipzig Darmstadt 1966, S. 120.

[132] Vgl. zur Funktionsbestimmung der Literatur als ein Medium zur Tradierung nicht wirklich gewordener Möglichkeiten: W. Lepenies, Der Wissenschaftler als Autor. Über konservierende Funktionen der Literatur, in: Akzente 2 (1978), S. 129ff.

[133] Gewinner ist dann auch vor allem eine eigene Wissenschaft von der Gesellschaft, deren Reflexion mit sehr viel weniger moralischen Prämissen auskommt und dieses ›weniger‹ durch ein schnell wachsendes ›mehr‹ an theoretischem Wissen und Flexibilität sowie nicht zuletzt durch eine viel explizitere Öffnung zur Politik – dem der Diskurs der Empfindsamkeit nichts entgegenzusetzen hat – mehr als ausgleicht.

[134] Daniel Jenisch, Geist und Charakter des achtzehnten Jahrhunderts, politisch, moralisch, ästhetisch und wissenschaftlich betrachtet, Erster Theil, Berlin 1800, S. 351.

[135] Hohendahl, Der europäische Roman der Empfindsamkeit, a.a.O., S. 87.

[136] Otto Roquette, Das Zeitalter der Empfindsamkeit, in: Vossische Zeitung Nr. 219, Berlin 10. 5. 1896, Sonntagsbeilage 19, S. 3ff. und Beilage 20, S. 4ff., hier Nr. 19, S. 4.

[137] Edmund Kamprath, Das Siegwartfieber. Culturhistorische Skizzen aus den Tagen unserer Grossväter (= Programm des K. K. Staats-Ober-Gymnasiums zu Wiener

Neustadt am Schlusse des Schuljahres 1876/77), Wiener Neustadt 1877, S. 1–26, hier S. 26.

[138] Luke Rhinehart, The Dice Man, o.O., ⁸1977, S. 431.

LITERATURVERZEICHNIS

Primärliteratur

Abbt, Thomas, Vom Verdienste, Faksimile der 2. Auflage Goslar und Leipzig 1766 (Skriptor Reprints, Sammlung 18. Jahrhundert), Königstein/Ts. 1978

Adelung, Johann C., Ueber den deutschen Styl, 2. und 3. Theil (Warnung vor Empfindeley) Berlin 1785

Allgemeines Landrecht für die Preußischen Staaten von 1794, Textausgabe Frankfurt/Berlin 1970

Anonym, Gedanken von der Zärtlichkeit, in: Der Freund, Bd. 2, 45. Stück, Anspach 1755, S. 695–714

Atzel, J.J., Ideal eines teutschen Gartens, in: Wirtembergisches Repertorium, 3. Stück 1783, S. 394ff

Berghofer, Amand, Schriften, Wien 1783

Beyer-Fröhlich, Marianne, Empfindsamkeit, Sturm und Drang (= Deutsche Literatur in Entwicklungsreihen DLE, Reihe deutsche Selbstzeugnisse Bd. 9) Leipzig 1936

Brecht, Bertolt, Arbeitsjournal, hrsg. v. W. Hecht, 2 Bde. Frankfurt 1974

Buchwitz, J.L., Betrachtung über die Liebe, Berlin und Potsdam 1754

Campe, Joachim Heinrich, Robinson der Jüngere. Ein Lesebuch für Kinder Faksimile der 58. Auflage Braunschweig 1860, Dortmund 1978

ders., Ueber die Empfindsamkeit und Empfindelei in pädagogischer Hinsicht, Hamburg 1779

ders., Sämmtliche Kinder und Jugendschriften, Ausgabe der letzten Hand 29. Bändchen, Braunschweig 1809

ders., Von der nöthigen Sorge für die Erhaltung des Gleichgewichts unter den menschlichen Kräften. Besondere Warnung vor dem Modefehler die Empfindsamkeit zu überspannen, in: Allgemeine Revision des gesamten Schul- und Erziehungswesens von einer Gesellschaft praktischer Erzieher, hrsg. von J.H. Campe, Hamburg/Wolfenbüttel/Wien/Braunschweig 1785–1792, Teil 3 Hamburg 1785 (Faksimile der Ausgabe Hamburg 1785) Vaduz 1979, S. 291–435

Eberhard, Johann August, Nachschrift über den sittlichen Werth der Empfindsamkeit in: Johann Christoph Bährens, Ueber den Werth der Empfindsamkeit besonders in Rücksicht auf die Romane, Halle 1780, S. 117–142

›F‹, (Zeichen und Mittellehre der Zärtlichkeit), in: Der Gesellige. Eine Moralische Wochenschrift, III Theil, 129. Stück, Halle 1749, S. 273–278

Faret, Nicolas, L'Honneste homme ou l'art de plaire à la court, Paris 1634

Gellert, Christian Fürchtegott, Briefe nebst einer praktischen Abhandlung von dem guten Geschmacke in Briefen, Leipzig 1751

ders., Gedanken von einem guten deutschen Briefe, an den Herrn F.H.v.W. – in: Belustigungen des Verstandes und des Witzes. Et prodesse volunt & delectare. – Horat. Auf das Jahr 1742, hrsg. v. J.J. Schwabe, Leipzig

ders., Epistolographische Schriften, Faksimile der Ausgabe von 1751 (= Reihe Deutsche Neudrucke, Texte des 18. Jahrhunderts), hrsg. u. mit einem Nachwort von R.M.G. Nickisch, Stuttgart 1971

ders., Die Schwedische Gräfin von G***, hrsg. u. mit einem Nachwort von J.U. Fechner, Stuttgart 1975

ders., Die zärtlichen Schwestern, hrsg. v. H. Steinmetz, Stuttgart 1975

ders., Abhandlung über das rührende Lustspiel, übersetzt aus dem Lat. v. G.E. Lessing, im Anhang zu: ders., Die zärtlichen Schwestern, S. 117–137

ders., Sämmtliche Schriften (5. und 6. Theil), unveränderter Nachdruck der Ausgabe Leipzig 1769–1770, Hildesheim 1968

Goethe, Johann W., Die Leiden des jungen Werther, Faksimile der Erstausgabe von 1774, Osnabrück 1971

ders., Werke (Hamburger Ausgabe) hrsg. v. E. Trunz, Hamburg 1960

Gottsched, Johann C., Der Biedermann, Faksimile der Ausgabe Leipzig 1727–1729 (Reihe Deutsche Neudrucke) hrsg. v. W. Martens, Stuttgart 1975

Gracian, Balthasar, Handorakel, nach der Übersetzung von A. Schopenhauer, Leizpig o.J.

Heinse, Wilhelm, Ardinghello und die glückseligen Inseln, Berlin o.J.

Heinsius, Theodor, Volkstümliches Wörterbuch der deutschen Sprache, Hannover 1818

Hennings, August, Über Baummalerei, Garten Inschriften, Clumps und Amerikanischen Anpflanzungen, in: Genius der Zeit, Jg. 1797, S. 10–43

Herder, Johann Gottfried, Liebe und Selbstheit. Ein Nachtrag zum Briefe des Dr. Hemsterhuis über das Verlangen (1782), in: Herders Sämmtliche Werke, hrsg. v. B. Suphan, Bd. 15, Berlin 1888, S. 304ff

Heumann, Christian A., Der politische Philosophus. Das ist vernunfftmäßige Anweisung zur Klugheit im gemeinen Leben, Faksimile der Ausgabe Franckfurt und Leipzig 1724 (= Athenäum Reprints), Frankfurt 1972

Hirschfeld, Christian C.L. Theorie der Gartenbaukunst, Faksimile der Ausgabe Leipzig 1779, Hildesheim/New York 1973

ders., Das Landleben, dritte verbesserte Auflage Leipzig 1771

Hume, David, An Abstract of a Treatise of Human Nature, in: ders., An Inquiry Concerning Human Understanding, ed. by C.W. Hendel, Indianapolis/New York, S. 181–198

Hutcheson, F., Untersuchungen unsrer Begriffe von Schönheit und Tugend in zwo Abhandlungen, übersetzt v. J.H. Merck, Frankfurt und Leipzig 1762

Iffland, C.P., Ueber die Empfindsamkeit. Ein Fragment einer Abhandlung über die heroischen Tugenden, in: Hannoverisches Magazin, 21. und 22. Stück, Montag, den 13ten und Freytag, den 17ten März 1775, S. 321–336 und S. 337–340

Iris, Vierteljahresschrift für Frauenzimmer, hrsg. v. J.G. Jacobi, Düsseldorf 1774

Irwing, Karl Franz v., Erfahrungen und Untersuchungen über den Menschen, Berlin ²1777–1785

(J), Gedanken über die Gefahr empfindsamer und romanenmäßiger Bekanntschaften, in: Hannoverisches Magazin, 16. Jg. vom Jahre 1778, Hannover 1779, 33. und 34. Stück, Sp. 513–530

Jacobi, Friedrich Heinrich, Woldemar. Eine Seltenheit aus der Naturgeschichte, Faksimile nach der Erstausgabe von 1779, (Deutsche Neudrucke) Stuttgart 1969

ders., Eduard Allwills Papiere, Faksimile der erweiterten Fassung von 1776 aus C.M. Wielands ›Teutschem Merkur‹ (= Sammlung Metzler), Stuttgart 1962

Jenisch, Daniel, Geist und Charakter des achtzehnten Jahrhunderts, politisch, moralisch, ästhetisch und wissenschaftlich betrachtet, Theil I, Berlin 1800

Jenny von Voigts an Fürstin Luise von Anhalt-Dessau, aus: William und Ulrike Scheldon: Im Geist der Empfindsamkeit. Freundschaftsbriefe der Mösertochter Jenny von Voigts an die Fürstin Luise von Anhalt-Dessau 1780–1808, Osnabrück 1971 (= Osnabrücker Geschichtsquellen und Forschungen, hrsg. v. Verein für Geschichte und Landeskunde Osnabrück), S. 51 ff

Kamprath, Edmund, Das Siegwartfieber. Culturhistorische Skizzen aus den Tagen unserer Grossväter (= Programm des K.K. Staats-Ober-Gymnasiums zu Wiener Neustadt am Schlusse des Schuljahres 1876/77), Wiener Neustadt 1877, S. 1–26

Klopstock, Friedrich G., Von der Freundschaft, in: ders., Ausgewählte Werke, hrsg. v. V.A. Schleiden, München 1962

Küster, K.D., Artikel ›Empfindsam‹ in: ders., Sittliches Erziehungs-Lexicon (...) 1. Probe, Magdeburg 1773

Lawätz, Heinrich Wilhelm, Versuch über die Temperamente, Hamburg 1777

Lebenskunst, hrsg. v. P. Kluckhohn (= DLE Reihe Romantik Bd. 4), Reprint der Ausgabe Leipzig 1936, Darmstadt 1966

Lenz, Jakob M.R., Briefe über die Moralität der Leiden des jungen Werther, hrsg. v. L. Schmitz-Kallenberg, Münster i. W. 1918

Lessing, G.E., Werke in drei Bänden, hrsg. v. K. Wölfel, Frankfurt 1967

ders., Briefwechsel mit Mendelssohn und Nicolai über das Trauerspiel, hrsg. v. R. Petsch, Darmstadt 1967

Lichtenberg, Georg C., Schriften und Briefe, hrsg. v. W. Promies, München 1968

Locke, John, Essay Concerning Human Understanding, ed. by A.C. Fraser, Oxford 1894

Maaß, J.G.E., Versuch über die Leidenschaften, Halle und Leipzig 1805

Mendelssohn, Moses, Ueber die Empfindungen, in: Gesammelte Schriften, Jubiläumsausgabe, bearb. v. F. Bamberger, Faksimile der Ausgabe Berlin 1929, Bd. 1, S. 41–125

Miller, Johann Martin, Siegwart. Eine Klostergeschichte, Faksimile der Ausgabe von 1776 (Deutsche Neudrucke), Stuttgart 1971

Mistelet, Ueber die Empfindsamkeit in Rücksicht auf das Drama, die Romane und die Erziehung (aus dem Französischen v. A.C. Kayser) Altenburg 1778

Möser, Justus, Anwalt des Vaterlands. Ausgewählte Werke, Leipzig und Weimar, S. 287–290

Müller, A.Fr., Balthasar Gracians Oracul, Das man mit sich führen, und stets bey der Hand haben kan. Das ist: Kunst-Regeln der Klugheit, Leipzig ²1733

Naumann, Christian Nicolaus, Von der Zärtlichkeit, Erfurt 1753

Nietzsche, Friedrich, Werke in drei Bänden, hrsg. v. K. Schlechta, München ⁸1977

ders., Kritische Gesamtausgabe, hrsg. v. G. Colli und M. Montinari, Berlin 1967

Ockel, Ernst Friedrich, Ueber die Sittlichkeit der Wollust, Mietau, Hasenpoth und Leipzig 1772

Päschke, Karl Ludwig, Vorbereitung zu einem populären Naturrechte, Königsberg 1795

Plenzdorf, Ulrich, Die neuen Leiden des jungen W., Frankfurt 1975

Pockels, Carl F., Der Mann. Ein anthropologisches Charaktergemälde seines Geschlechts. Ein Gegenstück zu der Charakteristik des weiblichen Geschlechts, 4 Bde, Hannover 1806

ders., Materialien zu einem analytischen Versuche über die Leidenschaften, in: C.Ph. Moritz, Magazin zur Erfahrungsseelenkunde, Bd. V, 3, 1787, Berlin 1787, S. 52–56

Reichs-Abschiede, Neue und vollständige Sammlung der Reichs-Abschiede (...) in Vier Theilen (...), Franckfurt am Mayn 1747

Rhinehart, Luke, The Dice Man, o. O., ^{8}1977

Ringeltaube, Michael, Von der Zärtlichkeit, Breslau und Leipzig 1765

La Roche, Sophie v., Geschichte des Frl. v. Sternheim, hrsg. v. F. Brüggemann (= DLE Reihe Aufklärung Bd. 14) Reprint der Ausgabe Leipzig 1938, Darmstadt 1964

Roquette, Otto, Das Zeitalter der Empfindsamkeit, in: Vossische Zeitung Nr. 219, Berlin 10.5.1896

Rousseau, Jean Jaques, Julie oder die neue Heloise. Briefe zweier Liebenden aus einer kleinen Stadt am Fuße der Alpen, mit Anmerkungen und einem Nachwort von R. Wolff, München o. J.

ders., Schriften, 2 Bde, hrsg. v. H. Ritter, München/Wien 1978

Salzmann, Johann D., Kurze Abhandlungen über einige wichtige Gegenstände aus der Religions- und Sittenlehre, Faksimile der Erstausgabe von 1776, Stuttgart 1966

Schaubert, J.C., Anweisungen zur Regelmäßigen Abfassung Teutscher Briefe, Jena 1751

Schlegel, Friedrich, Charakteristiken und Kritiken I (1796–1801), Kritische F. Schlegel Ausgabe, hrsg. v. E. Behler, Bd. 2, München/Paderborn/Wien 1967

Schleiermacher, Friedrich E.D., Werke in vier Bänden, hrsg. v. O. Braun und J. Bauer (Nachdruck der 2. Auflage Leipzig 1928), Aalen 1967

Schmidt, Michael I., Die Geschichte des Selbstgefühls, Frankfurt und Leipzig 1772

Shaftesbury, A. Earl of, Characteristics of Men, Manners, Opinions, Times, ed. by J.M. Robertson, Indianapolis/New York 1964

Sintenis, Christian Friedrich, Das Buch für Familien. Ein Pendant zu den Menschenfreunden, Wittenberg und Zerbst 1779

Stendhal, Über die Liebe, Frankfurt 1979

Stockhausen, Johann C., Grundsätze wohleingerichteter Briefe, Helmstedt 1751

Sulzer, Johann Georg, Allgemeine Theorie der schönen Künste (...), zweyte vermehrte Auflage, Leipzig 1793

Thomasius, Christian, Erfindung einer (...) Wissenschaft, Das Verborgene des Herzens anderer Menschen auch wider ihren Willen aus der täglichen Konversation zu erkennen, in: F. Brüggemann (Hrsg.), Aus der Frühzeit der Aufklärung (= DLE, Reprint der Ausgabe von 1928), Darmstadt 1966, S. 61–80

Tiedemann, Dietrich, Aphorismen über die Empfindnisse, in: Deutsches Museum 1777, (II), S. 505–519

Villaume, Peter, Ob und in wie fern bei der Erziehung die Vollkommenheit des Menschen seiner Brauchbarkeit aufzuopfern sey? in: Allgemeine Revision des gesamten Schul- und Erziehungswesens von einer Gesellschaft praktischer Erzieher, hrsg. v. J.H. Campe, Reprint der Ausgabe Hamburg 1785, Vaduz 1979, S. 435–616 ders., Etwas über die Empfindsamkeit, in: Halberstädtische Blätter, Jg. 1, 44. Stück und 50. Stück, Halberstadt 1785, S. 341–348 und 389–396

(Vogel, F.C.W.), Kurze Theorie der empfindsamen Gartenkunst, oder Abhandlung von denen Gärten nach dem heutigen Geschmack, Leipzig 1786

Weise, Christian, Politischer Redner: das ist kurtze und eigentliche Nachricht, wie ein sorgfältiger Hofmeister seine Untergebenen zu der Wohlredenheit anfuehren soll, Faksimile der Ausgabe von 1683 (= Scriptor Reprints), Kronberg/Ts. 1974

Wezel, Johann Carl, Wilhelmine Arend, oder die Gefahren der Empfindsamkeit, zwei Bde, Faksimile der Ausgabe Leipzig 1782, Frankfurt 1970

ders., Satirische Erzählungen, 2 Bde, Leipzig 1778

Wieland, Christoph Martin, Sämmtliche Werke, 36 Bde, Leipzig 1853

ders., Artikel ›Naiv‹, in : Allgemeine Theorie der schönen Künste von J.G. Sulzer, Dritter Theil, S. 499–507

ders., Vorrede des Herausgebers der Erstausgabe von S. v. La Roche, Geschichte des Frl. v. Sternheims, hrsg. in den Jahren 1771 und 1772 von C.M. Wieland, in: S. v. La Roche, Geschichte des Frl. v. Sternheims, hrsg. v. F. Brüggemann (= DLE Reihe Aufklärung Bd. 14), Darmstadt 1964, S. 19–25

Wolff, Christian, De Notionibus Directricibus, nach der deutschen Übersetzung in: ders., Gesammelte kleine Schriften, zweiter Band, Halle 1736

ders., Vernünftige Gedanken von den Kräften des menschlichen Verstandes und ihrem richtigen Gebrauche in Erkenntnis der Wahrheit, (›Logik‹), hrsg. u. bearb. von H.W. Arndt (= Gesammelte Werke, I. Abteilung, Bd. 1), Hildesheim/New York 1978

ders., Vernünfftige Gedancken von dem Gesellschafftlichen Leben der Menschen und insonderheit dem gemeinen Wesen zu Beförderung der Glückseeligkeit des menschlichen Geschlechts, Faksimile der 4. Aufl. von 1736 (Gesammelte Werke, I. Abteilung, Bd. 5), Hildesheim/New York 1975

ders., Anfangsgründe aller mathematischen Wissenschaften, Faksimile der neuen, verbesserten und vermehrten Auflage von 1750 (= Gesammelte Werke, I. Abteilung, Bd. 12), Hildesheim/New York 1973

Zedler, J.H., Großes vollständiges Universal-Lexikon aller Wissenschaften und Künste..., Halle/Leipzig 1732–54

Sekundärliteratur

Adorno, Theodor, W., Negative Dialektik (Sonderausgabe), Frankfurt 1970

Albert, Claudia, Diskursanalyse in der Literaturwissenschaft der Bundesrepublik. Rezeption der französischen Theorien und Versuch der De- und Rekonstruktion, in: Das Argument 140, 25. Jg., Juli/August 1983, S. 550–561

Alewyn, Richard, Die Empfindsamkeit und die Entstehung der modernen Dichtung, in: Zeitschrift für Ästhetik und allgemeine Kunstwissenschaft, Stuttgart 1932, Jg. 26, S. 394–395

Amery, Jean, Neue Philosophie oder alter Nihilismus? Politisch-Polemisches über Frankreichs neue Revolutionäre, in: Der neue Irrationalismus (Literaturmagazin 9), hrsg. v. N. Born u.a., Reinbek 1978, S. 52–66

Arndt, H.W., Einleitung zu C. Wolff, Vernünfftige Gedancken von dem Gesellschaftlichen Leben... (Gesammelte Werke, I. Abteilung, Bd. 5), Hildesheim/New York, S. V–LI

Balet L./Gerhard E., Die Verbürgerlichung der deutschen Kunst, Literatur und Musik im 18. Jahrhundert, hrsg. und eingel. von G. Mattenklott, Frankfurt/Berlin/Wien 1979 (¹1936)
Barner, Wilfried, Barockrhetorik, Tübingen 1970
Becker, Eva D., Der deutsche Roman um 1780, Stuttgart 1964
Binder, Wolfgang, ›Genuß‹ in Dichtung und Philosophie des 17. und 18. Jahrhunderts, in: ders., Aufschlüsse. Studien zur deutschen Literatur, Zürich/München 1976
Birtsch, Günter, Zur sozialen und politischen Rolle des deutschen, vornehmlich preußischen Adels am Ende des 18. Jahrhunderts, in: Der Adel vor der Revolution, hrsg. v. R. Vierhaus, Göttingen 1971, S. 77–95
Blackall, Eric A., Die Entwicklung des Deutschen zur Literatursprache von 1700–1775, Stuttgart 1966
Blumenberg, Hans, Licht als Metapher der Wahrheit, in: Studium Generale 10 (1957), S. 432–447
Böhme, Gernot, Zur Ausdifferenzierung wissenschaftlicher Diskurse, in: Stehr, N./König, R. (Hrsg.), Wissenschaftssoziologie. Studien und Materialien (= Sonderheft 18 der Kölner Zeitschrift für Soziologie und Sozialpsychologie), Opladen 1975, S. 231–253
Bovenschen, Silvia, Die imaginierte Weiblichkeit. Exemplarische Untersuchungen zu kulturgeschichtlichen und literarischen Präsentationsformen des Weiblichen, Frankfurt 1979
Bruckner, Pascal/Finkielkraut, Alain, Das Abenteuer gleich um die Ecke. Kleines Handbuch der Alltagsüberlebenskunst, München 1981
Brüggemann, Fritz, Einführung zu S. v. La Roche, Geschichte des Frl. v. Sternheim, Reprint der Ausgabe Leipzig 1938, Stuttgart 1964, S. 5–17
Brunner, Otto, das ›Ganze Haus‹ und die alteuropäische ›Ökonomik‹, in: ders., Neue Wege der Verfassungs- und Sozialgeschichte, Göttingen 1956, S. 102 ff

Cohn, E., Gesellschaftsideale und Gesellschaftsroman des 17. Jahrhunderts, Berlin 1921
Conze, W./Meier, C., Artikel ›Adel, Aristokratie‹, in: Geschichtliche Grundbegriffe. Historisches Lexikon zur politisch-sozialen Sprache in Deutschland, hrsg. v. O. Brunner/W. Conze/R. Koselleck, Stuttgart 1972ff, Bd. 1, S. 1–49
ders. (Hrsg.), Sozialgeschichte der Familie in der Neuzeit Europas, Stuttgart 1977
Craemer – Ruegenberg, Ingrid (Hrsg.), Pathos, Affekt, Gefühl, Freiburg/München 1981

David, Claude, Einige Stufen in der Geschichte des Gefühls, in: Miscellanea di Studi in onore di Bonaventura Tecchi, Rom 1969, S. 162–181
Dieckmann, Herbert, Studien zur europäischen Aufklärung, München 1974
Dietz, Max, The Principle of the Dominant Metaphor in Goethe's Werther, in: PMLA, LI (1936), S. 821–841 und S. 985–1006
Das Weinende Saeculum. Colloquium der Arbeitsstelle 18. Jahrhundert (= Beiträge zur Geschichte der Literatur und Kunst des 18. Jahrhunderts, Bd. 7), Heidelberg 1983
Derrida, Jaques, Randgänge der Philosophie, Frankfurt/Bern/Wien 1976
Dockhorn, Klaus, Die Rhetorik als Quelle des vorromantischen Irrationalismus in der Literatur- und Geistesgeschichte, in: Nachrichten der Adademie der Wissenschaften Göttingen, Göttingen 1949, S. 109–150
ders., Macht und Wirkung der Rhetorik, Hamburg/Berlin/Zürich 1968

Dörner, Klaus, Bürger und Irre. Zur Sozialgeschichte und Wissenschaftssoziologie der Psychiatrie, Frankfurt 1975

Doktor, Wolfgang, Die Kritik der Empfindsamkeit (= Regensburger Beiträge zur deutschen Sprach- und Literaturwissenschaften Reihe B Bd. 5), Bern/Frankfurt 1975

Ders./Sauder, G. (Hrsg.), Empfindsamkeit. Theoretische und kritische Texte, mit einem Nachwort, Stuttgart 1976

Dubiel, Helmut, Wissenschaftsorganisation und politische Erfahrung. Studien zur frühen Kritischen Theorie, Frankfurt 1978

Elias, Norbert, Über den Prozeß der Zivilisation. Soziogenetische und psychogenetische Untersuchungen, 2 Bde, Frankfurt 1976 (^{1}1939)

ders., Die höfische Gesellschaft. Untersuchungen zur Soziologie des Königtums und der höfischen Aristokratie (= Soziologische Texte 54), Darmstadt und Neuwied ^{3}1977

Engelsing, Rolf, Der Bürger als Leser. Lesergeschichte in Deutschland 1500–1800, Stuttgart 1974

ders., Analphabetentum und Lektüre. Zur Sozialgeschichte des Lesens in Deutschland zwischen feudaler und industrieller Gesellschaft, Stuttgart 1973

Erämetsä, Erik, Sentimental-sentimentalisch-empfindsam, in: E. Öhmann zu seinem 60. Geburtstag (Annales Academiae Scientarum Fennicae, Ser. B Tom 84), Helsinki 1954, S. 659–666

Erning, Günter, Das Lesen und die Lesewut (Diss. Bonn), Bad Heilbrunn 1974

Faber, Richard, Politische Idyllik. Zur sozialen Mythologie Arkadiens (= Literaturwissenschaft und Gesellschaftswissenschaften Bd. 26), Stuttgart 1977

Faure, Alain, Nachwort zu J.M. Miller, Siegwart. Eine Klostergeschichte Stuttgart 1971, S. 1*–42*

Fechner, Jörg U., Nachwort zu C.F. Gellert, Die schwedische Gräfin von G*** Stuttgart 1975, S. 161–175

Fetscher, Iring, Rousseaus politische Philosophie, Frankfurt ^{3}1978

Fohrmann, Jürgen, Zur Geschichte der deutschen Robinsonaden im 18. Jahrhundert, Stuttgart 1981

Foucault, Michel, Schriften zur Literatur, München 1974

ders., Wahnsinn und Gesellschaft. Eine Geschichte des Wahns im Zeitalter der Vernunft, Frankfurt ^{2}1977

ders., Mikrophysik der Macht. Über Strafjustiz, Psychiatrie und Medizin (= Internationale Marxistische Diskussion 61), Berlin 1976

ders., Überwachen und Strafen. Die Geburt des Gefängnisses, Frankfurt 1977

ders., Dispositive der Macht. Über Sexualität, Wissen und Wahrheit, Berlin 1978

ders., Archäologie des Wissens, Frankfurt 1973

ders., Über verschiedene Arten Geschichte zu schreiben. Ein Gespräch mit R. Bellour, in: A. Reif (Hrsg.), Antworten der Strukturalisten, Hamburg 1973, S. 157–176

ders., Die Geburt der Klinik. Eine Archäologie des ärztlichen Blicks München 1973

ders., Die Ordnung des Diskurses. Inauguralvorlesung am College de France – 2. Dezember 1970, München 1974

ders., Sexualität und Wahrheit. Der Wille zum Wissen, Frankfurt 1977

Frank, Manfred, Das Sagbare und das Unsagbare. Studien zur neuesten französischen Hermeneutik und Texttheorie, Frankfurt 1980

Frese, Jürgen, Prozesse im Handlungsfeld, als Manuskript vervielfältigte Habil. Schrift, Bielefeld ^{2}1976

Frühsorge, Gotthart, Der politische Körper. Zum Begriff des Politischen im 17. Jahrhundert und in den Romanen Christian Weises, Stuttgart 1974

Fuchs, Hans-Jürgen, Artikel ›amour propre‹ in: Historisches Wörterbuch der Philosophie, hrsg. v. J. Ritter, Basel/Stuttgart 1971ff, Bd. 1, Sp. 206–209

ders., Entfremdung und Narzißmus. Semantische Untersuchungen zur Geschichte der ›Selbstbezogenheit‹ als Vorgeschichte von französisch ›amour propre‹ (= Studien zur Allgemeinen und Vergleichenden Literaturwissenschaft Bd. 9), Stuttgart 1977

Gabler, Hans-Jürgen, Machtinstrument statt Repräsentationsmittel: Rhetorik im Dienste der ›privatpolitic‹, in: Rhetorik. Ein internationales Jahrbuch, hrsg. v. J. Dyck u.a., Bd. 1, Stuttgart 1980, S. 9–25

Gerndt, Siegmar, Idealisierte Natur. Die literarische Kontroverse um den Landschaftsgarten des 18. und frühen 19. Jahrhunderts in Deutschland, Stuttgart 1981

Geschichte der deutschen Literatur. Von den Anfängen bis zur Gegenwart, hrsg. v. einem Autorenkollektiv, Bd. 7 (Vom Anfang des 17. Jahrhunderts bis 1789), Berlin (Ost) 1979

Gleichen-Rußwurm, Alexander v., Das Jahrhundert des Rokoko. Kultur und Weltanschauung im 18. Jahrhundert (= Kultur- und Sittengeschichte aller Zeiten und Völker Bd. 15), Wien/Hamburg/Zürich o. J.

Gottschalch, Wilfried, Foucaults Denken – eine Politisierung des Urschreis?, in: Der neue Irrationalismus. Literaturmagazin 8, Reinbek 1978, S. 66–74

Graevenitz, G. v., Innerlichkeit und Öffentlichkeit. Aspekte deutscher ›bürgerlicher‹ Literatur im frühen 18. Jahrhundert, in: DVjs (49) 1975 (Sonderheft 18. Jahrhundert), S. 1–82

Grimminger, Rolf, Absolutismus und bürgerliche Individuen, Einleitung zu: Hansers Sozialgeschichte der deutschen Literatur, hrsg. v. R. Grimminger, Bd. 3, Deutsche Aufklärung bis zur französischen Revolution 1680–1789, München 1980

Günther, Hans R.G., Psychologie des deutschen Pietismus, DVjs. 4 (1926), S. 104ff.

Habermas, Jürgen, Strukturwandel der Öffentlichkeit, Neuwied/Berlin ⁸1976

ders., Theorie des Kommunikativen Handelns, 2 Bde, Frankfurt 1981

ders., Handlung und System – Bemerkungen zu Parsons' Medientheorie, in: Schluchter, W. (Hrsg.), Verhalten, Handeln und System. Talcott Parsons' Beiträge zur Entwicklung der Sozialwissenschaften, Frankfurt 1980, S. 68–106

Haferkorn, Hans-Jürgen, Zur Entstehung der bürgerlich-literarischen Intelligenz und des Schriftstellers in Deutschland zwischen 1750 und 1800, in: B. Lutz (Hrsg.), Deutsches Bürgertum und literarische Intelligenz 1780–1800 (= Literaturwissenschaft und Sozialwissenschaften Bd. 3), Stuttgart 1974

Hausen, Karin, Die Polarisierung der ›Geschlechtscharaktere‹ – Eine Spiegelung der Dissoziation von Erwerbs- und Familienleben, in: Sozialgeschichte der Familie der Neuzeit. Neue Forschungen hrsg. v. W. Conze (= Industrielle Welt. Schriftenreihe des Arbeitskreises für moderne Sozialgeschichte Bd. 21) Stuttgart 1976, S. 363–393.

Henn-Schmölders, Claudia, Ars conversationis. Zur Geschichte des sprachlichen Umgangs, in: Arcadia. Zeitschrift für vergleichende Literaturwissenschaft, Jg. 10, 1975, S. 17–33

dies. (Hrsg.), Die Kunst des Gesprächs. Texte zur Geschichte der europäischen Konversationstheorie, München 1979

Hohendahl, Peter Uwe, Der europäische Roman der Empfindsamkeit (= Athenaion Studientexte Bd.1), Wiesbaden 1977

ders., Empfindsamkeit und gesellschaftliches Bewußtsein. Zur Soziologie des empfindsamen Romans am Beispiel von ›La vie de Marianne‹, ›Clarissa‹, ›Fräulein von Sternheim‹ und ›Werther‹, in: Schiller-Jahrbuch 1972, S. 176–207

Horkheimer, M./Adorno, Th.W., Dialektik der Aufklärung. Philosophische Fragmente, Frankfurt 1971

Jäger, Georg, Empfindsamkeit und Roman. Wortgeschichte, Theorie und Kritik im 18. und frühen 19. Jahrhundert (= Studien zur Poetik und Geschichte der Literatur, Bd. 11), Berlin/Köln/Mainz 1969

Jäger-Martin, Hella, Naivität. Eine kritisch-utopische Kategorie in der bürgerlichen Literatur und Ästhetik des 18. Jahrhunderts (= Skripten Literaturwissenschaft Bd. 19), Kronberg/Ts 1975

Japp, Uwe, Beziehungssinn: Ein Konzept der Literaturgeschichte, Frankfurt 1980

ders., Aufgeklärtes Europa und natürliche Südsee. Georg Forsters Reise um die Welt, in: H.J. Piechotta u.a. (Hrsg.), Reise und Utopie. Zur Literatur der Spätaufklärung, Frankfurt 1975, S. 10−57

Jensen, Stefan, Einleitung zu: T. Parsons. Zur Theorie der sozialen Interaktionsmedien (= Studienbücher zur Sozialwissenschaft Bd. 39) Opladen 1980, S. 7−52

Jentzsch, R., Der deutsch-lateinische Büchermarkt nach den Leipziger Ostermeß-Katalogen von 1740, 1770 und 1800 in seiner Gliederung und Wandlung, Leipzig 1912

Kremer, Detlev, Wezel. Über die Nachtseite der Aufklärung, München o.J. (1985)

Kimpel, Dieter, Bericht über neue Forschungsergebnisse 1955−1964, in: E.A. Blackall, Die Entwicklung des Deutschen zur Literatursprache von 1700−1964, Stuttgart 1966, S. 477−523

Koster, Albert, Die deutsche Literatur der Aufklärungszeit, Heidelberg 1925

König, Dominik von, Lesesucht und Lesewut, in: Buch und Leser, Vorträge des 1. Jahrestreffens des Wolfenbütteler Arbeitskreises für Geschichte des Buchwesens, hrsg. v. H.G. Göpfert, Hamburg 1977, S. 89−125

Krüger, Renate, Das Zeitalter der Empfindsamkeit. Kultur und Geist des späten 18. Jahrhunderts in Deutschland, Leipzig/Wien/München 1972

Kiesel, H./Münch, P., Gesellschaft und Literatur im 18. Jahrhundert. Voraussetzungen und Entstehung des literarischen Markts in Deutschland, München 1977

Kittler, F.A./Turk, H. (Hrsg.), Urszenen. Literaturwissenschaft als Diskursanalyse und Diskurskritik, Frankfurt 1977

Köhler, Erich, Der literarische Zufall, das Mögliche und die Notwendigkeit, München 1973; auch in: V. Zmegac (Hrsg.), Marxistische Literaturkritik, Frankfurt 1972, S. 289−308

Koselleck, Reinhard, Kritik und Krise, Frankfurt ³1979

ders., Richtlinien für das »Lexikon politisch-sozialer Begriffe der Neuzeit«, in: Archiv für Begriffsgeschichte Bd XI (1967)

ders., Vergangene Zukunft. Zur Semantik geschichtlicher Zeiten, Frankfurt 1979

Laclau, Ernesto, Diskurs, Hegemonie und Politik, Betrachtungen über die Krise des Marxismus, in: W.F. Haug und W. Elfferding (Hrsg.), Neue soziale Bewegungen und Marxismus, Berlin 1982

Lange, Victor, Die Sprache als Erzählform in Goethes Werther, in: Formenwandel. Festschrift zum 65. Geburtstag von Paul Böckmann, hrsg. v. W. Müller-Seidel und W. Preisendanz, Hamburg 1964, S. 261−273

Langen, August, Der Wortschatz des deutschen Pietismus, Tübingen ²1968

Lappe, Claus, Studien zum Wortschatz empfindsamer Prosa (Diss.), Saarbrücken 1970

Leitch, Vincent B., Deconstructive Criticism. An Advanced introduction, New York (Columbia University Press) 1983

Lepenies, Wolf, Melancholie und Gesellschaft, Frankfurt 1972

ders., Der Wissenschaftler als Autor. Über konservierende Funktionen der Literatur, in: Akzente 2 (1978), S. 129–147

Levie, Dagobert de, Die Menschenliebe im Zeitalter der Aufklärung, Bern/Frankfurt 1975

Lichtblau, Klaus, Die Politik der Diskurse. Studien zur Politik- und Sozialphilosophie (Diss.), Bielefeld 1980

Luhmann, Niklas, Weltzeit und Systemgeschichte. Über Beziehungen zwischen Zeithorizonten und sozialen Strukturen gesellschaftlicher Systeme, in: P.C. Ludz (Hrsg.), Soziologie und Sozialgeschichte, Opladen 1973, S. 81–115 auch in: ders., Soziologische Aufklärung Bd. 2, Opladen 1975, S. 150ff

ders., Differentiation of Society, in: Canadian Journal of Sociology, 2 (1977), S. 29–53

ders., Rechtssoziologie, 2 Bde, Reinbek 1972

ders., Macht, Stuttgart 1975

ders., Interaktion in Oberschichten. Zur Transformation ihrer Semantik im 17. und 18. Jahrhundert, in: ders., Semantik und Gesellschaftsstruktur. Studien zur Wissenssoziologie der modernen Gesellschaft, Frankfurt 1980, S. 72–162

ders., Selbstreferenz und binäre Schematismen, in: Gesellschaftsstruktur und Semantik Bd. 1, Frankfurt 1980, S. 301–314

ders., Gesellschaftliche Struktur und semantische Tradition, in: ders., Gesellschaftsstruktur und Semantik, Bd. 1, Frankfurt 1980, S. 9–72

ders., Theoriesubstitution in der Erziehungswissenschaft. Von der Philantrophie zum Neuhumanismus, in: ders., Gesellschaftsstruktur und Semantik Bd. 2, Frankfurt 1981, S. 105–195

ders., Wie ist soziale Ordnung möglich?, in: ders., Gesellschaftsstruktur und Semantik Bd. 2, Frankfurt 1981, S. 195–285

ders., Subjektive Rechte. Zum Umbau des Rechtsbewußtseins für die moderne Gesellschaft, in: ders., Semantik und Gesellschaftsstruktur Bd. 2, Frankfurt 1981, S. 45–105

ders., Selbstreferenz und Teleologie in gesellschaftstheoretischer Perspektive, in: ders., Gesellschaftsstruktur und Semantik Bd. 2, Frankfurt 1981, S. 9–45

ders., Gesellschaft, in: ders., Soziologische Aufklärung Bd. 1, Opladen ⁴1974, S. 137–153

ders., Soziologische Aufklärung, in: ders., Soziologische Aufkärung Bd. 1, Opladen 1970, S. 66–91

ders., Soziale Systeme. Grundriß einer allgemeinen Theorie, Frankfurt 1984

ders., Einführende Bemerkungen zu einer Theorie symbolisch generalisierter Kommunikationsmedien, in: ders., Soziologische Aufklärung Bd. 2, Opladen, S. 193–203

ders., Geschichte als Prozess und die Theorie sozio-kultureller Evolution, in: ders., Soziologische Aufklärung, Bd. 3, 1982, S. 178–197

ders., Die Unwahrscheinlichkeit der Kommunikation, in: ders., Soziologische Aufklärung Bd. 3, S. 25–35

ders., Liebe als Passion. Ms., Bielefeld 1969

ders., Liebe als Passion. Zur Codierung von Intimität, Frankfurt 1982

Maduschka, Leo, Das Problem der Einsamkeit im 18. Jahrhundert im besonderen bei J.G. Zimmermann (Diss.), München 1932

Man, Paul de, Allegories of Reading. Figural Language in Rousseau, Nietzsche, Rilke, and Proust, New Haven/London (Yale University Press) 1979

Mattenklott, G./Scherpe, K. (Hrsg.), Westberliner Projekt: Grundkurs 18. Jahrhundert, 2 Bde (= Literatur im historischen Prozeß 4/1 und 4/2), Kronberg/Ts. 1974

May, Kurt, Das Weltbild in Gellerts Dichtung (= Deutsche Forschungen Bd. 21), Frankfurt 1928

Meyer-Kalkus, Rainer, Werthers Krankheit zum Tode, Pathologie und Familie in der Empfindsamkeit, in: Kittler, F.A./Turk, H. (Hrsg.), Urszenen. Literaturwissenschaft als Diskursanalyse und Diskurskritik, Frankfurt 1977, S. 76−139

Meyer-Krentler, Eckhard, ›Kalte Abstraktion‹ gegen ›versengte Einbildung‹. Destruktion und Restauration aufklärerischer Harmoniemodelle in Goethes Leiden und Nicolais Freuden des jungen Werther, in: DVjs (56) 1982, S. 65−91

Michelsen, Peter, Laurence Sterne und der deutsche Roman des achtzehnten Jahrhunderts, Göttingen ²1972

Miller, Norbert, Der empfindsame Erzähler. Untersuchungen an Romananfängen des 18. Jahrhunderts, München 1968

Moog, Paul, Ratio und Gefühlskultur. Studien zur Psychogenese und Literatur im 18. Jahrhundert (= Studien zur deutschen Literatur Bd. 48), Tübingen 1976

Müller, Andreas, Landschaftserlebnis und Landschaftsbild. Studien zur deutschen Dichtung des 18. Jahrhunderts und der Romantik, Hechingen 1955

Müller, Harro/Wegmann, Nikolaus,Tools for a Genealogical Literary Historiography, Poetics 14 (1985), S. 229−241

Mukařovský, Jan, Kapitel aus der Ästhetik, Frankfurt ²1978

Muschg, Adolf, Goethe als Fluchthelfer? Rede anläßlich der 8. Römerberggespräche zu dem Thema: Innerlichkeit − Flucht oder Rettung?, in: Die ZEIT, Nr. 23, 29. Mai 1981, S. 39

Neusüß, Wolfgang, Gesunde Vernunft und die Natur der Sache. Studien zur juristischen Argumentation im 18. Jahrhundert (= Schriften zur Rechtsgeschichte Heft 2), Berlin 1970

Nickisch, Reinhard M.G., Die Stilprinzipien in den deutschen Briefstellern des 17. und 18. Jahrhunderts. Mit einer Bibliographie zur Briefschreiblehre (= Palaestra Bd. 254), Göttingen 1969

Parsons, Talcott, Zur Theorie der sozialen Interaktionsmedien, hrsg. und eingel. v. S. Jensen, Opladen 1980

Picard, Hans Rudolf, Illusion der Wirklichkeit im Briefroman des 18. Jahrhunderts (= Studia Romanica 23), Heidelberg 1971

Pikulik, Lothar, ›Bürgerliches Trauerspiel‹ und Empfindsamkeit, Köln/Graz 1966

ders., Leistungsethik contra Gefühlskult. Über das Verhältnis von Bürgerlichkeit und Empfindsamkeit in Deutschland, Göttingen 1984

Pütz, Peter (Hrsg.), Erforschung der deutschen Aufklärung (= Neue Wissenschaftliche Bibliothek Bd. 94), Königstein/Ts. 1980

ders., Die Deutsche Aufklärung (= Erträge der Forschung), Darmstadt 1978

Rasch, Wolfdietrich, Freundschaftskult und Freundschaftsdichtung im deutschen Schrifttum des 18. Jahrhunderts. Vom Anfang des Barock bis zu Klopstock (= DVjs Buchreihe Bd 21), Halle/S. 1936

Rehder, Helmut, Die Philosophie der unendlichen Landschaft, Halle/S. 1932

Ricke, Gabriele, Die empfindsame Seele mit der Fackel der Vernunft entzünden. Die Kultivierung der Gefühle im 19. Jahrhundert, in: Ästhetik und Kommunikation, Heft 53/54, Dez. 1983, S. 5−23

Riedel, Manfed, Artikel ›Gesellschaft, bürgerliche‹, in: Geschichtliche Grundbegriffe . . ., Bd. 2, S. 719−800

ders., Artikel ›Gesellschaft, Gemeinschaft‹ in: Gesellschaftliche Grundbegriffe . . ., Bd. 2, S. 801−862

Ritter, Joachim, Landschaft: Zur Funktion des Ästhetischen in der modernen Gesellschaft (= Schriften der Gesellschaft zur Förderung der Universität Münster Bd. 54), Münster 1963

Roberts, T.A., The Concept of Benevolence. Aspects of Eighteenth Century Moral Philosophy, London 1973

Rohmeder, Jürgen, Am Ende des Individualismus? Beobachtungen zu einer neuen Gefühlskultur, in: Frankfurter Allgemeine Zeitung vom 12.1 1982, S. 19

Rosenbaum, Heidi, Die Bedeutung historischer Forschung für die Erkenntnis der Gegenwart – dargestellt am Beispiel der Familiensoziologie, in: Historische Familienforschung, hrsg. v. M. Mitterauer/R. Sieder, Frankfurt 1982

Rotermund, Erwin, Der Affekt als literarischer Gegenstand. Zur Theorie der Darstellung der Passion im 17. Jahrhundert, in: H.R. Jauß (Hrsg.), Die nicht mehr schönen Künste (= Poetik und Hermeneutik III), München 1968, S. 239–269.

Rothschuh, K.E. Vom Spiritus Animalis zum Nervenaktionssystem, in: CIBA Zeitschrift, Wehr 1958, S. 2948–2976.

Said, Edward W., The Text, the World, the Critic, in: Textual Strategies ed. and with an Introduction by J.V. Harari, Ithaca, N.Y. 1979, S. 161–189

Sauder, Gerhard, Subjektivität und Empfindsamkeit im Roman, in: Sturm und Drang. Ein literaturwissenschaftliches Studienbuch, hrsg. v.. W. Hinck, Kronberg/Ts. 1978, S. 163–175

ders., Empfindsamkeit (I). Voraussetzungen und Elemente, Stuttgart 1974

ders., Empfindsamkeit (III). Quellen und Dokumente, Stuttgart 1980

Sckommodau, Hans, Die Thematik des Paradoxes in der Aufklärung, in: Sitzungsberichte der wissenschaftlichen Gesellschaft der J.W. Goethe Universität Frankfurt, Jg. 1971, Bd. 10, Nr. 2, S. 48ff

Sengle, Friedrich, Biedermeierzeit: Deutsche Literatur im Spannungsfeld zwischen Restauration und Revolution 1815–1848, Bd. 1., Stuttgart 1971

Sennet, Richard, The Fall of Public Man. On the Social Psychology of Capitalism (Vintage Books), New York 1978

Spaemann, Robert, Artikel ›Glück‹, in: Historisches Wörterbuch der Philosophie, hrsg. v. J. Ritter, Basel/Stuttgart 1971ff, Bd. 3, Sp. 679–707

ders., Genetisches zum Naturbegriff des 18. Jahrhunderts, in: Archiv für Begriffsgeschichte, Bd. XI (1967)

Schenda, Rudolf, Volk ohne Buch. Studien zur Sozialgeschichte der populären Lesestoffe, München 1977

Schings, Hans-Jürgen, Der mitleidigste Mensch ist der beste Mensch. Poetik des Mitleids von Lessing bis Büchner, München 1980

Schippers, Heinrich, Artikel ›Natur‹, in: Geschichtliche Grundbegriffe, Bd. 4, Stuttgart 1978, S. 215–244

Schmitt, Carl, Die geistesgeschichtliche Lage des heutigen Parlamentarismus, Berlin ⁵1979

ders., Der Begriff des Politischen, Text von 1932 mit einem Vorwort und drei Corollarien, unveränderter Nachdruck der Ausgabe 1963, Berlin 1979

Schlaffer, Hannelore und Heinz, Studien zum ästhetischen Historismus, Frankfurt 1975

Schneider, Helmut J., Naturerfahrung und Idylle in der deutschen Aufklärung, in: P. Pütz (Hrsg.), Erforschung der deutschen Aufklärung (Wissenschaftliche Bibliothek Bd. 94), Königstein/Ts. 1980, S. 289ff

ders., Die sanfte Utopie. Zu einer bürgerlichen Tradition literarischer Glücksbilder, in: Idyllen der Deutschen, hrsg. v. H.J. Schneider, Frankfurt 1981, S. 353–435

Schwab, Dieter, Artikel ›Familie‹, in: Geschichtliche Grundbegriffe, Bd. 2, S. 253–303

Stenzel, Jürgen, Zeichensetzung. Stiluntersuchungen an deutscher Prosadichtung (= Palaestra Bd. 24), Göttingen ²1970

Steinhausen, Georg, Geschichte des Deutschen Briefes. Zur Kulturgeschichte des Deutschen Volkes, 2 Teile, Nachdruck der Ausgabe von 1889, Dublin/Zürich 1968

Stuke, Horst, Artikel ›Aufklärung‹ in: Geschichtliche Grundbegriffe, Bd. 1, S. 243–343

Textual Strategies, ed. and with an Introduction by J.V. Harari, Ithaca N.Y. 1979

Thompson, Michael, Die Theorie des Abfalls, Stuttgart 1981

Toellner, Richard, Albrecht von Haller. Über die Einheit im Denken des letzten Universalgelehrten, Wiesbaden 1971

Trunz, Erich, Seelische Kultur. Eine Betrachtung über Freundschaft, Liebe und Familiengefühl im Schrifttum der Goethezeit, in: DVjs 24 (1950), S. 214–242

Ueding, Gert, Einführung in die Rhetorik. Geschichte, Technik, Methode, Stuttgart 1976

ders., Rhetorik und Popularphilosophie, in: Rhetorik. Internationales Jahrbuch, hrsg. v. J. Dyck, Bd. 1 (1980), S. 122–134

ders., Popularphilosophie, in: Hansers Sozialgeschichte der deutschen Literatur, hrsg. v. R. Grimminger, Bd. 3, Deutsche Aufklärung bis zur Französischen Revolution 1680–1789, München 1980, S. 605–635

Voßkamp, Wilhelm, Dialogische Vergegenwärtigung beim Schreiben und Lesen. Zur Poetik des Briefromans im 18. Jahrhundert, in: DVjs 45 (1971), S. 80ff

Wendland, Ullrich, Die Theoretiker und Theorien der sogenannten galanten Stilepoche in der deutschen Sprache, Leipzig 1930

Wolf, Michael, System und Subjekt. Aufbau und Begrenzung von Subjektivität durch soziale Strukturen, Frankfurt 1977

Zaehle, Barbara, Knigges Umgang mit Menschen und seine Vorläufer. Ein Beitrag zur Geschichte der Gesellschaftsethik, Heidelberg 1933

Zimmer, Dieter E., Expedition zu den wahren Gefühlen. Träume, Hoffnungen, Utopien – eine Bewegung der neuen Empfindsamkeit, in: Die ZEIT vom 3.7.1981, S. 41f

Žmegač, Viktor, Geschichte der deutschen Literatur vom 18. Jahrhundert bis zur Gegenwart, Bd. I 1/2 (1700–1848), Königstein/Ts. 1978

NAMENREGISTER

Printed in the United States
By Bookmasters